海绵城市建设实践与探索丛书

海绵城市建设实践与探索
——萍乡经验

李小豹◎主编

中国建筑工业出版社

图书在版编目（CIP）数据

海绵城市建设实践与探索——萍乡经验／李小豹主编．—北京：中国建筑工业出版社，2018．8
海绵城市建设实践与探索丛书
ISBN 978-7-112-22435-7

Ⅰ．①海… Ⅱ．①李… Ⅲ．①城市建设－经验－萍乡 Ⅳ．①TU984.256.3

中国版本图书馆CIP数据核字（2018）第153817号

责任编辑：李　杰　石枫华
责任校对：赵　颖

海绵城市建设实践与探索丛书
海绵城市建设实践与探索——萍乡经验
李小豹　主编
*
中国建筑工业出版社出版、发行（北京海淀三里河路9号）
各地新华书店、建筑书店经销
北京锋尚制版有限公司制版
北京富诚彩色印刷有限公司印刷
*
开本：850×1168毫米　1/16　印张：14　字数：297千字
2019年6月第一版　2019年6月第一次印刷
定价：188.00元
ISBN 978-7-112-22435-7
（32310）

编 委 会

序

水是中国新型城镇化建设过程中的重要制约因素之一。探寻一条实现人水和谐共生的城市发展新路是当今中国一项重大历史使命。海绵城市理念的提出为系统解决城市水安全、水环境、水生态、水资源等涉水问题，引领城市科学发展与绿色发展提供了全新的理念和路径。

萍乡作为国家首批海绵城市建设试点城市开展了卓有成效的探索与实践。我应邀于2017年7月出席江西省住房和城乡建设厅和萍乡市人民政府组织的江西省海绵城市建设论坛，实地考察、观摩了萍乡市海绵城市试点建设现场，与萍乡市领导和建设管理人员进行了广泛而深入的交流。萍乡海绵城市试点建设工作给我留下了深刻的印象。

一是建设思路清晰。结合江南丘陵地区水文特征和自然生态本底条件，萍乡创造性地提出了“全域管控—系统构建—分区治理”建设思路。从全域的角度，依托“山、水、林、田、湖、草”生态格局，构建自然雨洪蓄滞系统。建设思路高度契合江南丘陵地区特点。科学、系统的工程体系为海绵城市试点建设的成功实践奠定了坚实的基础。

二是组织实施高效。萍乡市委、市政府高度重视海绵城市建设工作，把海绵城市试点建设作为促进城市转型发展的重大契机和有力抓手。市委书记李小豹同志亲自担任海绵城市试点建设领导小组组长，定期调度，统筹指挥，各部门高效协同配合。从上至下形成了共同推动海绵城市建设的良好氛围。试点建设工作得到了高效、有序推进。

三是试点成效显著。海绵城市试点建设给城市带来了翻天覆地的变化。长期困扰萍乡的洪涝灾害问题得到了有效解决。一大批高品质的城市公园、广场、湖泊、湿地相继建成，焕然一新的海绵化路网逐步成型，人居环境与城市品位显著提升。海绵城市建设给萍乡带来了一场华丽蝶变。

四是保障机制完善。海绵城市不仅仅是一系列工程措施，更应是一种融入城市建设发展全过程的基本理念。萍乡注重海绵城市建设长效机制的构建，建立了一套行之有效的管理机制，从土地出让、规划许可、施工许可、竣工验收等环节全过程植入海绵城市建设要求，让海绵城市理念真正在萍乡落地生根、长效推进。

萍乡海绵城市试点建设的成功实践和卓著成效深刻证实了海绵城市是系统解决城市涉水问题和重构城市人水和谐关系的有效途径。萍乡市试点建设为中国江南丘陵城市和中等规模城市海绵城市建设提供了可复制、可推广的技术模式，自然生态空间保护为先、城市雨洪优化调度管理为基、灰绿结合的工程技术措施精准运用相辅的海绵城市建设路线为萍乡所代表的中国同类城市海绵城市建设提供了重要借鉴和参考。萍乡提出的海绵城市建设整体推进策略可为中国海绵城市建设乃至新型城镇化建设的全领域、全过程提供一套可复制、可推广的新机制和新模式。

《海绵城市建设实践与探索——萍乡经验》一书系统总结了萍乡三年海绵城市试点建设工作，形成了海绵城市建设的萍乡经验和萍乡模式，是一部实务性、操作性强，兼具理论性与系统性的佳作，欣然为序！

王浩

中国工程院院士
流域水循环模拟与调控国家重点实验室主任
中国水科院水资源所名誉所长
全球水伙伴中国委员会副主席
中国可持续发展研究会副理事长

前　言

2015年4月，萍乡市非常荣幸地成为全国首批16个海绵试点建设城市之一，由此揭开了我市开展海绵城市试点建设的大幕。此后，萍乡市以探索海绵城市建设经验和模式为己任，把海绵城市试点建设视为促进城市转型、推进城市高质量绿色发展的重大机遇，紧贴萍乡实际，举全市之力，锐意创新、积极进取，有效破解了机制、技术、资金、管理、运维等方面诸多难题，探索出一条具有江南特色的海绵城市试点建设之路。经过多年的探索与实践，萍乡市形成了“坚持一条主线、践行三项理念、夯实六个支撑”为核心的建设经验：“一条主线”即在建设过程中，确立和坚持“全域管控、系统构建、分区治理”的建设技术路线，确立和坚持“全流域管控、全方位定标、全过程植入、全域性铺开、全社会参与、全时空运维”的整体推进策略；“三项理念”即以绿色发展观、系统建设观以及以人为本理念为核心的科学、可持续发展理念；“六个支撑”即组织保障、制度体系、技术支撑、模式创新、海绵产业、城市转型六个实施层面的具体策略。

通过三年多的试点，萍乡海绵城市建设内外兼修、硕果累累，为萍乡这座亟待浴火重生的百年煤城带来了一场华丽蝶变。海绵城市试点建设不仅有效克服了城市内涝顽疾，全面改善了城市生态环境，显著提升了城市品位，而且推动萍乡城市建设发展理念发生了根本性转变，产业转型与城市转型齐头并进，五陂海绵小镇和海绵特色产业加快推进，为萍乡创新发展、特色发展、可持续发展提供了不竭动力。在财政部、住房和城乡建设部、水利部组织的海绵城市建设2016年度、2017年度绩效考评中，萍乡连续两年获评全国第一；此外，萍乡海绵城市试点建设的做法与成效，引发了新华社、《人民日报》、中央电视台、《经济日报》等中央媒体竞相报道，正从“全国试点”走向“全国示范”，极大提高了萍乡的知名度和美誉度。

为总结三年来萍乡海绵城市建设试点工作，为国家海绵城市建设试点工作贡献“萍乡经验”“萍乡智慧”，在住房和城乡建设部城市建设司、中国建筑工业出版社的关心支持下，我市编撰了《海绵城市建设实践与探索——萍乡经验》一书。本书从海绵城市萍乡之初心人手，介绍了海绵城市试点建设的背景；依据萍乡基础特征、发展问题等现状，明确了海绵城市建设目标，构建系统建设方案；系统介绍了萍乡推进海绵城市建设的体制机制和实施策略；全面展示了萍乡海绵城市建设成效；归纳总结了海绵城市建设萍乡模式，并对海绵城市建设进行了深度思考。

在此书出版之际，我们谨向住房和城乡建设部、财政部、水利部对萍乡海绵城市建设和经济社会发展给予的关心厚爱表示感谢！向中共江西省委、江西省政府给予我市的大力支持表示感谢！向住房和城乡建设部城市建设司、江西省住房和城乡建设厅给予我市的精心指导表示感谢！向一直以来对萍乡海绵城市试点建设工作给予悉心指导和倾心帮助的国家海绵城市建设专家指导委员会的专家、学者表示感谢！向参与萍乡海绵城市建设的工程技术人员、施工人员、管理人员等建设者表示敬意！特别致谢中国工程院院士王浩先生为本书欣然赋序！特别致谢中国建筑工业出版社及本书编撰人员为本书的编写、编辑、出版所付出的辛劳和努力！

纷繁世事多元应，击鼓催征稳驭舟。让我们共同努力推进海绵城市建设，共建生态美丽宜居家园，共圆“中国梦”！

目录 / Contents

第1章　萍乡之初心

1.1　萍水孕育和滋养下的赣西明珠

萍乡因萍水而生，依萍水而建。从早期城垣文明的孕育，到近现代工业文明的辉煌，萍乡城市的每一步拓展均与萍水紧紧相依。萍水滋养着萍乡的每一寸土地、见证着萍乡的每一步发展、承载着萍乡人的乡愁与梦想。

萍乡地处江南丘陵，境内山峦蜿蜒，千峰竞秀，泉涌瀑飞，五水纵横。《昭萍志略》记载萍乡“山水明秀，拱揖环抱。”萍水河发源于萍乡北部杨岐山，由北向南绕城而走，转而向西汇入湘江。萍水的冲击下，萍乡城区所在地形成了一片背依青山、三面环水的丰饶沃土。

早在商周时期，萍水河畔就形成了湘赣地区最早的文明聚落。萍水湖区域考古发现的田中古城，是萍乡最早的城垣文明，也是江西最早的三座古城之一。春秋时期，楚昭王渡江得萍实，使人问孔子，孔子曰：“萍实，惟霸者方能获焉。萍乡与萍水因此得名”。

萍水河作为萍乡的母亲河，世代哺育着萍乡人，承担着交通运输和贸易往来的任务，为城市居民提供了必要的生存保障与生活便利，孕育了灿烂的昭萍文化。历代地方志均详细阐述了萍水河在萍乡市政治、经济、文化、军事、社会发展等方面的重大贡献。得益于萍水河的滋养，萍乡历来是赣西重镇。

萍水承载着萍乡人的乡愁与梦想，萍乡人也历来珍爱和守护着萍水。《萍乡县志》记载，萍水河沿岸在清代便设有专人监管，以防居民向河中倾倒粪便、垃圾，污染河道。萍乡自建城以来，始终未曾侵占过湖泊、河道、山林等自然生态空间，

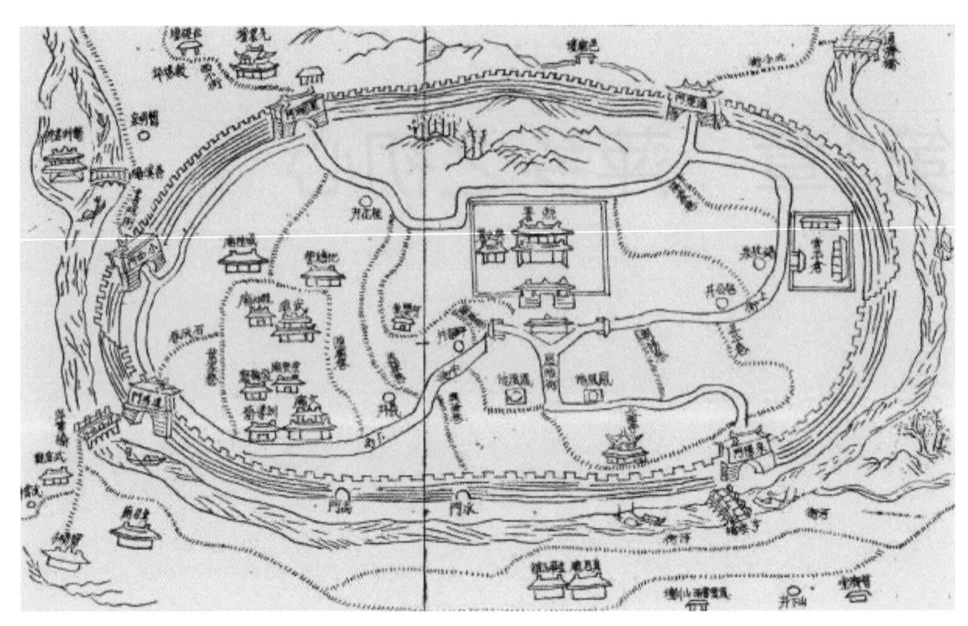

图1-1 萍乡古城区与萍水河的空间关系图

千百年来区域的山水格局始终未曾改变。萍水河维持着优良的水质，常年保持在地表水Ⅳ类以上标准。清澈的萍水给城市带来了优质的水源和优美宜居的城市空间。城市与自然和谐共生（图1-1）。

近代以来，得益于优越的资源禀赋、良好的自然条件、萍水的便利，萍乡快速发展。1898年清邮政大臣盛宣怀在萍乡创办安源煤矿。由安源煤矿与汉阳铁厂、大冶铁矿组建成的汉冶萍公司是当时世界第二、亚洲最大的煤铁联合企业。萍乡成为中国近代工业的主要发祥地之一，被誉为"江南煤都"、"东方小莫斯科"。萍乡快速由萍水河畔的赣西小城发展成为闪耀在赣湘边际的一颗璀璨明珠。

1.2 当代萍乡日益凸显的人水分歧

近百年来，得益于优越的资源禀赋与自然条件，以煤炭为核心的工业文明给萍乡带来了蓬勃发展生机与动力，城市以空前的速度快速扩张。然而，早期的城市发展往往缺乏系统性的规划与统筹，近现代的萍乡以典型的自下而上的城市建设模式，围绕萍乡矿务局高速无序扩张。城市无序扩展带来的种种后遗症逐步显现：老城区生态空间匮乏、洪涝灾害频发。特别是洪涝灾害问题，已成为长期困扰萍乡发展的一项顽疾。城市与自然、人与水之间的分歧与矛盾逐渐凸显。

1.2.1 洪涝灾害频发

萍乡洪涝灾害问题极为突出，几乎每年都会发生不同程度的洪涝灾害（图1-2）。老城区万龙湾等部分严重的内涝区，每年会发生多次内涝，周边居民饱受

图1-2　2006年萍水河漫堤、萍城一片汪洋

图1-3　每年都会发生多次内涝的万龙湾内涝区

内涝之苦（图1-3）。

萍乡的洪涝灾害呈现出山洪与内涝问题相交杂的特点。一方面，老城区竖向不合理，局部低洼，城市基础设施薄弱，管网排水能力不足，易发内涝；另一方面，萍乡市地处湘赣分水岭，山洪频繁。独特的分水岭水文特征使得区域河道径流都是本地降雨产生的，雨洪同期，山洪与内涝往往同时发生，进一步加剧了洪涝灾害问题的复杂性。

海绵城市试点建设前，萍乡曾进行过许多内涝治理的尝试，包括局部管网改造、清淤疏浚等。但由于萍乡洪涝问题的复杂性，局部的工程措施收效甚微，萍乡始终未找到彻底解决洪涝灾害问题的有效路径。

1.2.2 生态空间匮乏

萍乡老城区建筑高度密集，缺乏生态空间（图1-4）。除鹅湖公园等部分小型的市民公园外，老城区内几乎无大面积的公共绿地。老城区内现有大量的老矿区家属楼、安置房、城中村，新建小区极少，地块内部绿地匮乏。除萍水河少量河段有滨岸绿地，大部分河流紧邻周边建筑或道路。老城区人居环境品质低下，宜居度差。

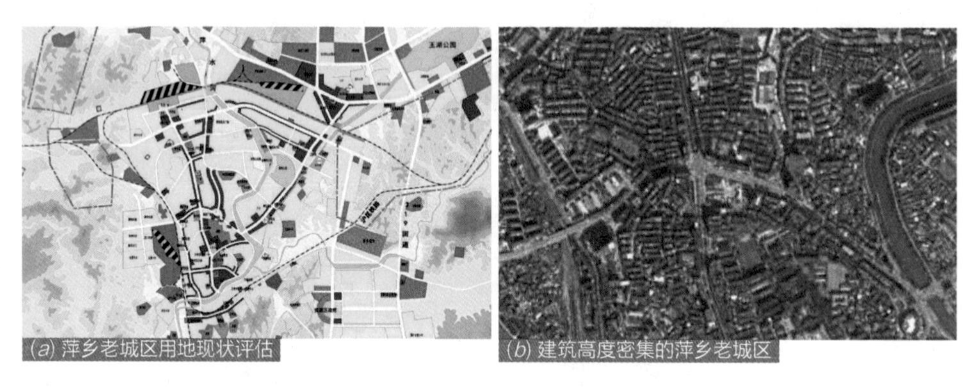

(a) 萍乡老城区用地现状评估　(b) 建筑高度密集的萍乡老城区

图1-4 建筑高度密集、缺乏生态空间的萍乡老城区

1.3 海绵理念重构和谐的人水关系

日益激化的人水矛盾与资源枯竭的现实压力困扰着萍乡的持续发展。传统的发展模式已经难以为继，转型是萍乡的唯一出路。萍乡的转型，一方面要探寻一条可续持的发展路径，摆脱资源依赖的产业局限；另一方面要克服人水相争带来的诸多城市顽疾，重构和谐的人水关系。

党的十八大以来，以习近平同志为核心的党中央把生态文明建设作为统筹推进中国特色社会主义“五位一体”总体布局的重要内容，形成了科学系统的习近平总书记生态文明建设重要战略思想。2013年12月12日，习近平总书记在《中央城镇化工作会议》的讲话中提出：“提升城市排水系统时要优先考虑把有限的雨水留下来，优先考虑更多利用自然力量排水，建设自然积存、自然渗透、自然净化的海绵城市”。海绵城市理念传承了中国古代城市建设“注重天人合一、道法自然”的深厚思想精髓与文化底蕴，是中国针对城市发展过程中水安全、水环境、水资源等问题探索出的全新的系统性解决方案。

2014年12月31日，财政部、住房和城乡建设部、水利部根据习近平总书记关于“加强海绵城市建设”的讲话精神和中央经济工作会要求，决定开展中央财政支持海绵城市建设试点工作。萍乡市委、市政府高度重视海绵城市试点建设机遇，积极争取试点机会。在财政部、住房和城乡建设部、水利部和江西省委、省政府的关心和支持下，2015年萍乡成功入围全国第一批海绵城市建设试点。

海绵城市带给了萍乡一条全新的城市建设发展理念，对于破解日益突出的人水矛盾、重构和谐的人水关系具有重要意义。海绵城市试点建设是萍乡践行城市生态文明与绿色发展的重要抓手，推动供给侧改革的关键举措，城市发展转型凝聚新动能的有效途径，完善城市基础设施体系、解决城市痼疾的难得机遇。

1.3.1　完善基础设施体系，根治城市内涝顽疾

萍乡海绵城市试点建设的首要目标是解决老城区的内涝顽疾。试点建设前，萍乡进行过大量内涝治理的探索。由于复杂的流域性问题特点，以往头痛医头、脚痛医脚的内涝治理思路始终未能根本解决萍乡内涝问题。海绵城市给萍乡带来了全新的雨洪管理理念，萍乡将借助海绵城市试点建设契机，全面完善城市基础设施体系，通过系统化的雨洪管理，将洪涝灾害转为雨洪资源，根治城市的内涝顽疾。

1.3.2　践行生态文明理念，实现城市绿色发展

习近平总书记提出“绿水青山就是金山银山”。萍乡老城区的无序扩展与高强度开发带来的种种“后遗症”日益凸显，萍乡深切认识到传统的城市建设开发模式的弊端。萍乡在新城建设开发过程中，将摒弃原有的高强度无序开发模式，深入践行生态文明与绿色发展理念，充分保护“山、水、林、田、湖、草”的自然生态空间格局，将海绵城市理念融入城市建设发展全过程，实现流域水系统的良性循环，重构和谐的人水关系。

1.3.3　供给侧结构性改革，提升城市人居环境

习近平总书记在十九大报告中提出了深化供给侧结构性改革的战略任务。海绵城市建设是扩大优质生态产品供给，推动供给侧改革的重要抓手。长期以来，萍乡城市建设过程中忽视生态环境建设，老城区公园绿地与公共游憩空间匮乏，城市面貌与环境品质不高。在海绵城市试点建设过程中，萍乡计划新建一批公园绿地、湖泊、湿地，对原有城市绿地、广场等公共空间进行全面升级改造，提升城市环境品质，彻底扭转破旧的老工矿城市形象。

1.3.4　推进城市产业转型，提高城市发展质量

萍乡是全国首批12个资源枯竭型城市之一。褪去光荣而厚重的历史华光，“两老一枯竭”（革命老区、百年老工矿、资源枯竭）问题凸显。萍乡传统产业结构高度单一，有严重的资源依赖。进入新世纪以来，传统产业萎缩，经济缺乏新动能，城市发展举步维艰。萍乡市委、市政府敏锐捕捉到了海绵城市建设带来的重要契

图1-5 萍乡市海绵城市建设试点区位置图

机，将大力推动本地传统建材产业向海绵产业的战略转型，形成设计、研发、产品、施工、运营完整的海绵产业链条，进而实现城市的发展转型。

1.4 萍乡海绵城市建设试点区选择

萍乡是江南丘陵地区海绵城市建设的典型代表。试点申报之初，萍乡对试点区的选择进行了精心谋划，重点从区域代表性与典型性、现状问题、民生诉求、城市发展方向等角度进行综合比选，最终选择了32.98km^{2}海绵城市建设试点区（图1-5）。

1.4.1 区域类型的代表性

萍乡海绵城市建设试点区南部为萍乡市老城区，基本覆盖了老城区的核心范围。区域人口数量大，建筑密度高，缺乏开敞空间，洪涝灾害严重。该区域重点以问题为导向，解决突出的内涝问题。

试点区北部为萍乡市新城区，功能定位为商务中心和行政中心，区域建设开发年代不久或正在开发建设当中。该区域重点以目标为导向，将海绵城市理念深入贯彻到城市规划、建设、发展的每一个环节。

萍乡海绵城市建设试点区除涵盖新、老城区外，居住、公建、绿地、道路、水域等用地类型相对均衡，在项目类型上可分别体现不同的代表性。

1.4.2 核心问题的典型性

萍乡市海绵城市试点建设需要解决的核心问题是水安全问题。萍乡海绵城市建设试点区涵盖了萍乡市老城区内涝问题最为突出的万龙湾、蚂蟥河、西门、白源河等主要内涝区。这些区域建设年代久远、基础设施薄弱、历史欠账较多、城市竖向不合理、河道行洪能力不足，几乎每年都会发生多次严重的内涝问题。各个内涝区内涝问题的成因也有所不同，有较强的典型性。试点建设过程中，通过重点内涝区的治理探索，可总结出一条适合萍乡本地特点的洪涝灾害治理的有效技术路径。

1.4.3　民生诉求的急迫性

萍乡海绵城市建设试点区南部为萍乡市老城区部分有大量的老旧小区，硬化面积大、绿地率低、晴天扬尘灰土多、雨天易积水、居住环境恶劣。因此，萍乡希望借助海绵城市建设契机，结合违法建筑整治行动、老城区棚户区改造、背街小巷“白改黑”等一系列民生工程，按照海绵城市的理念，全面提升老城区的环境品质，改善城市面貌，提高城市的宜居指数和老百姓的幸福感，为海绵城市建设在全市域范围内推广打下了良好的群众基础。

1.4.4　开发模式的探索性

海绵城市是一项全新的城市建设开发理念，探索如何将海绵城市理念融入城市建设开发过程中是海绵城市试点建设的一项关键任务。萍乡海绵城市建设试点区北部新城区部分是未来几年城市建设拓展的主要区域。海绵城市建设试点区将成为萍乡创新城市发展理念的试验田，积极探索全新的城市开发建设模式，促进城市政府、企业与全社会共同缔造生态、美丽、和谐城市家园，形成新型生产关系下的城市建设新格局，从而深刻地影响城市建设发展方式的变革。海绵城市试点建设可探索出一条完善项目规划、设计、投资、建设、运营维护机制，促使相关部门调整行政审批、过程监管、绩效考核等流程，全方位地为城市建设开发建设模式创新做出示范。

综上所述，海绵城市给萍乡带来了全新的城市建设发展理念，对于破解日益激化的人水矛盾、重构和谐的人水关系具有重要意义。海绵城市试点建设是萍乡探索新型城市建设发展模式，践行生态文明与绿色发展理念，实现城市发展转型的重大良机。

第2章　科学系统谋划萍乡海绵城市建设体系

2.1　城市基础特征

2.1.1　典型的江南丘陵地貌

萍乡位于江南丘陵地区，山地和丘陵占全市总面积的81.6%、岗地占6.8%、河谷平原仅占11.6%。萍乡市地处湘江与赣江分水岭，分水岭的地理区位对萍乡水文特征影响很大，由于缺乏客水资源，萍乡市境内河流基本上由本地降雨汇流产生（图2–1）。

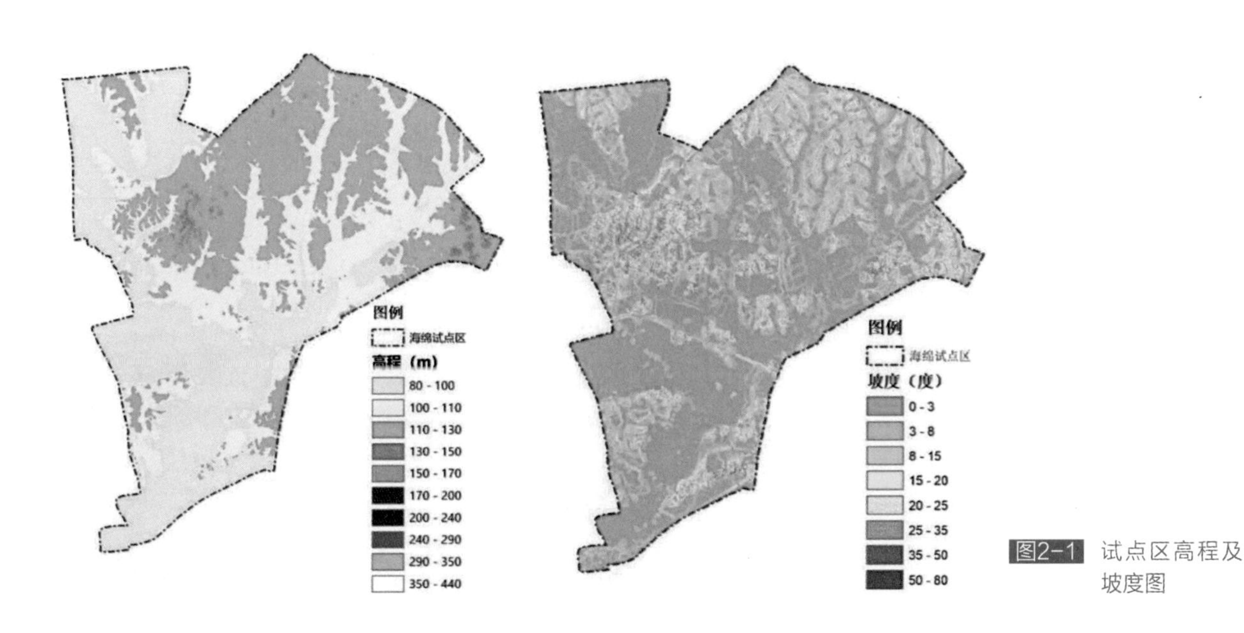

图2–1　试点区高程及坡度图

2.1.2 顺藤结瓜的山水格局

萍乡市中心城区以萍水河、五丰河为藤，顺藤而下，形成以萍水湖、玉湖、虎形山、金螺峰、鹅湖为节点的“顺藤结瓜”型山水格局（图2–2）。独特的山水格局形成了萍乡大的排水通道和雨洪蓄滞空间。

萍水河是流经试点区最大的河流，河宽约为38~166m，试点区内长度约为13.55km，深5~8m，具有排洪、通航及灌溉等功能。萍水河的部分河道仍为传统的直立式硬质化驳岸，部分河道已经进行了河堤浆砌石挡墙的生态改造，生态岸线长度约6.61km。沿萍水河两岸建设的滨河公园，是城市重要的生态廊道（图2–3）。

五丰河主河道长8.1km，试点区内长约4km，宽度约8~10m，深2~6m。五丰河出口至玉湖坝址段河道两岸均已建成防洪墙。五丰河两岸建筑密集，河道较窄，驳岸尚未进行生态化改造，断面均为直立式硬质化驳岸，且滨岸无绿化带（图2–4）。

白源河主河道长10.64km，试点区内长约1.76km，河宽15~30m，深3~6m，有桥梁13座，陂坝8座。目前白源河出口段上游260m河道两岸已建防洪墙，另白源河与平安大道交汇处往上游约700m河道两岸已建防洪墙（堤）（图2–5）。

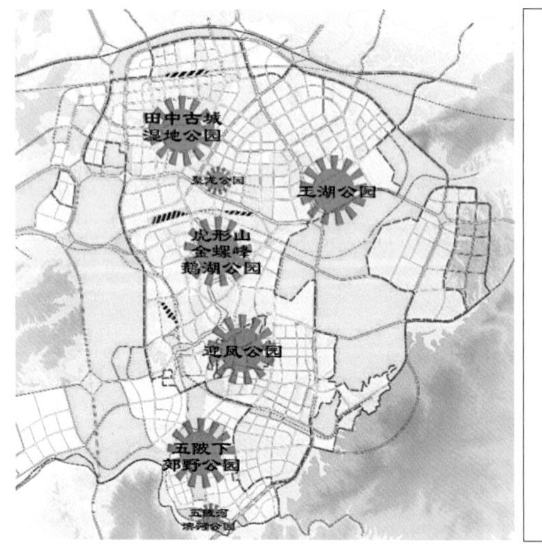

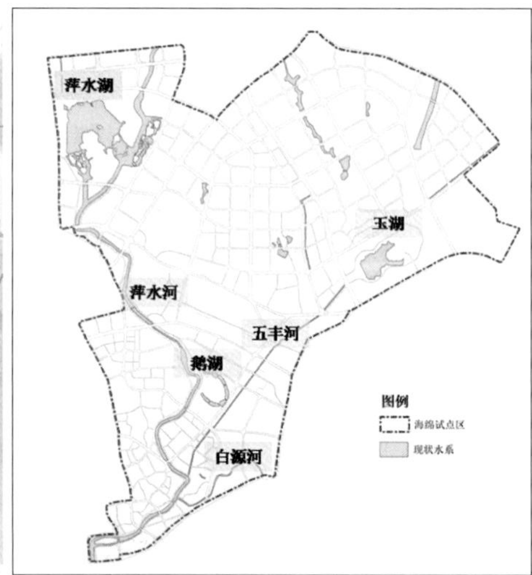

图2–2 中心城区及试点区山水节点示意图

图2–3 改造前的萍水河

图2-4　改造前的五丰河

图2-5　改造前的白源河

图2-6　建设前的萍水湖

萍水湖位于萍乡市中心城区北部，总面积232ha，水体面积80ha，是以萍乡地域文化及历史文化为特色，集休闲、旅游、商业为一体的城市湖泊公园（图2-6）。

玉湖公园总面积约57.2ha，水体面积约为22.4ha。公园地面铺装大量破损、场地坑洼不平，降雨后积水严重，同时园内绿化面积少、湖岸杂草丛生、植被种植品种单一、造成整体景观品质不高（图2-7）。

鹅湖公园位于萍乡市老城区，占地18.7ha，水体面积5.3ha，是萍乡市民主要的休闲活动场所之一，公园内湖泊岸坡为亲水性较差的直立式浆砌石硬质化驳岸（图2-8）。

图2-7 改造前的玉湖

图2-8 改造前的鹅湖

2.1.3 土壤的渗透性能较差

萍乡市试点区表层土壤主要为耕植土、杂填土、黏土、粉质黏土、含砾黏土，渗透系数介于$9.8\times10^{-7}\sim1.2\times10^{-6}$m/s之间，渗透性能较差，雨水下渗非常缓慢，不利于渗透型海绵设施建设（图2–9）。

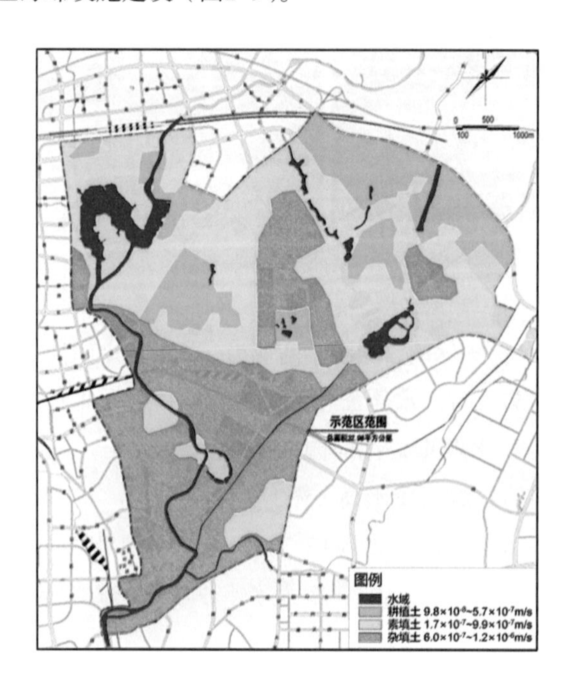

图2-9 萍乡市试点区土壤类型与渗透性能

2.1.4　旱涝交替的水文特征

萍乡属亚热带湿润季风气候区，四季分明、雨量充沛，但降水量时空分布不均，区域晴时旱、雨时涝的特征明显，暴雨时河道水位暴涨，不下雨时缺乏补水水源。城市缺水又留不住水，是全国103个缺水城市之一。

通过分析萍乡市近30年降雨资料可知，萍乡市年平均降雨量1600mm左右，年最高降雨量2174.0mm（1997年），年最少降雨量1147.2mm（2013年），历年上半年平均降雨量1050mm，占全年平均降雨量的60%以上。降雨量集中在3–8月，尤其是4～6月降雨量集中，多大雨到暴雨，占全年平均降雨量的44%（图2–10，图2–11）。

年平均降雨天数（日雨量≥0.1mm）为171d，降雨强度上以中小雨为主，平均共152d，大雨及大雨以上强度降雨天数平均为19d，不同强度降雨频次如表2–1所示。

试点区多年平均降雨强度分布情况　　表2–1

降雨强度（mm）	<2	小雨 2～9.9	中雨 10～24.9	大雨 25～49.9	暴雨 50～99.9	大暴雨 100～249.9	特大暴雨 >250
降雨天数（d）	65	56	31	14	4	1	0

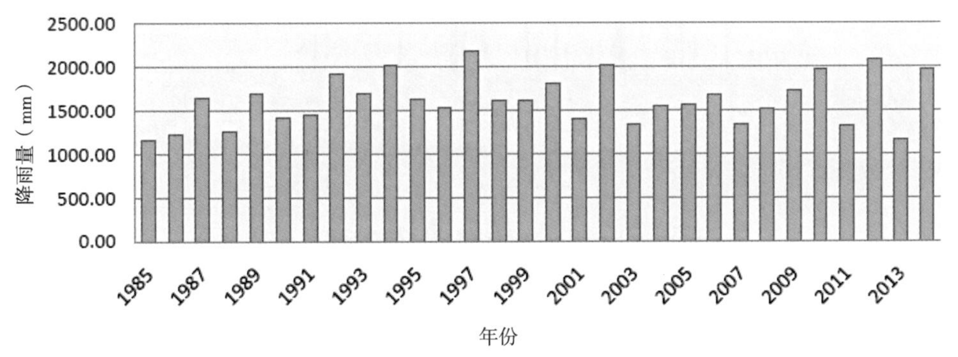

图2–10　萍乡市1985～2014年降雨量

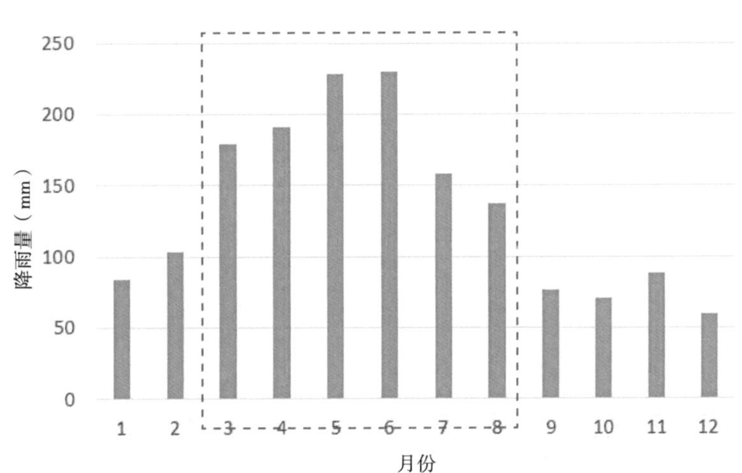

图2–11　萍乡市逐月降雨量

根据萍乡市多年水资源报告，利用萍乡市未开发的农业区域作为未开发时状态，进行降雨与产流状态分析，结果表明未开发时萍乡市降雨约60%通过蒸发排出，约15%通过下渗排出，约25%形成径流外排。此外，通过对1984年萍乡城市开发初期的城市降雨径流关系进行模拟，当年降雨产流率约为28%，天然未开发条件下径流量如下图所示。因此，萍乡市天然未开发条件下的径流控制率约在72%~75%（图2-12）。

1．近30年试点区下垫面变化情况

通过选取萍乡近30年（1984年、2000年、2008年、2015年5个年份）的影像图进行遥感解译，获得试点区4个年份的下垫面数据，以此为依据对1984年以来试点区内下垫面径流系数变化情况进行研究分析。试点区内建设用地由1984年的6.3km²增至2015年的20.2km²，年均增长率7.1%。建设用地变化情况见表2-2。

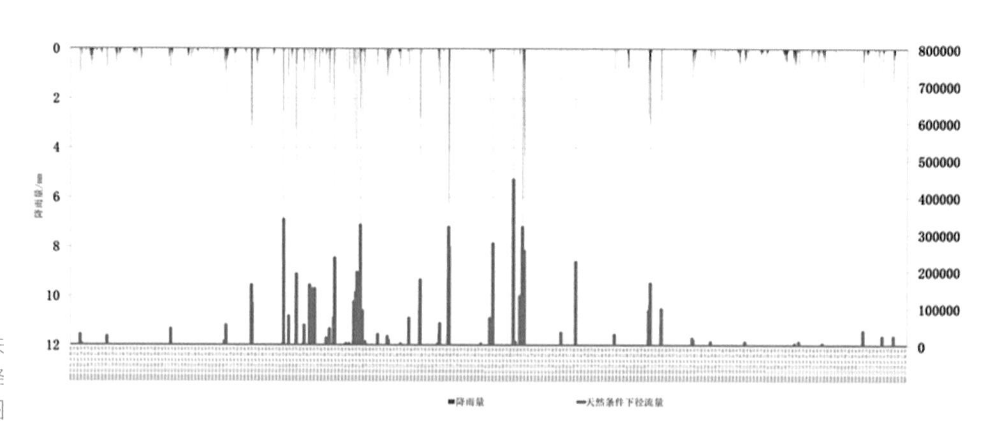

图2-12 萍乡市天然未开发条件下降雨径流关系图

试点区历史下垫面情况及径流系数　　表2-2

年份	建设用地面积（km²）	年均增长率
1984	6.3	—
2000	11.1	4.8%（1984年~2000年）
2008	16.2	5.7%（2000年~2008年）
2015	20.2	3.5%（2008年~2015年）

2．径流系数变化

对试点区历史影像图进行分析，分别为1984年，2000年，2008年，2015年的影像图。（图2-13，图2-14）随着城市发展，城市硬化率不断增加，导致综合径流系数逐年增加，降雨产流量逐年上升（表2-3）。

1984年试点区内开发状态处于初级阶段，城区内多为农业用地，经影像图分析核算得出综合径流系数为0.28。

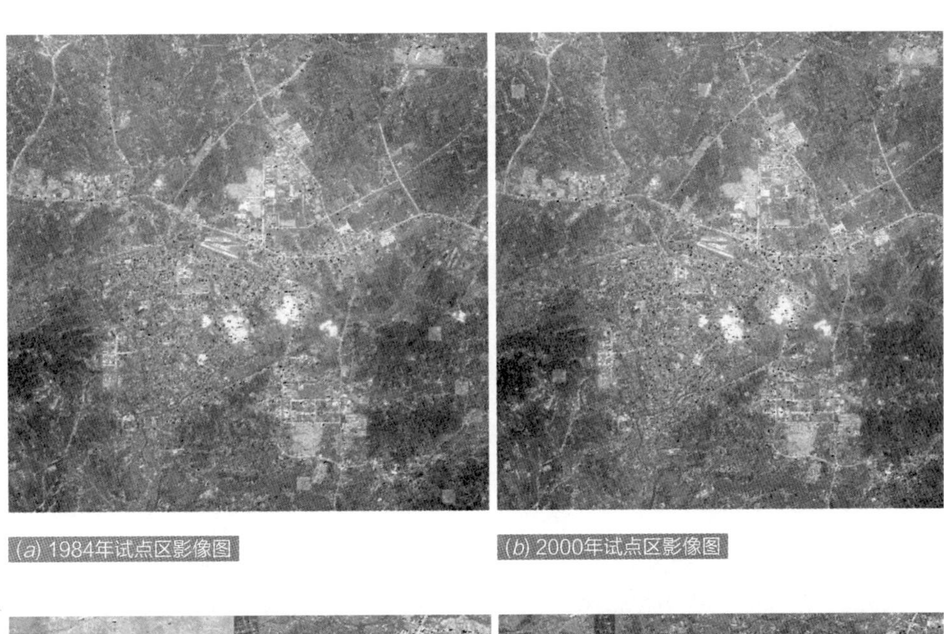

(a) 1984年试点区影像图

(b) 2000年试点区影像图

(c) 2008年试点区影像图

(d) 2015年试点区影像图

图2-13　试点区不同年份影像图

2000年试点区老城区增加部分建设用地，城区部分农林用地开始改造成建设用地，硬化面积增加，经分析得出综合径流系数为0.39。

2008年老城区部分建设已较成熟，以居住用地为主，其次为农田用地及零星的村庄建设用地，综合径流系数增加至0.46。

2015年试点区老城区部分已大部分建成，新城区开发建设用地大幅增加，整体硬化面积增加较快，综合径流系数增至0.52。

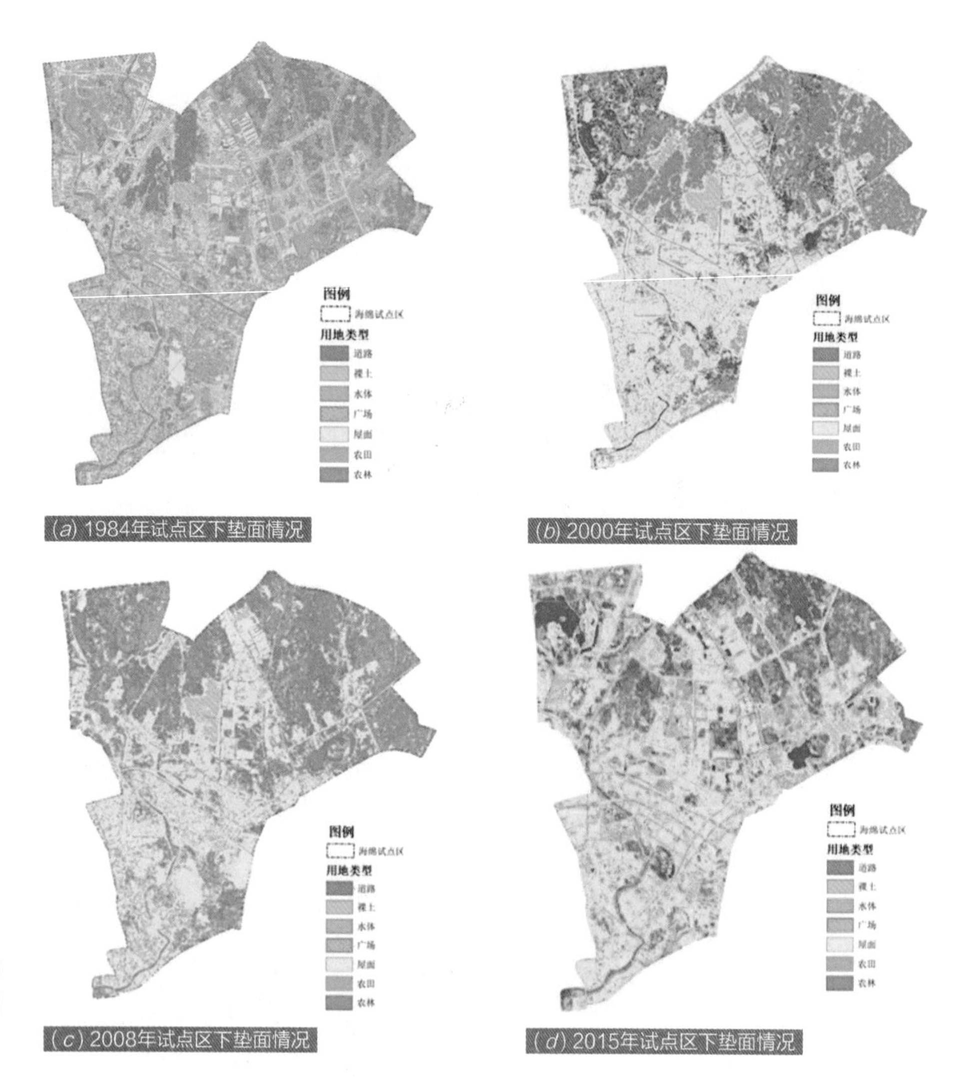

图2-14 试点区不同年份下垫面遥感解译结果

试点区历史下垫面情况及径流系数 表2-3

类型	1984年	2000年	2008年	2015年
裸土（km^2）	0.92	1.89	1.57	1.46
林地（km^2）	12.89	10.68	8.76	7.65
广场（km^2）	0.56	0.68	1.42	1.42
屋面（km^2）	4.32	8.56	11.02	13.54
农田（km^2）	10.4	9.5	5.9	4.43
水体（km^2）	2.39	1.78	1.59	1.47
道路（km^2）	1.5	1.89	2.72	3.01
合计（km^2）	32.98	32.98	32.98	32.98
径流系数	0.28	0.39	0.46	0.52

2.2　城市现状问题

近年来萍乡城市建设发展较快，但基础设施建设相对滞后，内涝频发、水环境与水生态恶化、人居环境品质欠佳等问题突出。

2.2.1　城市内涝灾害频发

1. 内涝问题

城区内涝积水灾害频发，对居民生活和交通造成了严重影响，是萍乡市城市发展过程中最突出，也是群众首要关心的问题。历史上逢暴雨必涝、被群众多次投诉举报的内涝积水点有11个，如万龙湾、山下路、西环路-八一路、武功山大道峡石段、公园南路、白源河清源社区等典型积水点；偶尔发生内涝灾害的积水点还有27个；除上述积水点外，经过模型分析，在人口稀少的规划建设区内存在45处局部地势低洼的潜在积水点。萍乡市积水点不仅数量多，发生频次高，而且内涝程度严重。以内涝积水最严重的万龙湾为例，2016年6月15日和7月8日两次暴雨，降雨量分别为104.8mm和79.8mm，最大积水深度达到0.8~1m，财产损失达上百万，居民意见很大（图2-15）。

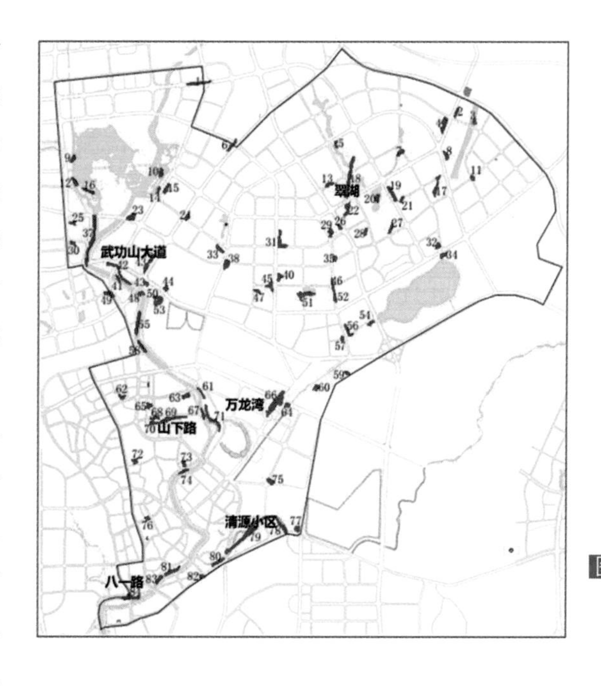

图2-15　30年一遇降雨试点区积水点分布图

现状严重内涝点主要集中在萍乡试点区内的老城区，其中山下路、万龙湾、跃进北路、北门桥北侧、白源河清源社区附近及沿岸、西环路八一街附近等区域是典型的内涝区域，强降雨天气经常发生积水现象，严重影响周围居民的出行和生活（表2-4，图2-16）。

（1）山下路内涝点：主要位于山下路南侧虎形村，西起朝阳路，东至金典小区南门东侧80m处，南北由虎形巷和山下路围成的近似矩形区域。总面积约6.28ha，积水频次较高，年均10~15次，且由于现状管渠为雨污合流管渠（明渠），导致积水中掺混生活污水和生活垃圾，严重影响片区居民出行和生活环境。蚂蝗河改造后每年均有内涝现象发生。

（2）万龙湾内涝点：现状内涝点最深处位于公园中路与建设东路交叉口，面积约5ha。此处地面高程较五丰河堤岸低1m左右，易受到五丰河水位顶托，且降雨容易产生倒灌。30年一遇降雨时内涝深度1m以上。

（3）八一路区域：主要包括八一路，跃进南路和西环路的地势低洼路段，形成大约5hm^{2}的内涝区。淹没深度约20cm。对交通和居民生产生活影响大，而且近年有内涝频率逐步增加的趋势。

（4）跃进北路内涝点：主要位于跃进北路与建设路交叉口西南片区，积水面积3hm^{2}内涝面积较大。此区域主要包括中医院及毛家饭店西北部地势低洼的居民区，暴雨天气产生内涝，淹没深度约50cm，对居民生产生活影响大。

（5）五丰河–公园南路：公园南路临近五丰河，形成大约2hm^{2}的内涝区。内涝面积大，淹没深度50～120cm。对交通和居民生产生活影响很大，且内涝频率逐年增加。

（6）白源河清源小区内涝点：位于白源河下游西岸，清源小区及附近一带。该积水点三面环水，西北方临近萍水河，西南方和东南方紧挨白源河。由于该片区都是居住社区，一旦降雨产生内涝对居民生活影响较大。

（7）北门桥（北侧）内涝点：该内涝点位于昭萍路与滨河西路交叉口以北约150m处，面积约0.3ha，积水频次较高，年均15~20次，且由于内涝点位于交叉路和公交车站台附近，对行人和车辆通行带来较大不便。

（8）江湾巷内涝点：江湾巷位于商业街至滨河西路（萍乡市硅酸盐研究所）一带，主要由江湾巷和黄江南巷两条巷道组成，片区属于老旧城区，部分地区正在进行拆迁改造。根据现场勘查，江湾巷积水区域主要位于黄江南巷与江湾巷交叉口处（江湾巷街道办事处前坪），因地势高差大，该区域内涝呈积水快，退水快的特点。

现状典型内涝点一览表 **表2-4**

序号	内涝点位置	积水面积（hm^2）	所属流域
1	山下路南侧内涝点	6	萍水河
2	万龙湾内涝点（公园中路与建设东路交叉口）	5	五丰河
3	八一路区域（八一路，跃进南路和西环路的地势低洼路段）	5	萍水河
4	跃进北路内涝点（跃进北路与建设路交叉口西南）	3	萍水河
5	五丰河公园南路内涝点	2	五丰河
6	白源河下游清源小区内涝点	2	白源河
7	北门桥内涝点（昭萍路与滨河西路交叉口以北）	0.3	萍水河
8	江湾巷内涝点	0.2	萍水河

图2-16 萍乡市试点区现状调查内涝点位置示意图

2．问题成因

造成试点区内涝严重的原因是多方面的，河道排涝体系不健全、排水管道设计标准偏低、地势低洼、管道堵塞排水能力减弱等都是造成内涝的关键因素。

（1）山洪入城，导致河水满溢

萍水河为山区型河流，上游集雨范围大，洪水汇流速度快，来水水量极大，下游河道无法容纳。在50年一遇的降雨条件下，上游来水量占到河道总流量的86%。当上游发生暴雨时，瞬时流量较大，导致部分河段发生满溢，造成城市积水。萍水河中上游三田桥处控制流域面积288km^2，福田河于三田村右岸汇入萍水河，福田河流域面积45.5km^2。萍水河上游山区控制流域面积共计333.5km^2，集雨范围大，且洪水汇流速度快，日降雨50mm以上的降雨就会形成洪水，发生洪水频率高。

五丰河是萍乡城区的重要行洪通道，发源于白源镇庙树下，总流域面积29.4km^2。五丰河上游山区控制流域面积2.6km^2，玉湖控制流域面积16.7km^2，即城区上游汇水面积占整个五丰河控制流域面积的66%，上游山区集水面积大于城区河道汇水面积。从计算结果可知，在30年一遇的降雨情形下，五丰河玉湖洪峰流量70.1m^3/s，汇入下游后，对主城区狭窄的河道造成较大的排水压力，极易在老城区产生大面积内涝。

图2-17 试点区河道防洪标准示意图

（2）河道顶托，导致排水不畅

萍水河、五丰河和白源河的河道行泄能力不满足规划要求，局部河道宽度不足，部分桥墩、桥拱、栏杆阻水严重。暴雨时受以上因素影响导致河道水位上涨，淹没雨水管渠入河排水口，造成城市排水不畅。

参照《江西省萍乡市城市防洪规划报告》，城区萍水河主河道防洪标准应按照50年一遇洪水设防，其余萍水河支流按照20年一遇标准设防。现状除了南坑河，城区其余河道均未达到防洪标准。目前，萍水河康庄桥的防洪能力小于20年一遇；南门桥、东门桥两座老桥阻水严重，南门桥的现状防洪能力为20年一遇，东门桥现状防洪能力不足10年（图2-17）。

目前城区排涝系统不完善，下游缺少排涝泵站，暴雨天气河道水位上涨，淹没入河排水口时，城区排水受阻。五丰河、长兴管河作为城区重要行洪通道，河道断面狭小，阻水建筑物多，大量雨水无法顺利排走。五丰河河道平均宽度仅8～10m，泄洪宽度不够；河道上桥墩、桥拱阻水严重，存在铁路桥、御景园桥、通济小学桥、安源中学桥、地税局桥等10座桥面低于20年一遇防洪标准，部分桥现状见图2-18、图2-19。五丰河与浙赣铁路相交段阻水尤为严重，过水能力严重不足，导致洪水经常上岸。

图2-18 五丰河下游（通济小学桥）

图2-19 五丰河上游（铁路桥）暗涵

（3）管网能力不足，维护缺失

萍乡市中心城区重现期为3年一遇以下的管道占比约为73.65%，管道能力无法满足排水要求（图2-20）。同时，由于建设、养护不到位，导致部分积水区域存在雨水口数量少、排水口标高不合理、排水沟堵塞不畅通等现象，进一步降低了城市排水系统排泄能力。

1）管网标准偏低

萍乡城区现状雨水管网设计标准普遍偏低，大部分路段埋设的排水管道，重现期标准在0.5年以下，无法满足需求。老城区排水管道埋深较浅，管道坡度没有达到规范最低要求。通过管道能力评估结果可以发现萍乡市中心城区现状管道约有73.65%管道重现期为3年一遇以下，无法达到规划设计标准要求。其中56.24%的管道达不到0.5年一遇的标准，65.65%的管道达不到1年一遇标准。

2）施工缺陷

萍乡老城区普遍存在大管套小管、管道逆坡铺设的现象。根据管网普查，万龙湾片区共有10处管道明显逆坡，8处大管接小管现象，位置分布如图2-21所示。建设东路与滨河东路交叉口管道，1600mm × 800mm方涵接入*DN*500圆管，导致排水不畅，如图2-22。

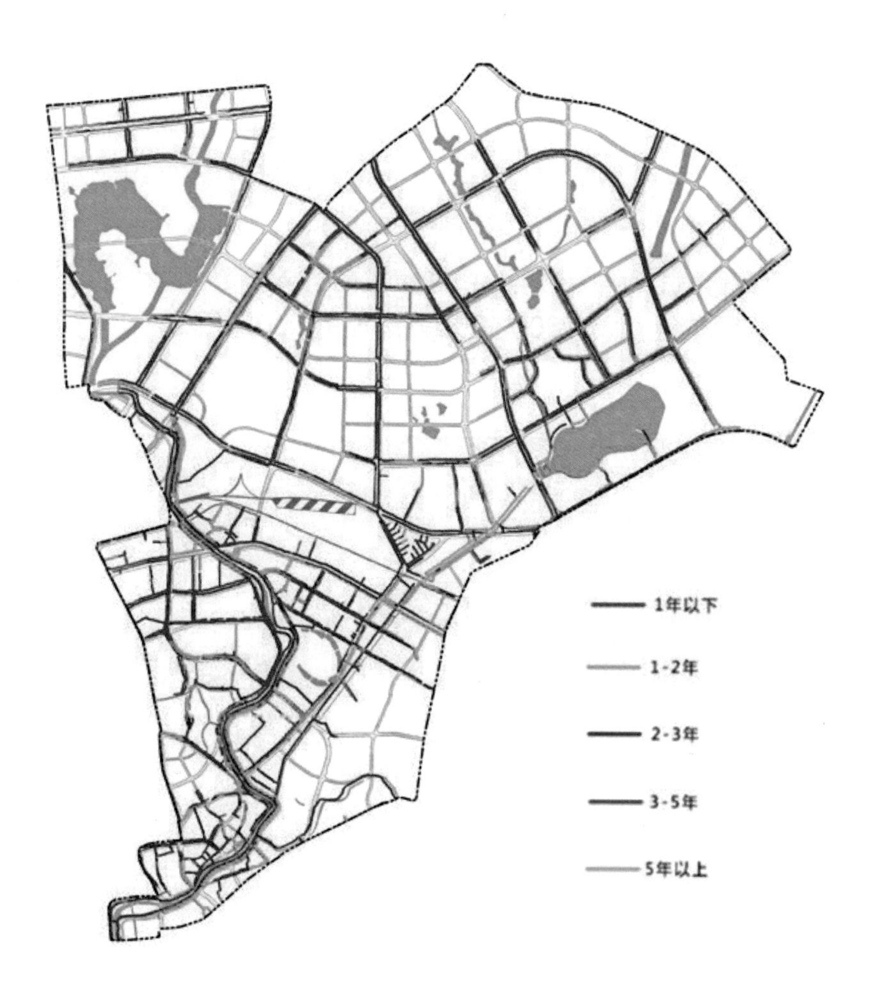

图2-20　萍乡市试点区排水管道重现期评估结果图

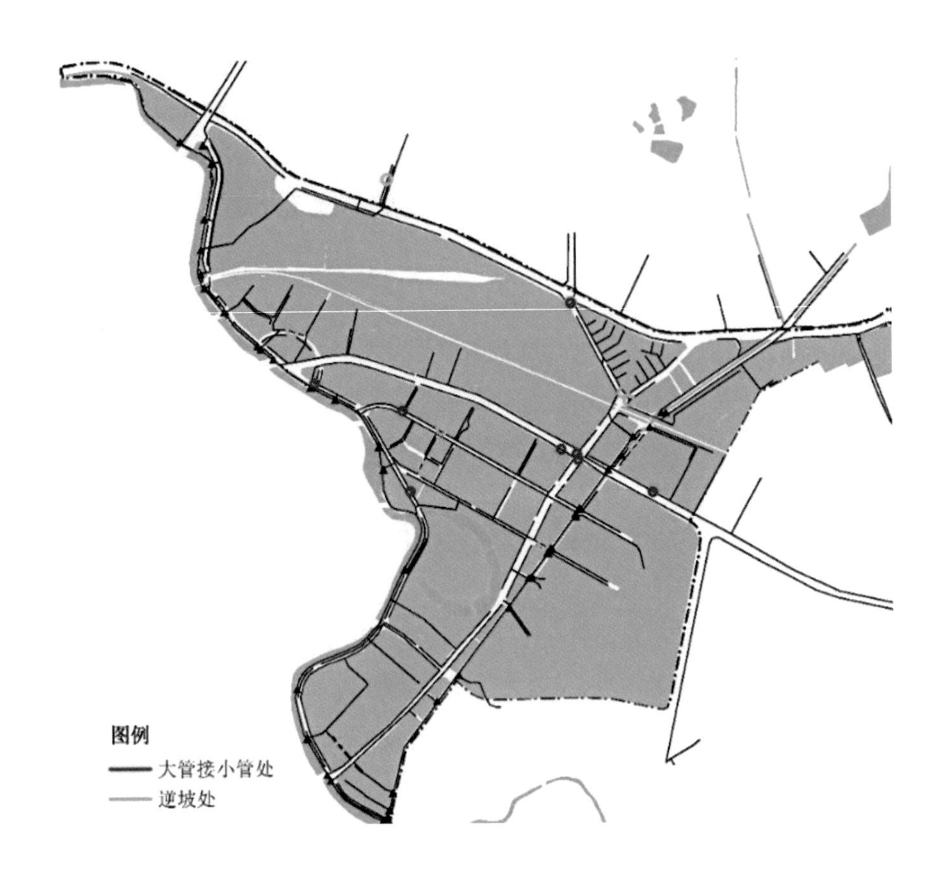

图2-21 万龙湾片区大套小管及管道逆坡分布图

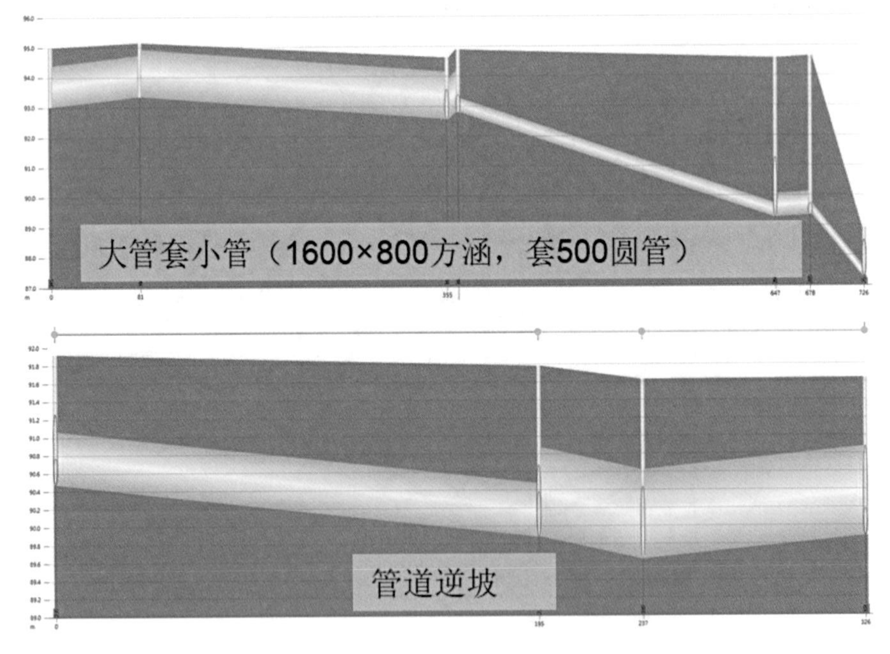

图2-22 建设东路大管套小管及管道逆坡情况图

3）雨水口收水能力有限

城市雨水管网收集系统及排放口故障也是导致雨天积水的一个重要原因。西门片区正大街街巷和蚂蝗河片区江湾巷雨水口缺乏，收水能力不足，是导致该片区内涝积水的主要原因之一（图2-23，图2-24）。

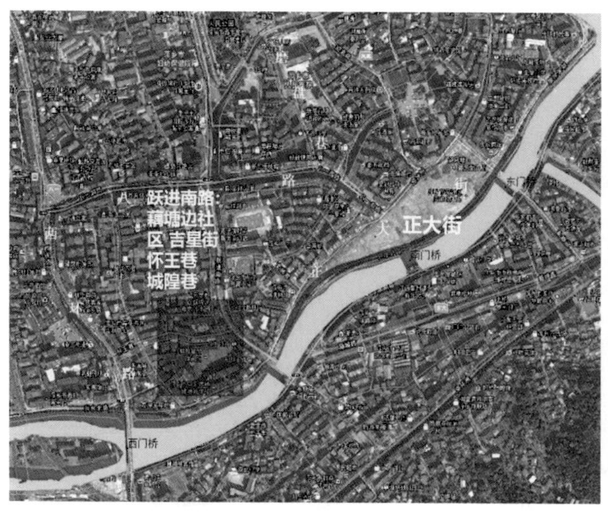

图2-23 现状雨水口缺少区域图

图2-24 盖板沟雨水口较少

图2-25 老城区内雨水篦子堵塞

4）排水设施老旧堵塞

老城区管渠大多自建成后未进行疏通，尤其是排水明渠，过度淤积，部分路面雨水口由于未及时清掏已经堵塞，均造成雨季排水能力下降（图2-25）。另外，部分区域雨水管网建设滞后，配套排水设施规划滞后。雨水管道建设时，就近接入现状雨水系统，城区现状雨水管道系统汇水面积逐渐增加，远大于设计时的汇水范围，排水管网输送能力严重不足。老城区排水系统建设年限较早，排水能力无法满足城市发展的需要。八一路、西环路内涝的原因，就是因为排水沟堵塞不畅通，暴雨时无法及时排水，从而形成内涝。

（4）地势低洼区域，缺乏应对措施

由于过去城市建设行为不规范，竖向管控不到位，导致局部区域地势低洼，特别是山下路、江湾巷、万龙湾等区域在开挖过程中侵占低洼地，且并未进行填垫，导致周边雨水径流在上述区域汇集，以万龙湾区域为例，低洼区汇集了周边77.9ha范围内的经流雨水。同时这些区域缺少针对性的防涝措施，汇集的雨水排出速度较慢，造成积水，影响居民生活（图2-26）。

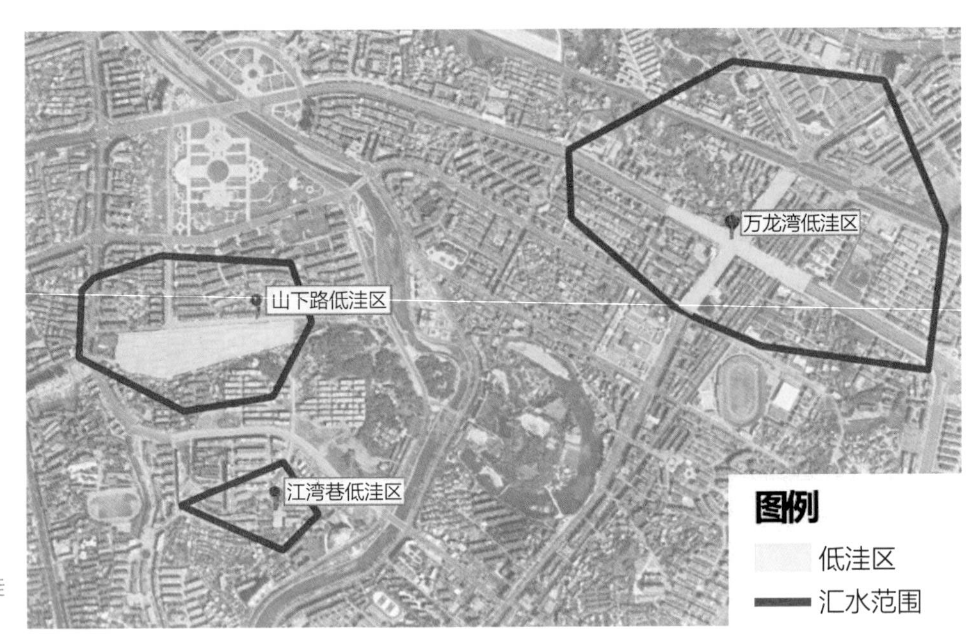

图2-26 典型地势低洼区域

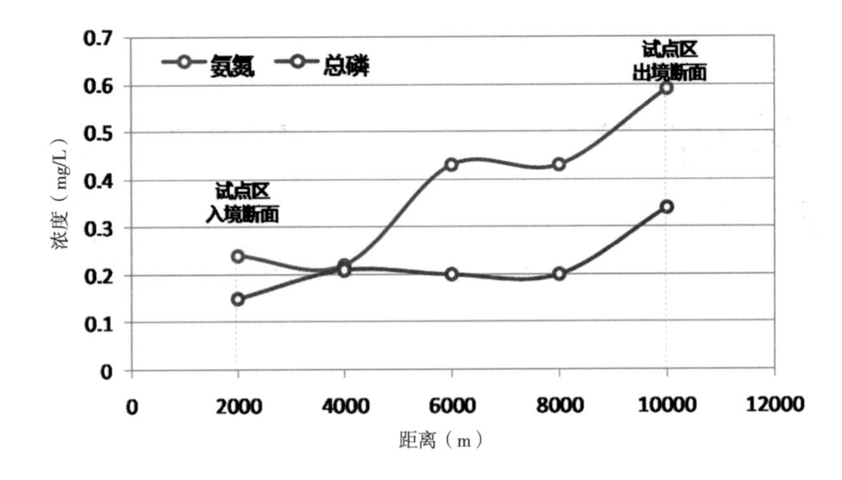

图2-27 萍水河水质在流经萍乡城区时的沿程变化（2015年4月为例）

2.2.2 水环境呈恶化趋势

1．水环境问题

试点区水体总体水质良好，萍水河可达地表水Ⅲ类标准，白源河、五丰河可达地表水Ⅳ类标准，但受到城市污染的影响，在流经萍乡城区过程中，河流水质呈明显恶化趋势。以2015年4月水质监测数据为例，萍水河试点区出境断面（南坑河河口断面）氨氮和总磷相对入境断面（三田断面）分别升高1.5倍和1.3倍（图2-27）。

试点区萍水河和五丰河下游为萍乡市老城区，两岸集中分布居住用地和工业企业厂矿，部分地段污水管网建设不完善。萍水河和五丰河在枯水期上游来水减少，水体稀释和自净能力减弱。白源河沿河居民直排，新建在建居住用地没有接入配套市政污水管线，以上现象均导致污水直接排河。综上，这些均造成城区河流水体水质不稳定。

2．问题成因

萍乡市城区存在污水直排现象，合流制截流溢流污染也比较突出，城市雨水径流污染未得到控制，管网渗漏情况也很严重，造成萍乡市河道水质在部分时段部分河段变差。

试点区入河污染物排放量基本与河流水环境容量持平，然而枯水期的部分时段污染负荷超出水环境容量，导致水质恶化。造成水体污染的主要原因：一是污水直排水体，包括污水管网未完善、农村沿河污水截污不彻底等；二是合流制溢流未得到有效控制，存在现状截污倍数偏小，管道错节塌陷等问题；三是面源污染在冲刷作用下汇入水体；四是垃圾和淤积底泥等释放的内源污染。

（1）沿河污水直排

污水直排包括临河建筑施工废水直排，区域性分流制污水管道直排，合流制管道无截流措施或截流不彻底的直排等。试点区的三个流域均有污水直排现象存在，共有分流制直排口7个，合流制直排口7个。污水直排量为9439m^3/d，污染物负荷排放量1551t/a（以COD计）。

（2）合流制溢流污染

萍乡市城区现状排水体制为雨污流截式合流制。萍水河两岸均布置了直径*DN*1000～*DN*1500的截污主干管，截流老城区排入萍水河的污水。五丰河截污主干管直径*DN*1000，现状主要收集武功山中大道污水及老城区萍水河东岸合流污水。白源河截污主干管直径在*DN*600～*DN*1000之间，现状主要收集中丹路、燎原大道等覆盖区域的污水。

雨污合流截流式排放体制，原设计旱季污水排入截污主干管，雨季超标雨水溢流排入河道。现状已进行堰式截流，但由于各截污排放口现状截流倍数偏小（1.0~2.0），排口与截污主干管连接方式不合理，大部分溢流口连接管管径只有*DN*300，管道错节塌陷等问题的存在，使河道沿线合流管排放口旱季污水溢出现象严重，进而造成水质污染。以万龙湾区域的萍水河和五丰河下游河段为例，区域排水体制均为截流式合流制。两条河道沿河设置截污管道，截流口采用*DN*300管道连通，污水量增大时，连接管排水能力不足，不能及时将污水疏导至截污主干管，造成污水溢流至河道。目前萍水河沿岸分布有43个合流制截流口；五丰河沿岸分布有30个合流制截流口，溢流口较多，截流能力考虑不足，溢流污染严重。

通过模型模拟，典型年2008年降雨次数95次，各溢流口平均溢流次数为30次。试点区内的87个合流制溢流排放口共溢流水量113.15万m^3/a，污染物负荷排放量509.34t/a（以COD计）。以萍水河东岸某一合流制溢流排放口为例，模拟结果显示，此排放口在典型年2008年共溢流36次，溢流污水量为1.46万m^3/a。

（3）面源污染问题

采用Mike模型对试点区面源污染进行了测算。面源污染主要来源包括水土流失、农村化学品过量施用、城市降雨径流污染、畜禽养殖和农业与农村废弃物等。

萍乡市试点区基本为建成区和新建城区，城市径流污染为最主要的污染源，以COD计，城市面源为1973t/a，农业面源为658t/a。

（4）污染负荷超过环境自净能力

采用完全混合模型对试点区内地表水环境容量进行估算，试点区环境容量为4486t/a（以COD计）。对试点区污染源染进行汇总，得到入河污染总负荷数据，试点区年COD污水排放负荷为4691.21t。

结果显示，试点区入河污染总负荷大于环境容量，其中试点区萍水河流域和白源河流域污染负荷小于水环境容量，五丰河流域污染负荷大于水环境容量。但因五丰河和白源河的污染负荷最终汇入萍水河，如算上汇入萍水河自身污染负荷以及支流五丰河和白源河污染物的汇入，萍水河的污染总量达到4691t/a。污染负荷总量远远超出自身水环境容量（2663t/a），污染负荷与环境容量比值达到1.76倍，造成萍水河出境断面相对于入境断面污染负荷大幅上升，河流水质恶化（图2–28）。

试点区河道水环境污染加剧的最主要原因是污染负荷排放量大，污染负荷主要来源于污水直排污染（14个排污口，直排污水量9440m^3/d），合流制溢流污染（87个溢流口，平均溢流30次/年，溢流污水量113万m^3/a），面源污染未得到有效控制（以COD计，面源污染负荷2631t/a）等（图2–29）。

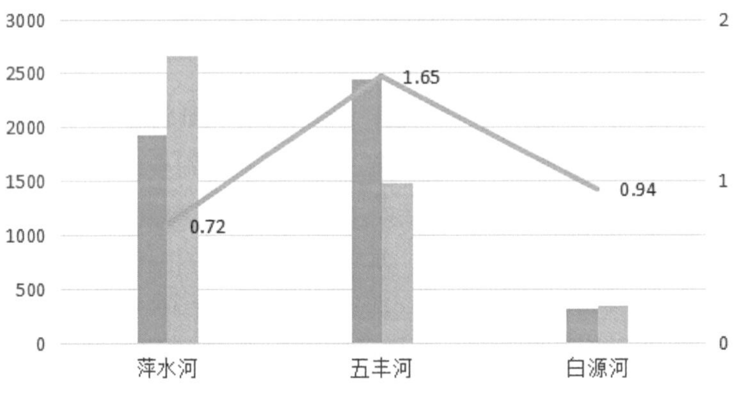

图2–28 试点区入河污染物与水环境容量对比分析图（以COD为例，t）

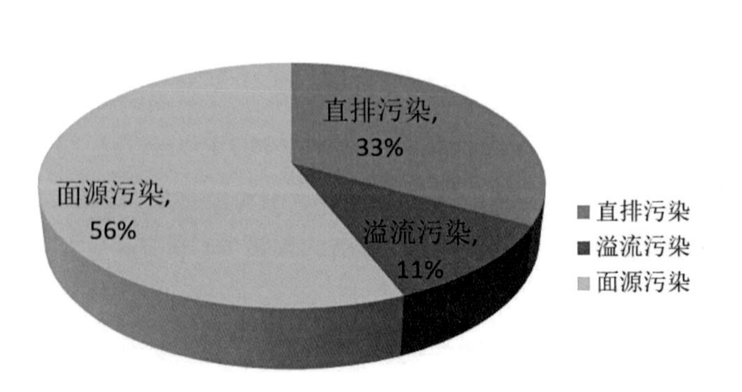

图2–29 试点区污染物来源百分比

2.2.3　水生态系统脆弱

1．水生态问题

（1）城市水体匮乏

随着萍乡城市的快速建设开发，人水争地与人水矛盾问题不断突出。大量天然水域被侵占，试点区现状水面率仅为4.5%。城市水体的匮乏导致水生态自我维持和自我修复的能力下降，进而影响到以水为核心的自然生态系统，导致萍乡市整体水生态环境质量退化。

（2）河湖岸线硬质化

试点区内的萍水河、五丰河以及白源河等河湖岸线在多年的开发建设下，大部分已改造成直立硬质化驳岸，城区现状河道生态岸线比例不足35%，损失了河道的自然净化机能，损害了河岸植被赖以生存的基础，生物多样性显著下降（图2-30）。

（3）现状径流控制率较低

通过对试点区现状情景下地块径流的模拟，试点区现状年径流总量控制率约为48.3%，其中中心城区老城区地块的年径流控制率约为37.6%，工业园区年径流总量控制率约为46.7%，新城区年径流总量控制率约为54.3%。总体来看，现状径流控制率较低，不利于雨水的渗透滞蓄，对萍乡市水生态涵养和水环境提升效果不明显。

图2-30　试点区硬质化驳岸

2．问题成因

（1）天然径流关系被割裂

随着城市的发展，城市周边农林用地逐渐改造为建设用地，城市硬化率不断增加。自然条件下，降雨渗入土壤、水体，就地补充地下水或地表水，而在地面硬化的城区中，快速累积的大量地表径流，经由管网系统集中排放至水体，导致综合径流系数逐年增加，地表径流量增大，水体交换被阻隔。

（2）试点区水体面积不足

萍乡市试点区现状水面率仅为4.5%，且枯水期水量不足，水体流动性有限，城市生态缺乏水体要素的支撑。

（3）早期河道治理只注重防洪功能

河道治理过程中没有考虑生态、景观、文化等其他功能，建成的驳岸多为直立硬质化驳岸。在注重防洪功能的前提下，没有协调进行生态系统的构建。

2.2.4 城市人居环境欠佳

1．自然生态空间匮乏

萍乡老城区在开发建设之初，平山填塘，山、水、林、田、湖、草等自然生态空间经常被侵占，导致城市绿色空间缺乏。

2．公共设施配套不足

中心城区现有公园绿地分布不均匀，特别是老城区绿地奇缺、街旁绿地较少。公园绿地的功能与形式比较单一，缺乏地方特色，休闲设施配套不足。

老城区市政基础设施配套不足，城市排水管网设计标准低，混、错、漏接问题严重。

3．居住环境品质不佳

萍乡老旧小区配套设施差，绿地率低，硬化面积大，排水系统薄弱，内涝积水频发，路面破损严重，居住环境品质不高。

2.3 建设目标思路

2.3.1 总体目标

针对试点区存在的内涝积水灾害频发、水质呈现恶化趋势、城市生态空间缺失、人居环境短板突出等问题，提出水安全、水环境、水生态、水资源等四方面指标体系。通过指标体系构建，进行海绵城市试点建设，实现城市生态空间有效保护、排水防涝能力提升、水环境质量改善、城市公共服务品质提升，最终达成“小雨不积水、大雨不内涝、水体不黑臭、热岛有缓解”的海绵城市整体建设目标。《萍乡市海绵城市专项规划》提出了“全域管控-系统构建-分区治理”的核心技术路径，在此核心路径的指引下，形成独具特色的江南丘陵地区海绵城市建设的萍乡模式。

2.3.2　指标体系

为实现海绵城市建设总体目标，萍乡在海绵城市建设行动计划中已提出年径流总量控制率、防洪标准、排水防涝标准等指标，以实现水安全提升，水生态恢复、水环境改善、水资源利用等综合目标。此外，在新增几项支撑性指标：为实现内涝防治的目标，增加湖库调蓄能力、泵站抽排能力和内涝点消除的指标；为实现地表水体断面水质达标率100%的目标，增加合流制溢流频次指标（表2-5）。

萍乡海绵城市建设分项指标表　　表2-5

类别	目标	指标名称	指标值	备注
水安全提升	防洪排涝能力显著提升	防洪标准	萍水河达到50年一遇防洪标准；五丰河、白源河达到20年一遇标准	申报项
		防洪堤达标率	100%	申报项
		内涝防治	30年一遇设计暴雨不成灾	申报项
		湖库调蓄能力	新增至365万m^3	新增项
		泵站抽排能力	新增75m^3/s	新增项
水生态恢复	恢复自然水文循环	年径流总量控制率	75%	申报项
		生态岸线恢复	生态岸线比例大于75%	申报项
		天然水域面积保持程度	水面率保持大于6.56%	申报项
水环境改善	水环境质量稳定达标	地表水体断面水质达标率	100%，达到Ⅲ类	申报项
		初雨污染控制	TSS削减率50%	申报项
		新增项	直排点消除	100%消除
		合流制溢流频次	平水年10次以内	新增项
水资源利用	非常规水资源合理利用	雨水资源利用率	12%	申报项
显示度	连片示范效应		百姓认知，连片面积达到要求	申报项

1．水安全提升

水安全提升的目标是提高城市排水防涝能力，实现在30年一遇设计暴雨下不内涝。在治理中，主要通过大排水体系构建，形成“源头减排—过程控制—系统治理”有机衔接、互为补充、富有弹性的城市排水系统体系。

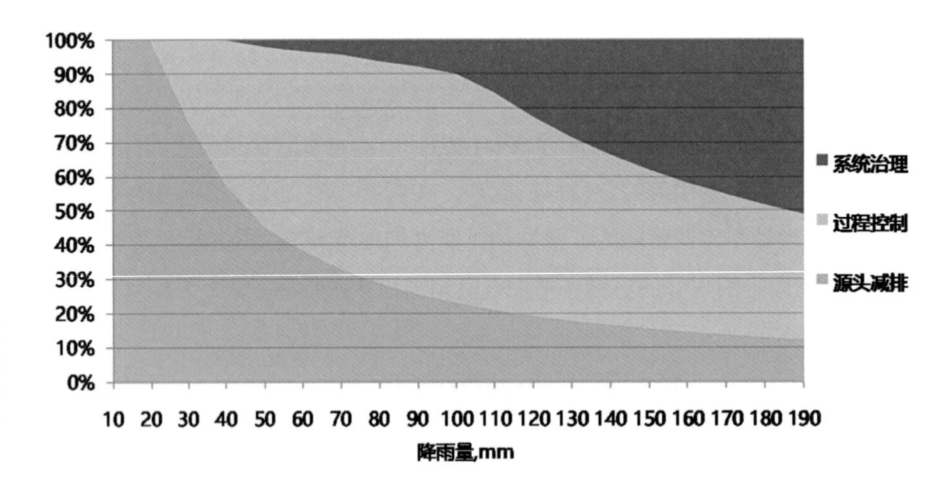

图2-31 源头减排、过程控制、系统治理措施在不同降雨情景下的分担比例

通过分析，明确了源头减排、过程控制和系统治理三个方面各自分担的降雨控制量。在源头减排方面，需要控制23mm的降雨，应通过地块海绵改造，实现雨水的分层滞留、就地消纳。过程控制方面，需要控制75mm的降雨，应通过提高萍水河、五丰河、白源河防洪标准，提升主干管网重现期标准，新增五丰河流域泵排能力75m^3/s来实现。系统治理方面，需要控制105mm的降雨，应通过保护蓄滞洪空间、设置调蓄池等系统治理措施解决，实现湖库调蓄容积365万m^3。通过上述措施可确保达到30年一遇设计暴雨下不内涝的目标（图2-31）。

2．水生态恢复

水生态恢复的目的是还原城市的天然水文条件，构建有效的蓝绿空间，实现河道的自然生态化，针对此三方面的需求提出以下要求。为了还原天然水文条件，设置年径流总量控制率来管控，综合考虑原始径流条件恢复、排水防涝体系、水环境体系以及可操作性等因素，年径流总量控制率需达到75%，对应日设计降雨量为22.8mm。为了构建有效的蓝绿空间，需要合理划定城市蓝绿线，明确水面率控制指标，并考虑滞蓄能力提升，确定水面率应达到6.56%以上。为了保障河道自然生态空间，利用生态岸线比例指标来控制，经分析综合确定生态岸线比例需达到75%以上。

（1）年径流总量控制

年径流总量控制指标的实现涉及内涝问题缓解、径流污染控制等因素，但本质上是恢复自然水文生态循环的重要标志。综合原始径流条件恢复、排水防涝体系、水环境体系以及可操作性等角度，年径流总量控制率需达到75%，对应日设计降雨量为22.8mm（表2-6，图2-32）。

萍乡市年径流总量控制率与对应设计降雨量　　表2-6

径流总量控制率	60%	70%	75%	80%	85%
设计降水量（mm）	14.2	19.3	22.8	27.1	33.0

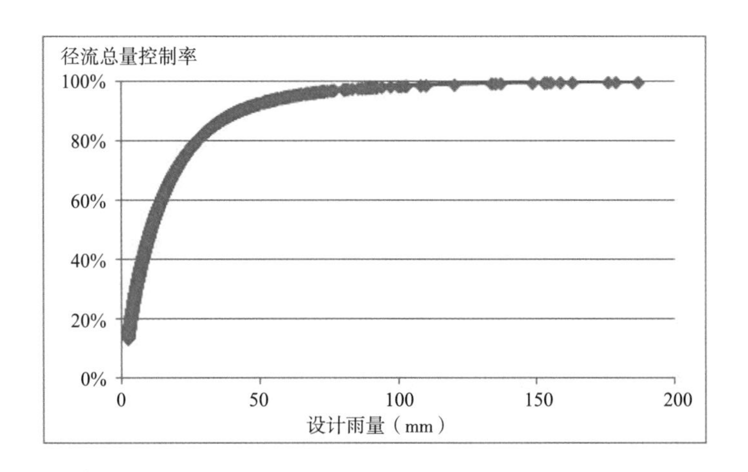

图2-32 萍乡市“径流总量控制率－设计雨量”曲线

（2）生态岸线恢复

目前萍乡城区内岸线已丧失了河道的自然属性，而且破坏了岸线植被赖以生存的基础。为恢复城市生态空间，在不影响防洪安全的最优前提下，对城市河湖水系岸线进行生态恢复，达到蓝线控制要求，恢复其生态功能，生态岸线比例可达到75%以上。

（3）水面率控制

萍乡城市快速发展，开发强度不断增强，人与水争地现象愈发明显，水面率由20世纪80年代的7%降至4%。同时为实现湖库调蓄能力提升，湖库水域面积应增加0.51km^2。综合考虑实施可行性，为最大化恢复自然生态空间，并实现雨洪调蓄能力的提升，试点区内水面率应达到6.56%以上。

3．水环境改善

水环境建设的目的是为了保持河湖水环境质量，实现地表水体断面水质达标率100%。为实现这个目标，需要控制入河污染物排放负荷，要求河道污水直排点100%消除，合流制排口年溢流次数应控制在10次以内，城市面源削减50%。

（1）水环境质量达标率

萍乡中心城区主要河流萍水河、五丰河和白源河上游来水水质较好，部分指标可达Ⅲ类水标准。河道流经萍乡市城区过程中，由于沿岸排口排污影响，河道水质恶化，部分时段部分断面出现劣Ⅴ类水质。海绵城市建设完成后，沿岸排口溢流频次大幅减少，河道水质的污染因素得到有效消除。按水环境功能区划要求，水环境质量达标率达到100%。

（2）直排点消除

试点区还存在分流制直排口8个，合流制直排口7个，为保障水环境质量，直排点100%消除。

（3）合流制溢流频次

根据平水年（2008年）实际降雨数据，综合考虑河道上游来水量、溢流污水量、溢流次数、污染物的自然净化，采用一维水质模型分析溢流污染问题发生后河道水质恢复所需时间，结果显示雨后河道水质恢复需要1~8天时间（与降雨量及溢流污染量相关），平均在3~4天。综合考虑上述因素，为确保水环境质量达标率在90%以上，提出平水年主要排口年溢流次数控制在10次以内的目标要求。

（4）面源污染控制

综合考虑河道环境容量、现状污染负荷，结合萍乡市海绵城市建设基底条件和实施难度，合理分配点、面源污染物削减比例，最终将SS去除率目标设定为50%。

4．水资源保障

综合考虑水资源供需要求和自然水文循环的恢复，将雨水用作浇洒道路、绿化用水，补充生态用水等用途。雨水资源化利用率达到12%。

2.3.3 技术路线

针对萍乡市江南丘陵地区的城市特征及现状城市管理体系特点，《萍乡市海绵城市专项规划》制定“全域管控–系统构建–分区治理”的核心技术路径，以体现海绵城市的系统性、科学性和全面性（图2–33）。

考虑到试点区范围内既有新城区又有老城区，在各流域内存在新老城区混杂的情况。对于老城区，主要是解决现有的问题；对于新城区，应进行全面管控，在近期开发过程中问题解决的情况下，远期类似问题不应复发。

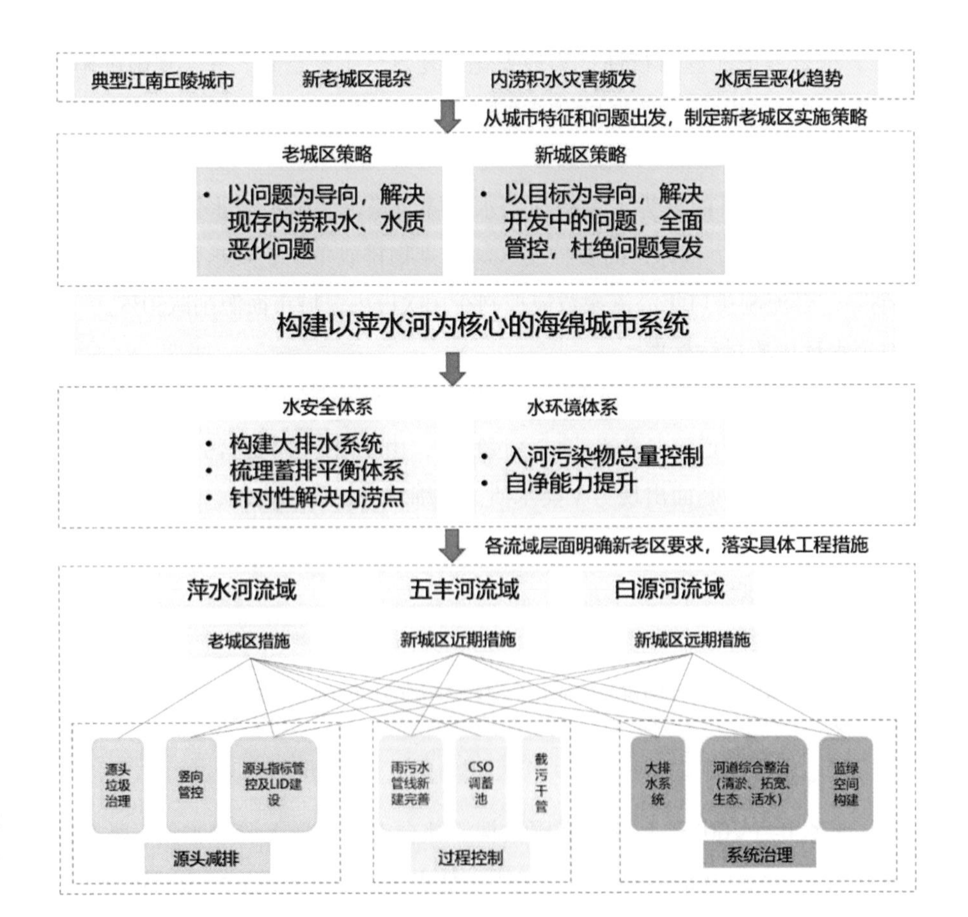

图2–33 萍乡市海绵城市建设技术路线

同时，考虑到试点区每个流域应为整体，为避免进行碎片化、割裂化的建设，应进行系统构建。萍水河是整个试点区乃至萍乡市的核心，因此试点区内海绵城市建设以萍水河为核心，构建水安全和水环境系统。水安全系统方面，以萍水河为核心，梳理总体的蓄排平衡体系，构建良好的大排水系统，保障城市水安全。水环境系统方面，对进入萍水河的污染物总量进行控制，提升萍水河的自净能力，保证萍水河水体环境不恶化。最后，在总体的系统构建基础上，针对不同的河道流域进行衔接和落实。在总体蓄排平衡体系下，在流域层面去落实积水点改造具体工作。在污染物总量控制的前提下，对相关流域进行分析，落实具体的污染削减措施。在老区进行污染控制的基础上，还应通过新区管控，保证近期达标，远期也要达标。

由于萍乡山地丘陵区的地形特征，排水分区比较破碎，为了保持相关工程的系统性，保证系统整体目标的实现，试点区海绵城市建设是以河道为核心的流域分区展开，而不是从排水分区为单元开展。

2.4　系统实施方案

坚持系统化思维，综合考虑萍乡市江南丘陵地区的地域特点、地理条件与气象水文特征，在“全域管控-系统构建-分区治理”的核心技术路径指引下，进行全流域的系统化实施。考虑新老区的特点，对试点区内新老区采用不同的实施策略，构建以萍水河为核心的海绵城市建设系统。以流域为单元进行统筹，明确新老区的责任和要求，并综合考虑近、远期具体措施，保障最终实施效果。

2.4.1　实施策略

针对试点区内新老城区的建设特征，对新老区采取不同的实施策略，并考虑近、远期具体措施，对新老城区的要求融入全流域及各分区的系统化治理方案中。

第一，在近期（试点期结束），试点区构建以河道流域为实施单元形成整体的实施体系，分解新老区的实施要求，明确已建城区和新建城区的工程措施，将相关指标作为管控指标，并落实具体工程。

第二，对于新城区，治理思路以目标为导向，通过管控使新区开发前后径流条件不发生变化。优先考虑从源头降低城市内涝风险，保留原有低洼地、河流、湖泊、湿地等滞蓄空间，并根据需要新增滞蓄水面，保证新建区蓄排平衡。合理构建区域竖向，防止局部低洼，保护径流路径，保证行泄通道畅通，洪涝水能快速排入河道。对于新区地块在源头采用生态处理方式进行径流控制。在水环境提升方面，通过海绵城市建设，地块内应实现彻底雨污分流，优先进行源头分散处理，并结合末端净化处理，灰绿衔接，综合削减点源和面源的污染，综合保障河道水质。

第三，对于老城区，以问题为导向，从实际出发，按照可改造的要求，将各流域对于内涝积水灾害频发、水质恶化等现状问题，按照其分别承担的治理要求逐项分解为可操作的工程。考虑项目落地实施可行性，综合得到可实施项目库。

2.4.2 总体方案

为解决试点区最严重的内涝积水和水质恶化问题，构建以萍水河为核心的水安全系统方案和水环境系统方案，并对近远期实施工程和目标进行综合统筹。

1．汇水分区划分

考虑到萍乡山地丘陵区特征，排水分区破碎化，为了保持相关工程的系统性，保证系统整体目标的实现，试点区海绵城市建设以河道为核心的流域分区展开，而不是从排水分区为单元开展。萍乡海绵城市试点建设将以流域为对象，在流域范围内构建系统性的项目体系，以实现拟定的指标，解决流域内的主要问题。在项目实施层面将以排水分区为单元，落实项目建设主体和实施计划，推动项目建设。

（1）汇水分区

为了更加合理地确定试点区内不同流域的水体环境、内涝风险、山洪灾害等要素，有必要对试点区内自然汇水路径进行模拟分析，通过自然汇水路径对试点区进行划分，形成汇水分区。以汇水分区为海绵城市建设的管理区域，能够更为系统合理的模拟城市降雨径流的特性，更接近径流的自然生态属性，能够有效避免流域上

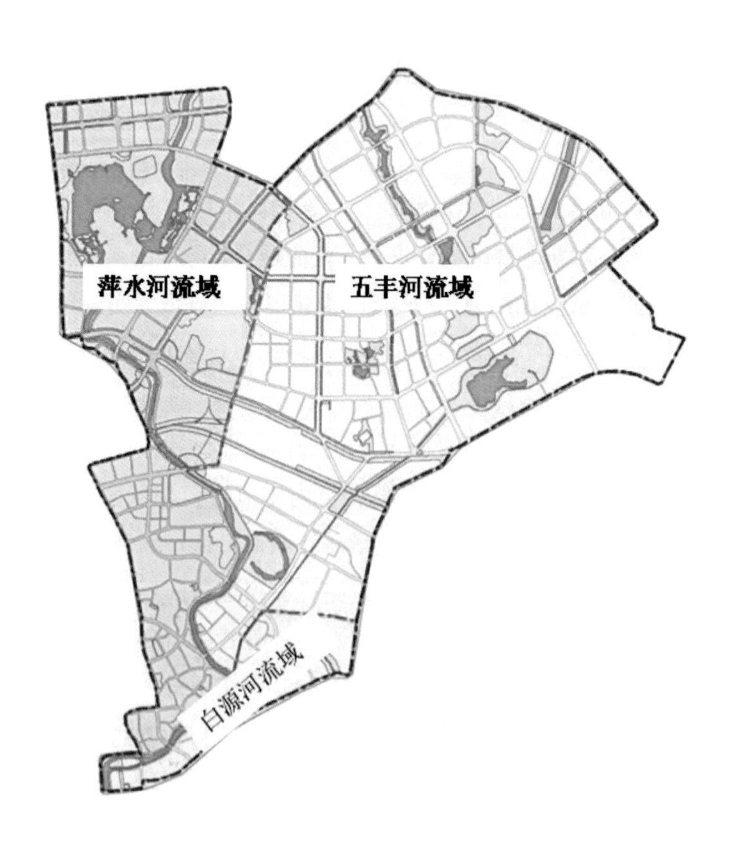

图2-34 萍乡市海绵城市建设试点区流域划分示意图

下游指标目标不协调，难以从根本上控制水量、水质的弊端，是海绵城市系统化方案建设的重要基础。

流域划分是通过DEM模型计算、处理得到的自然区域。流域水文分析首先基于地形数据，得到研究区域的数字高程模型（DEM模型），分析试点区水流方向和汇流路径，计算获取区域自然汇水单元。结合河流水系分布情况，分析自然流域，在流域范围内构建系统性的项目体系。试点区划分为萍水河流域、五丰河流域和白源河流域三个流域汇水分区（图2-34，表2-7）。

萍乡试点区汇水分区一览表　　表2-7

汇水分区名称	面积（km²）
萍水河流域	11.32
五丰河流域	19.92
白源河流域	1.74

（2）排水分区

在汇水流域划分的基础上，基于排水管网布局和排水口分布，进一步划定排水分区。萍乡市海绵城市建设试点区共分为15个排水分区（图2-35，表2-8）。

排水分区具有相对独立的排水系统，将其作为工程项目实施的单元。

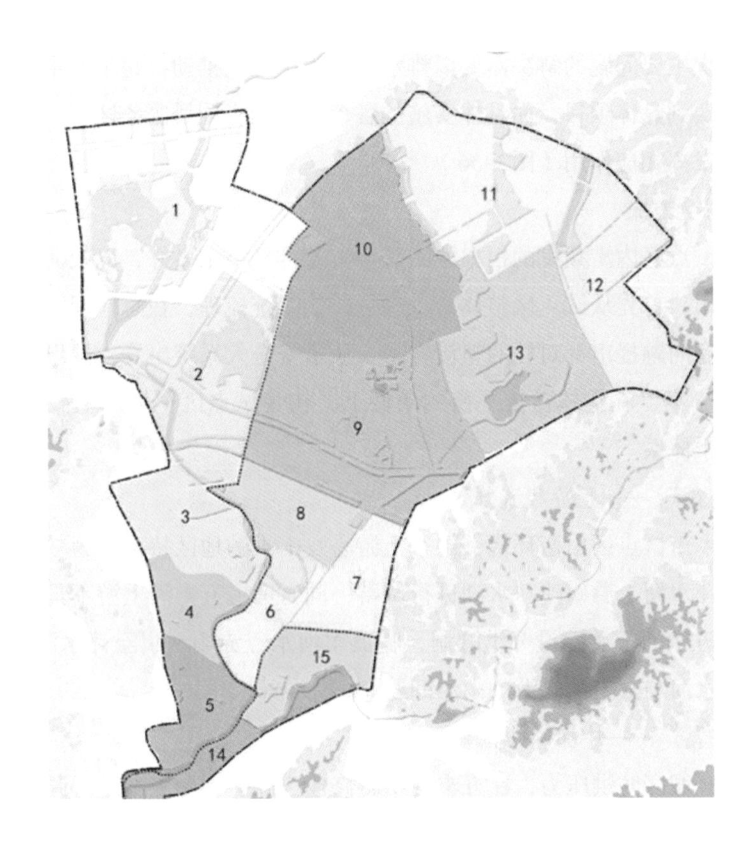

图2-35 试点区排水分区划分示意图

萍乡试点区排水分区表　　表2-8

流域名称	排水分区编号	汇水面积（km^2）
萍水河流域	1	4.74
	2	2.97
	3	1.82
	4	0.77
	5	1.02
五丰河流域	6	1.01
	7	1.08
	8	1.25
	9	3.93
	10	3.74
	11	3.33
	12	2.52
	13	3.06
白源河流域	14	0.72
	15	1.02

（3）项目服务范围

流域层次主要问题的解决需要以排水分区为单元去推动，每个排水分区的海绵建设需要落实到具体项目，而具体实施的各个项目均有项目服务区，项目在各自的服务范围内发挥相应作用（图2-36）。

2．水安全方案

考虑到试点区内涝频发的根本原因是整体蓄排平衡未做好，以及河水顶托造成涝水难以排出，首先从试点区整体角度进行总体系统梳理，在总体问题解决后，再对各分区特有问题提出针对性的整治方案。从水安全大系统出发，提出内外兼顾的水安全保障方案，在整体蓄排平衡的条件下，构建试点区全域“上截—中蓄—下排”的大排水体系。

（1）“上截”——上游截流分导

针对萍乡市试点区山峦环绕，雨季上游易发山洪的地区特征，为减少山区性洪水影响，在萍水河上游修建萍水湖进行调蓄，同时考虑五丰河上游不具备适合的调蓄空间，在五丰河上游建设分洪隧洞，将五丰河水经赤山河引至萍水湖进行调蓄，从而解决萍水河与五丰河上游的山洪问题。

（2）“中蓄”——中游蓄洪滞峰

为了减轻城区防洪压力，在五丰河中游修建玉湖，利用玉湖进行调蓄。

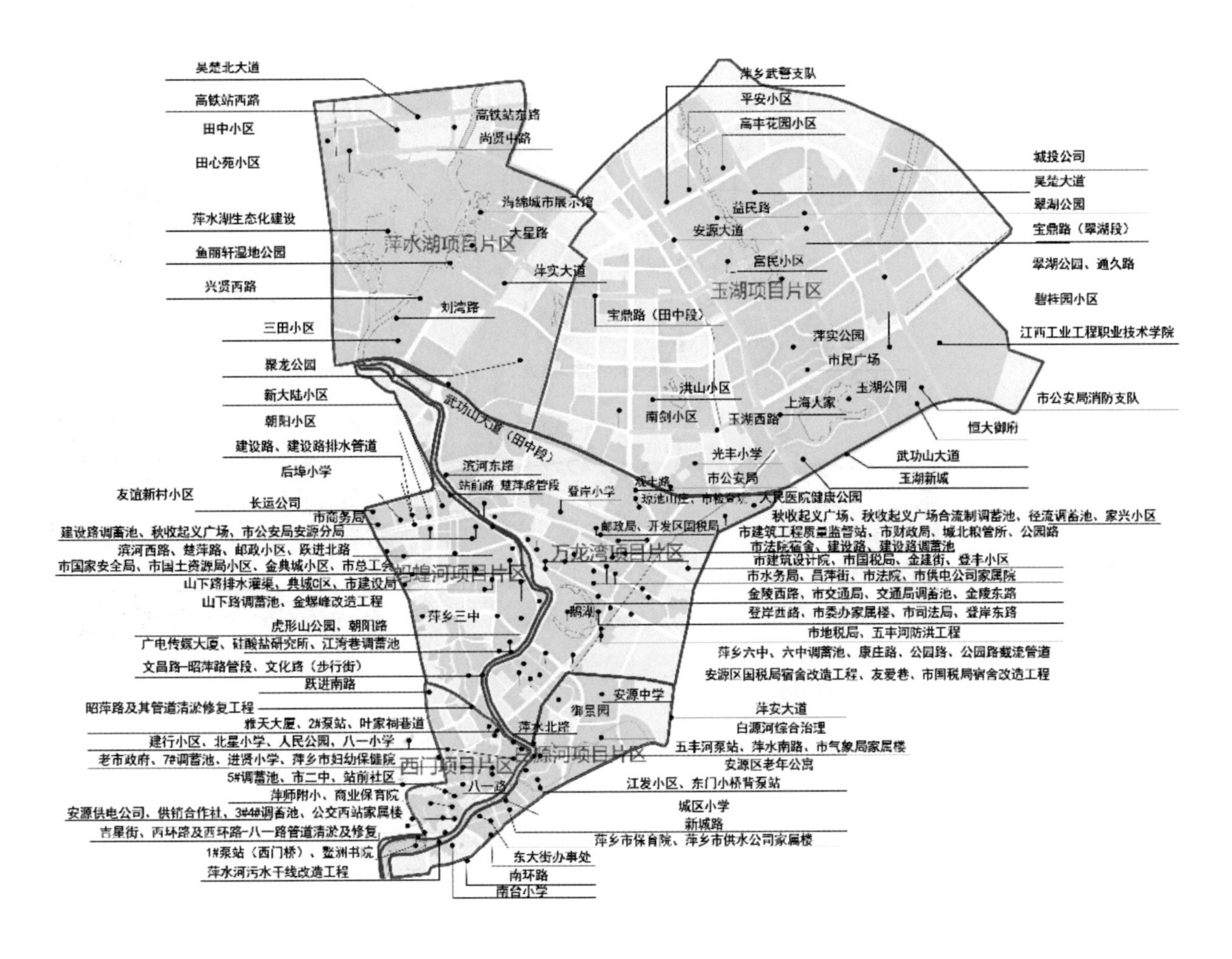

图2-36　萍乡市海绵城市项目服务范围图

（3）“下排”——下游强化排涝

为了对抗顶托作用、增强下游排涝能力，在五丰河下游建设五丰河与鹅湖连通工程，并新建鹅湖排涝泵闸，将五丰河水-鹅湖湖水抽排至萍水河；同时在五丰河汇入萍水河的河口新建泵闸，进行挡水和强排。

针对以上“上截—中蓄—下排”的大排水体系要求，对工程进行评估。其中上游段，考虑调蓄萍水河与五丰河上游山洪，将上游萍水河洪峰由901m^3/s（100年一遇）削减为805m^3/s（50年一遇）；为将五丰河洪峰由61.3m^3/s削减到56.7m^3/s（20年一遇），需在五丰河上游建设分洪隧道（长500m，截面尺寸4.4m×4.8m），最高可将17.5m^3/s水量经赤山河分洪至萍水湖；同时还需考虑萍水河下泄流量要求，上游段共需萍水湖提供300万m^3调蓄库容。中游段，考虑五丰河下游河道拓宽的可能性，需要通过玉湖的调蓄作用将洪峰从35.5m^3/s削减至27.5m^3/s，通过清淤整治将玉湖调蓄库容从43万m^3提升至50万m^3。在下游段，为进一步提高排水能力，新建60m^3/s的鹅湖排涝泵闸和15m^3/s的五丰河排涝泵闸（图2-37）。

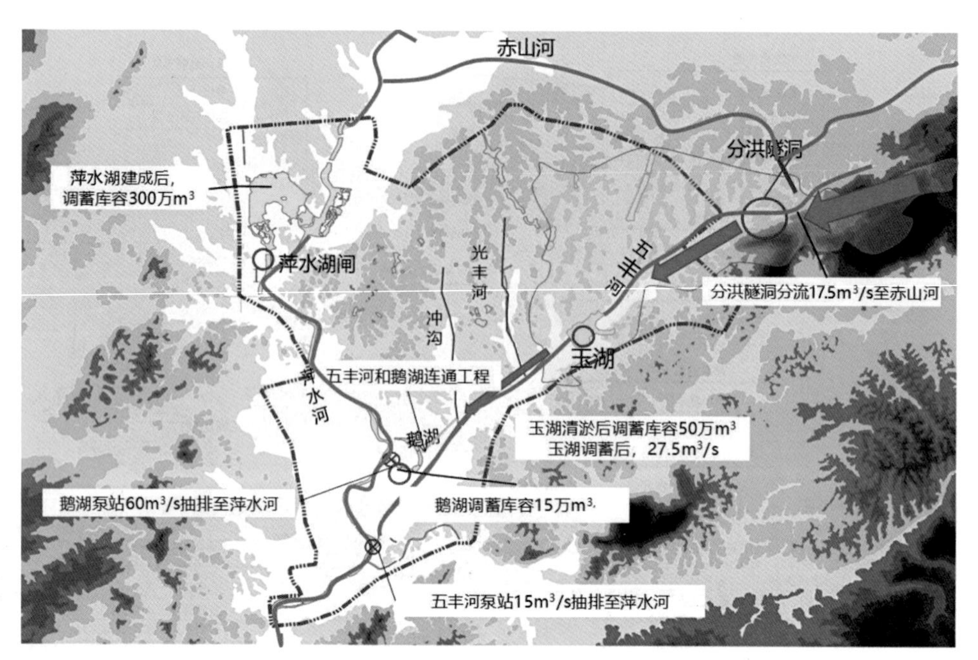

图2-37 萍乡市大排水系统构建布置图

3．水环境方案

萍水河除自身流域分区内的污染负荷汇入外，还承接其支流五丰河和白源河污染物的汇入。试点区水环境治理以萍水河的水质提升为目标，以排入萍水河的污染物控制及自身环境容量提升为工作核心，通过源头合流改造、面源污染控制、污水管线完善、调蓄池建设和河道内源治理为主要工程手段，保障目标可达性。并将工程措施分解至萍水河、五丰河、白源河的具体项目中（图2-38）。

（1）污染物控制

试点区以全面消除旱天污水直排、大幅削减合流制溢流污染、有效控制面源污染为目标，对流域污染负荷进行削减。

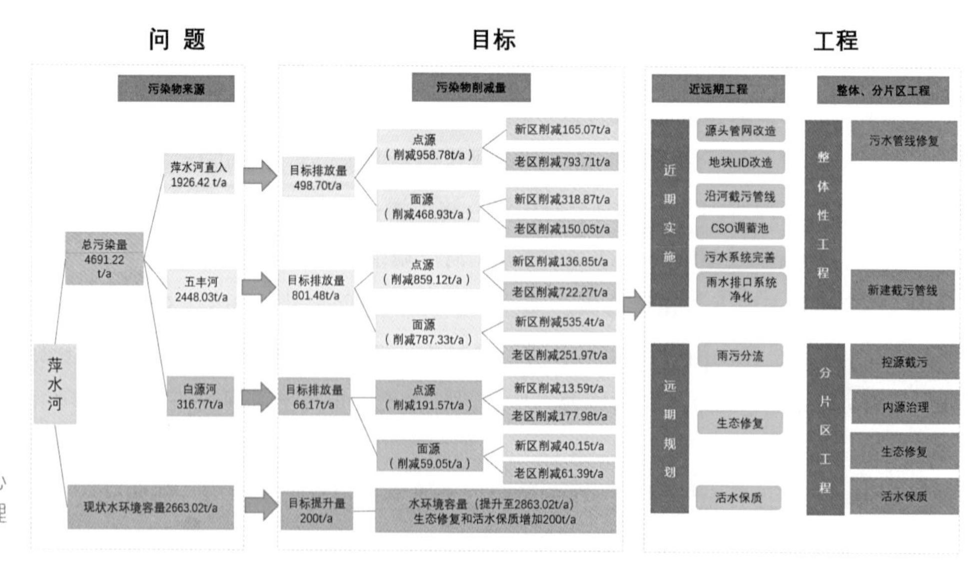

图2-38 以萍水河核心的水环境治理体系

新城区重点是污水管线完善和面源污染控制。借助海绵城市建设彻底实现雨污分流，并通过规划管控，削减源头地块径流污染，按照规划完善污水管线。

旧城区重点是消除旱天直排，削减合流制溢流污染，对面源污染进行控制，主要工作包含地块海绵城市改造工程、新建截污管线，合流制溢流调蓄池等工程。

（2）环境容量提升

通过生态修复和活水保质，提升萍水河的自净能力。萍水河污染负荷与环境容量比值由治理前的1.76倍降低至0.5倍，萍水河的自净能力显著提升。

4．近远期统筹

近期：为解决城市发展存在的问题，萍乡市提出了试点建设的目标和指标。为实现试点目标，萍乡市针对新老城区的特征和项目落地性提出了近期建设项目库。其中，对于已建城区主要现存问题，进行针对性的工程项目建设，以实现试点区指标。而对于新建城区，一方面注重管控，一方面结合开发进度，因地制宜地进行项目的实施。如在萍水河上游的新建区，结合水安全保障中大排水系统构建，建设调蓄库容300万m^2的萍水湖。通过萍水湖的调蓄能力以及其构建生态湿地带来的污染削减能力，整个萍水河流域试点期内的控制指标都能够实现。对于五丰河上游新建区，近期逐渐完成开发建设，在开发建设过程中，已通过规划管控和竖向控制等手段，做好径流控制和面源污染控制。新建区内雨污水管线已根据规划逐步建设完善。综合考虑五丰河流域内玉湖工程带来的调蓄能力和污染削减能力，流域试点期内的指标亦能全部实现。

远期：试点期后，萍乡市将继续以海绵城市建设理念作为未来城市发展的模式，并提出了远期建设目标。对于已建城区，将逐步实现雨污分流排水体制，进一步提升水体自净能力。对于新建城区，应继续以目标为导向，通过规划管控，保留原有低洼地等滞蓄空间，保护径流路径，合理构建区域竖向等。同时，结合海绵城市建设要求，对新区地块源头控制指标进行管控，继续完善新区雨污水系统等。试点期后，萍乡市新旧城区将继续践行海绵城市的发展理念，最终实现城市的可持续发展。

综上所述，无论试点建设期内或试点建设期后，萍乡市海绵城市建设的目标均能实现。

2.4.3 各流域方案

试点区内萍水河、五丰河、白源河流域的系统方案，均将以全试点区系统化思路对于各流域的要求为出发点，针对本流域的实际情况进行，提出具体的、可实现的工程方案。

1．萍水河流域方案

（1）主要解决问题

萍水河流域面积为11.32km^2，流域内城市内涝和环境污染问题并重（图2-39）。

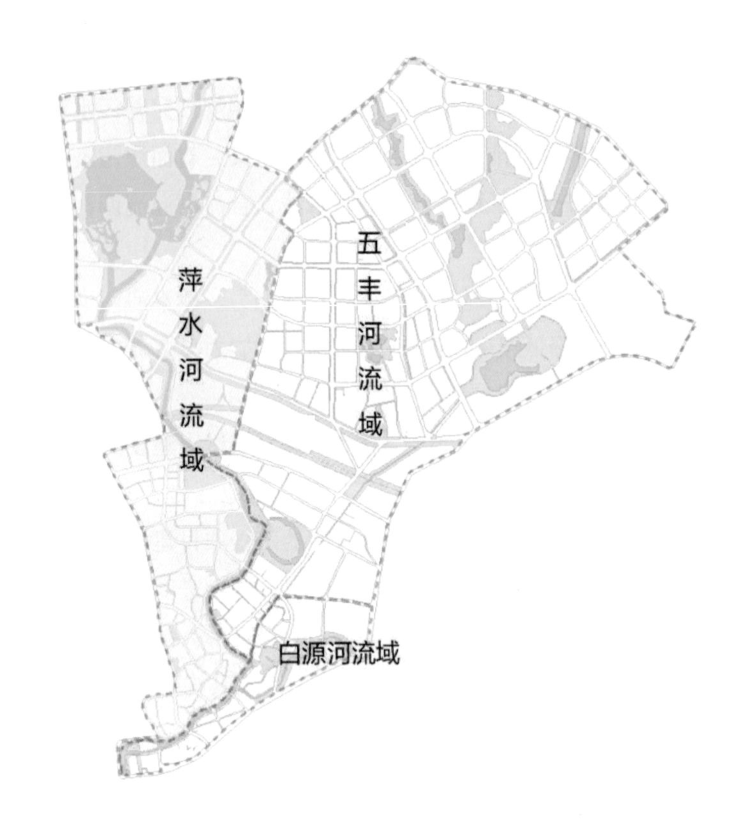

图2-39 萍水河流域试点区内的位置图

1）内涝积水方面

流域内主要存在典型内涝点5处，分别是山下路内涝点、跃进北路内涝点、北门桥内涝点、江湾巷内涝点以及八一路–西环路内涝点。

2）环境污染方面

萍水河流域重点解决污水直排、合流制溢流污染问题。萍水河流域入河污染物小于水环境容量，排放负荷与水环境容量比值为0.72，然而随着面源污染、河道水环境容量的季节性变化，在10~1月份枯水季污染物负荷排放超标比例较为严重，部分河段水质劣于地表水IV类标准。

（2）水安全保障

经过构建大排水系统和内部蓄排平衡后，仍存在核心内涝积水点，为流域内部管网、径流量大和区域地形导致。针对内涝成因，区分新老城区，提出针对性的整治方案和不同的措施。

针对新建区优先考虑从源头降低城市内涝风险，结合新城区建设，通过合理规划、协调和管控保留低洼地和径流路径，在城镇防洪和雨水排放系统的基础上构建完善的城市内涝防治系统。对于建成区而言，主要通过分流、截流、调蓄等方式提高排水能力，并结合管网修复和改造同步实施排水改造。

1）源头减排

通过源头控制工程对雨水径流进行控制，建设海绵城市，突破传统的“以排为主”的城市雨洪管理理念，充分发挥城市建筑与小区、绿地、道路、广场、水

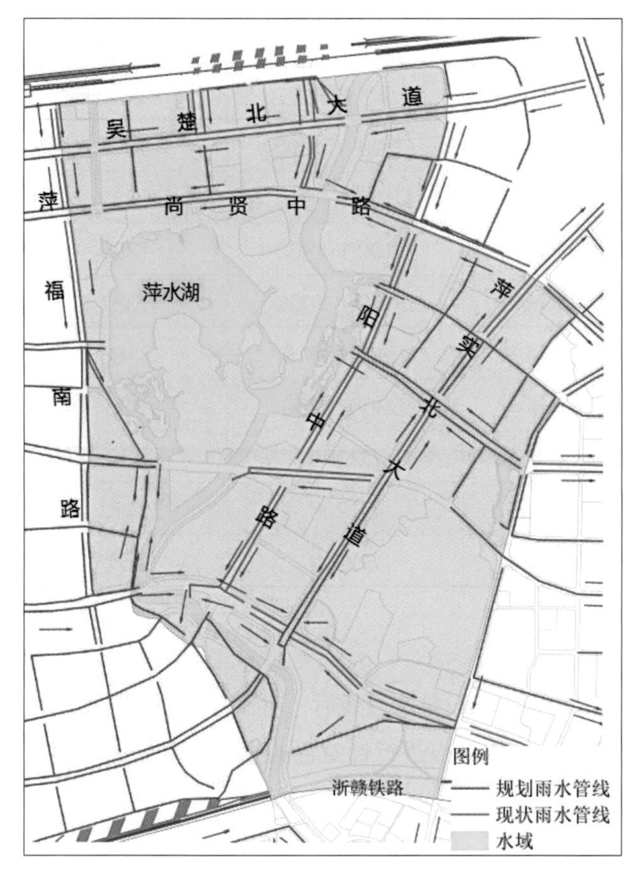

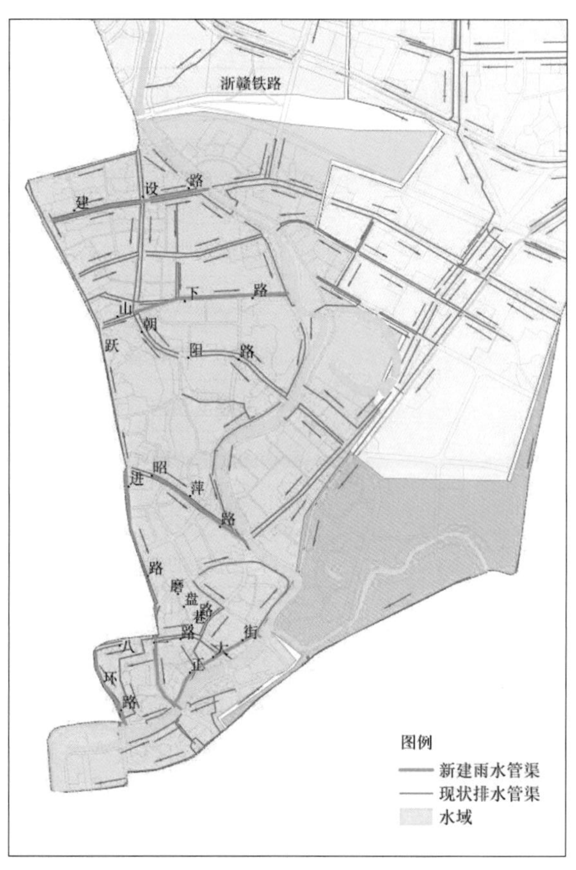

图2-40 萍水河流域新建雨水管线位置示意图（左：铁路以北 右：铁路以南）

体等对雨水的吸纳和渗蓄滞作用。对于建筑与小区，通过实施屋顶绿化，在滞留雨水的同时起到节能减排、缓解热岛效应的功效；将小区部分绿地下沉，雨水进入下沉式绿地进行调蓄、下渗与净化，而不是直接通过下水道排放。城市道路是径流雨水及其污染物产生的主要场所之一，对城市道路径流雨水的控制尤为重要，人行道采用透水铺装，道路绿化带建设为生物滞留带，可有效消纳和净化路面雨水。针对公园与绿地，将传统凸起的绿地下沉，规划设计下沉式绿地、雨水花园、生物滞留设施等，能够滞留和净化雨水，公园的景观水体可作为调蓄、净化与利用雨水的综合设施。

萍水河流域进行66项源头改造项目，实现流域内年径流总量控制率75%的目标，有效应对23mm的降雨。

2）排水管线建设

新城区：随道路建设新建雨水管道，在大星路、萍实大道等9条道路新建雨水管道10km，按照3年一遇重现期进行设计（图2–40，表2–9）。

老城区：对5条道路的重要路段按3~5年一遇标准新建排水管道，将现状排水管渠作为污水管道，新建排水渠涵结合上游海绵改造措施作为区域雨水的排放通道。

浙赣铁路以北萍水河分区新建雨水管道项目列表　　　　表2-9

项目名称	项目备注	雨水管规格	雨水管道长度
大星路	新建雨水管	*D*800-*D*1800	276
萍实大道	新建雨水管	*D*1500-2000	1982
尚贤中路	新建雨水管	*D*1000-1800	1285
吴楚北大道	新建雨水管	*D*1500-2000	1381
宝鼎路（田中段）	新建雨水管	*D*800-1000	2188
兴贤西路	新建雨水管	*D*800-1200	735
武功山大道（田中段）	新建雨水管	*D*2000	513
高铁站东路	新建雨水管	*D*1200	1423
高铁站西路	新建雨水管	*D*1200	261

3）涝点整治措施

对萍水河流域大排水系统进行提升，建设排水管线后，对还存在的山下路、北门桥、江湾巷以及八一路-西环路等4处内涝点进行针对性的整治，主要进行截水沟、排涝泵站、调蓄池建设。

①山下路涝点治理方案

通过以上山下路内涝成因的系统分析，方案考虑通过新建排水管渠道、建设调蓄池工程以及泵站强排来综合整治山下路内涝点。原排水系统不封闭，新排水管渠建成后，补建截水沟就近接入排水检查井，尺寸为300mm×500mm，通过加大山下路排水管渠过水面积，并新建结合山下路下游调蓄池和排涝泵站的联合作用，以提高山下路下游排水能力，起到减轻顶托和防止倒灌的作用。

由于工程范围地形高度相差较大，目前均采用重力自流排水，当萍水河水位低于市区低洼地段时，才能满足排水要求。但在汛期，河道水位一旦上涨，淹没排水口时，城区排水自然受阻，而河道洪水从排水口倒灌入城区，加上集雨面积范围的来水，致使山下路低洼处内涝成灾。方案考虑在排口处设置溢流拍门井防治倒灌，并增设排涝泵站，排涝泵站规模为4.5m^3/s。为节省用地考虑，将排涝泵站与山下路调蓄池合建。

②江湾巷内涝点治理方案

江湾巷内涝点治理工程包括以下措施：

A．对江湾巷沿线雨水口和雨水管道进行清掏和疏通，对连接积水区和滨河西路口（市硅酸盐研究所）的管道进行重点清掏和修复，提高现状管渠的排水能力。

B．沿江湾巷双侧加设雨水口，每处雨水口间距25m；同时沿黄江南巷道路横断方向加设2条长度为10m的雨水截水沟，尺寸400mm×600mm，2条截水沟间隔100m接入现状排水管渠，避免雨水直接沿路面行泄入江湾巷积水区。

C．在南部滨河江湾巷江水分区的排水管渠末端设置排涝泵站，防止萍水河水位升高时倒灌，涝水强排入河。

③北门桥内涝点治理方案

基于内涝成因分析，北门桥北侧内涝点治理方案为：结合萍水河底截污主干管改造工程和沿河溢流截污管道工程，对该水系排口进行改造，将旱季污水及初期雨水排至改造后的截污主干管，雨季超标雨水经新建的溢流截污管道进入江湾巷调蓄池或溢流入萍水河。同时，在积水区域范围内增设雨水口。

④八一街–西环路内涝点治理方案

八一街–西环路内涝点主要是八一东街、老站社区、永昌寺社区以及西环路一带，采用源头–过程–末端相结合的系统化方案解决该片区的内涝问题，包括以下措施。

A．道路海绵化改造

在八一街西环路交叉路口增加右转专用车道。改造后该交叉口东北角及西南角增加两块空间，面积约300m^2和230m^2，将其改造为下沉式绿地，并设置溢流式雨水口。

B．新建排水沟

铁路以东局部街巷有积水，通过新建排水沟排入西环路排水干管解决局部积水问题。

C．新建内涝调蓄池

在西门公交车站附近设置内涝调蓄池一个，调蓄容积6435m^3，占地面积1430m^2，设计排空时间24h。

D．增设排涝泵站

新建雨水排涝泵站，位于西环路下游小西门大桥侧，泵站规模4.6m^3/s。

（3）水环境提升

为落实国家及萍乡市海绵城市指标，解决水环境问题，采取了减少旱天污水直排、控制合流制溢流污染和面源污染措施，保持河道水质持续稳定。同时，对排水体制进行了改善，根据不同区域制定相应排水体制策略。拟通过控源截污、内源治理、生态修复和活水提质四个方面的工程实现提升水环境容量、杜绝点源直接排放、基本消除内源、最大程度削减面源等目标，最终在试点建设期结束时，实现Ⅲ类水标准达标率100%。

萍水河水环境提升目标按照试点区全流域以萍水河水质提升为核心，针对萍水河自身流域的环境提升思路要求，进行相关项目的建设。水环境提升项目设置从削减本流域污染负荷、提升本流域环境容量出发，从控源截污、内源治理、生态修复和活水提质四个方面进行（图2–41）。

1）控源截污

控源截污从晴天和雨天不同情景下，制定相应污染物控制和削减的工程方案。晴天时，对污水进行全截流，全面消除点源污染入河。晴天点源控制包括混错接改

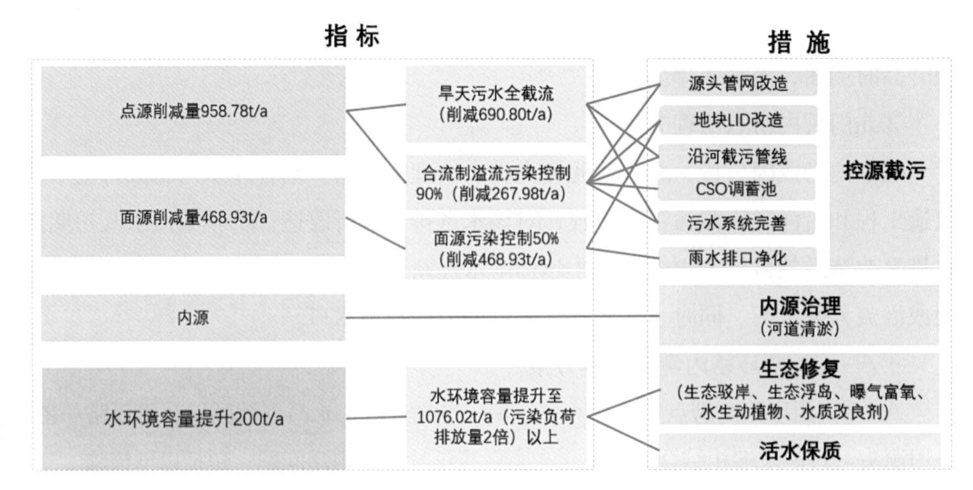

图2-41 萍水河流域环境治理思路

造、直排污水截流、沿河截污纳管、污水干线完善等工程。雨天时，进行合流制溢流和面源污染控制。雨天合流制溢流和面源污染控制包括源头地块合流改造、源头地块面源污染控制、末端CSO调蓄池等工程。

根据上述晴天和旱天不同情景的方案措施，对萍水河流域制定详细的控源截污工程，内容主要分为源头减排工程、过程控制工程和系统治理工程。

①源头减排

A．源头地块合流改造

萍水河流域中下游为老城区，基本均为合流制区域。老城区现状基础设施较差，很多小区内部建设为合流制管道。对合流区域的地块进行深入调研分析，明确地块是否可进行合流改分流。根据调查结果，近期仅对部分小区合流改为分流，其他地块保留合流制排水体制。

根据现场踏勘情况及管网资料，近期对友谊新村等13个小区项目近期可实施改造，优先对这些小区进行源头雨污分流及海绵化改造，具体情况和改造对应措施如表2-10所示：

源头地块合流改分流小区统计表 表2-10

序号	项目名称	用地面积（hm^2）	排水体制	对应措施
1	市公安局安源分局	0.44	合流	雨污分流；小区海绵化改造
2	市硅酸盐研究所	0.34	合流	雨污分流；小区海绵化改造
3	市国家安全局	0.42	合流	雨污分流；小区海绵化改造
4	长运公司	0.37	合流	雨污分流；小区海绵化改造
5	市国土资源局小区	1.36	合流	雨污分流；小区海绵化改造
6	友谊新村小区	1.07	合流	雨污分流；小区海绵化改造
7	邮政小区海绵改造	0.81	合流	雨污分流；小区海绵化改造

续表

序号	项目名称	用地面积（hm²）	排水体制	对应措施
8	供销合作社	0.62	合流	雨污分流；小区海绵化改造
9	安源供电公司	0.17	合流	雨污分流；小区海绵化改造
10	商业保育院	0.31	合流	雨污分流；小区海绵化改造
11	站前社区	0.47	合流	雨污分流；小区海绵化改造
12	建设银行小区	0.39	合流	雨污分流；小区海绵化改造
13	市公交西站家属小区	0.30	合流	雨污分流；小区海绵化改造

B. 源头面源污染控制

源头面源污染控制方面，对已建区中的三田小区等35个建筑小区、萍实大道等25条道路和聚龙公园等6个公园绿地项目进行海绵源头改造。对萍水河流域上游新建地块提出源头面源污染控制要求。按照规划土地利用类型，分类提出新建地块源头面源污染控制指标。年总悬浮物（SS）去除率（%）要求如下：居住用地需达到50%，商业服务用地需达到55%，公共管理与公共服务用地需达到50%，交通设施用地需达到60%。

②过程控制

在源头面源污染控制之后，制定各种措施对污水管道系统进行完善。这些措施包括：新建污水管线、合流制管道分流改造和管网清疏修复等。

A. 新建污水管线

在萍水河流域的上游新建污水管线，主要随道路建设或改造进行，同时结合近期地块拆迁，污水管道随改造计划一并建设，共进行污水管线建设和改造工程9项，污水管线10.31km（表2-11，图2-42）。

萍水湖分区新建污水管线表　　　　**表2-11**

项目类型	项目位置	管径（mm）	长度（m）
新建污水管线	吴楚北大道	400~600	988
	尚贤中路	400	1187
	大星路	400	582
	兴贤西路	400	3732
	武功山大道	400~600	456
	宝鼎路（田中段）	400	602
	高铁站东路	400	1017
	高铁站西路	400	907
	萍实大道	400	835
	合计		10306

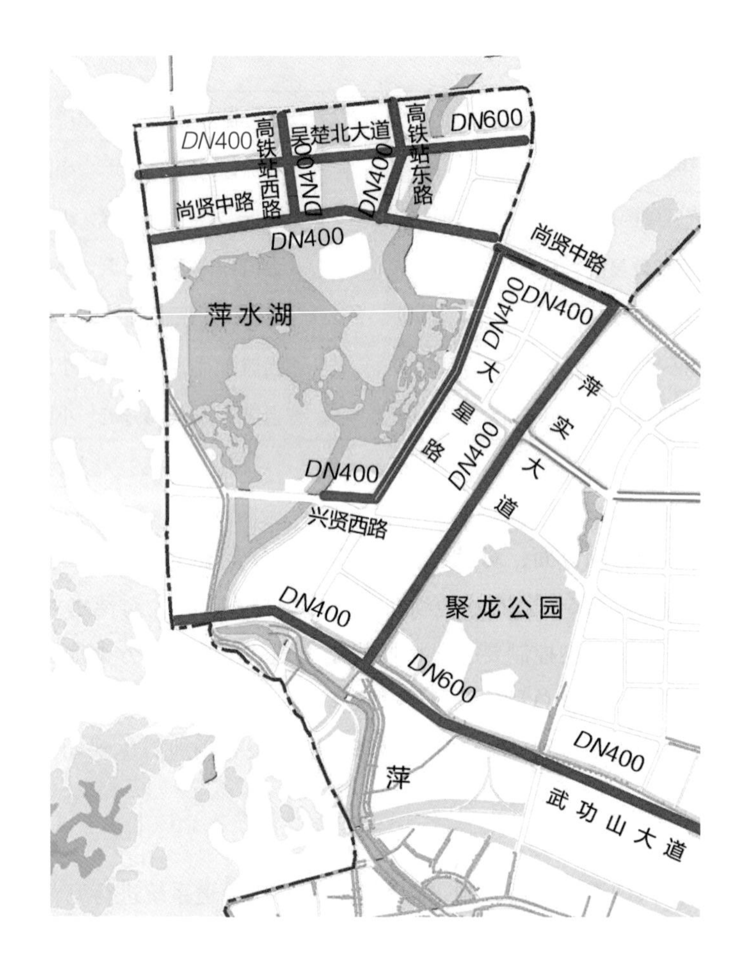

图2-42 萍水河流域上游新建污水管线分布图

B．合流制管道分流改造

对建设路、八一西路、跃进南路的合流制管道进行分流改造，将现状合流制管道改造成分流制污水管道，并新建雨水管线。对截污干管、污水干管和部分污水支管进行清疏修复，恢复管道排水能力。

C．管线清疏修复

已建成的市政污水管，由于缺乏常态化管养，管道破损、沉降、错位、淤堵现象严重，管道的输送能力大打折扣。造成这些问题的原因有很多：部分市政污水干管，受其他市政工程施工的影响，出现任意迁改、破损的现象；由于管道工程为地下工程，缺乏严格的监管体系及法律法规，施工单位偷工减料、施工水平未达到专业化施工（如管道接口、管材及环刚度等级偷换、检查井砌筑、管道与检查井接口处理等），影响管道的正常运行。针对以上问题，制定清疏修复方案，通过吸泥、高压清洗、人工清淤、清运等措施对管道内部彻底清理，利用更换管道、修补等处理措施对破损管道进行修复。萍水河流域需要对截污干管、污水干管和部分污水支管进行清疏修复，恢复管道排水能力。本流域清疏修复的总长度为23.87km。

③系统治理

A．截污主干管修复

萍水河流域内的现状合流排水经截污排放口进入萍水河河底西侧截污主干管，

管径为D1350，截流干管所收集的污水最终经湘安路口污水提升泵站泵送至谢家滩污水处理厂进行处理。

为解决常年河水冲击及河床沉降对截污主干管的损坏影响，对现状萍水河底河底的截污主干管进行修复，上游起点为站前路，下游终点至昭萍路交叉口（图2-43）。修复管道情况如表2-12：

萍水河流域原截污主干管修复信息表 表2-12

河流	河段	长度（m）	流向	备注
萍水河	站前路-昭萍路	3150	北-南，顺坡	萍水河底两侧的现状截污主干管均进行修复

B. 新建截污管道和调蓄池工程

考虑对现状排口进行截污处理，以减小溢流污染风险；同时结合萍水河截污主干管改造工程，对排口形式进行改造，防止河水倒灌对上游排水产生顶托。沿滨河西路东侧绿化带（即滨河公园）新建截污管道，以实现对现状排口的统一管理。

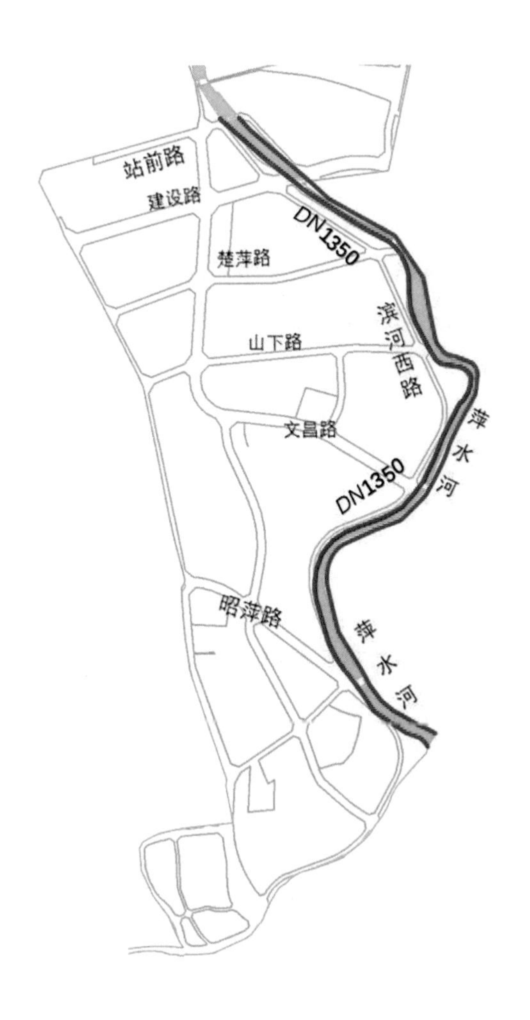

图2-43 萍水河截污主干管修复位置图

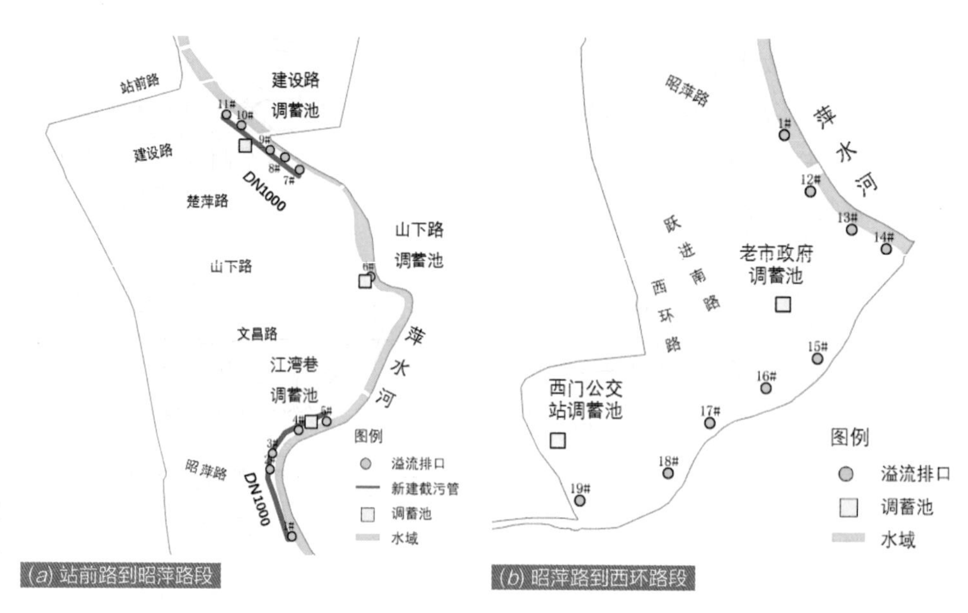

图2-44 萍水河流域截污调蓄工程布置

基于河道排口情况，合流制排放口，进行合流污水截流，污水进入合流制截污干管，每段截污管道末端设置调蓄池。合流制排口做截流井（溢流污染控制），雨天通过流量控制阀门截流合流污水，超过年溢流频次（10次）对应降雨量的合流污水溢流至河道。截污总管末端做截流井（限流），旱天污水直接进入市政污水管道。为减少对下游污水管线和污水处理厂的冲击，雨天超过1倍旱天水量的合流污水进入调蓄池。

对萍水河流域内新建截污管道和调蓄池进行逐一方案设计。流域内对两个区域进行集中建设，第一区域从站前路到昭萍路，第二区域从昭萍路到西环路。沿站前路到昭萍路、文昌路到昭萍路新建2条共1.8km的截污管线。对蚂蟥河、迎宾路、西环路合流制管渠进行截污，接入调蓄池。萍水河流域共建设容积为31000m^{3}调蓄池（图2-44）。

（A）站前路—楚萍路管段截污管和调蓄池

本段截污管连接7~11号排口至建设路调蓄池，管径*D*1000，管长800m，原排口进行封堵。

站前路—楚萍路新建截污管道表 表2-13

路段	长度（m）	设计管径（mm）	流向	备注
站前路-建设路	350	*D*1000	北-南，顺坡	收集10、11号排口排水至建设路调蓄池，原排口封堵
楚萍路-建设路	450	*D*1000	南-北，逆坡	收集7、8、9号排口排水至建设路调蓄池，原排口封堵

图2-45　建设路调蓄池位置示意图

图2-46　山下路调蓄池位置示意图

建设路调蓄池位于现状建设西路南侧的秋收起义公园西北角绿化带，征地面积约2500m^2（图2-45）。调蓄池体尺寸$L \times B$=45.0m × 29.5m，有效水深6m，有效调蓄容积0.5万m^3。

（B）蚂蝗河箱涵截污和山下路调蓄池

6号排口的断面尺寸为5500mm × 3300mm，即蚂蝗河箱涵。对其整体截污，接至山下路调蓄池。

山下路调蓄池选址位于虎形公园东北角，现状公园入口处，征地面积约5500m^2（图2-46）。调蓄池体尺寸$L \times B$=70.0m × 39.0m，有效水深6m，有效调蓄容积1.3万m^3。

（C）文昌路—昭萍路管段截污管和调蓄池

本段调蓄池连接1~5号排口排至江湾巷调蓄池，管径D1000，管长900m，原排口进行封堵（昭萍路改造排口和2号排口除外）（表2-14）。

站前路—楚萍路新建截污管道表 表2-14

路段	长度（m）	设计管径（mm）	流向	备注
文昌路-江湾巷调蓄池	150	*D*1000	北-南，顺坡	收集5号排口排水，原排口封堵
昭萍路-江湾巷调蓄池	700	*D*1000	南-北，逆坡	收集1、2、3、4号排口排水，其中在昭萍路排口处设置截污溢流井，设置高位溢流并加设拍门；保留2号排口高位截流形式，并加设拍门；对其余排口进行封堵

江湾巷调蓄池位于江湾巷滨河路绿化带内，征地面积2500m²。调蓄池体尺寸$L \times B$=50.9m × 15.0m，有效水深6m，有效调蓄容积0.4万m³（图2-47）。

（D）迎宾路合流管渠截污和老市政府调蓄池

对迎宾路上的800mm × 600mm合流制管渠进行截污，污水接至老市政府调蓄池。老市政府调蓄池位于现状老市政府广场绿地内，征地面积约1700m²（图2-48）。调蓄池采用全地埋式钢筋混凝土结构，调蓄池建设完成后，上盖恢复为绿地或广场，并协调公园与广场的LID改造工程同步实施。调蓄池体尺寸$L \times B$=55.0m × 31.5m，有效水深4m，有效调蓄容积6000m³。

（E）西环路合流管渠截污和西门公交站调蓄池

对西环路上的1200mm × 1200mm合流制管道进行截污，在西门公交站内新建调蓄池，征地面积约800m²。调蓄池体尺寸$L \times B$=33.0m × 24.0m，有效水深4m，有效调蓄容积3000m³（图2-49）。

图2-47 江湾巷调蓄池位置示意图

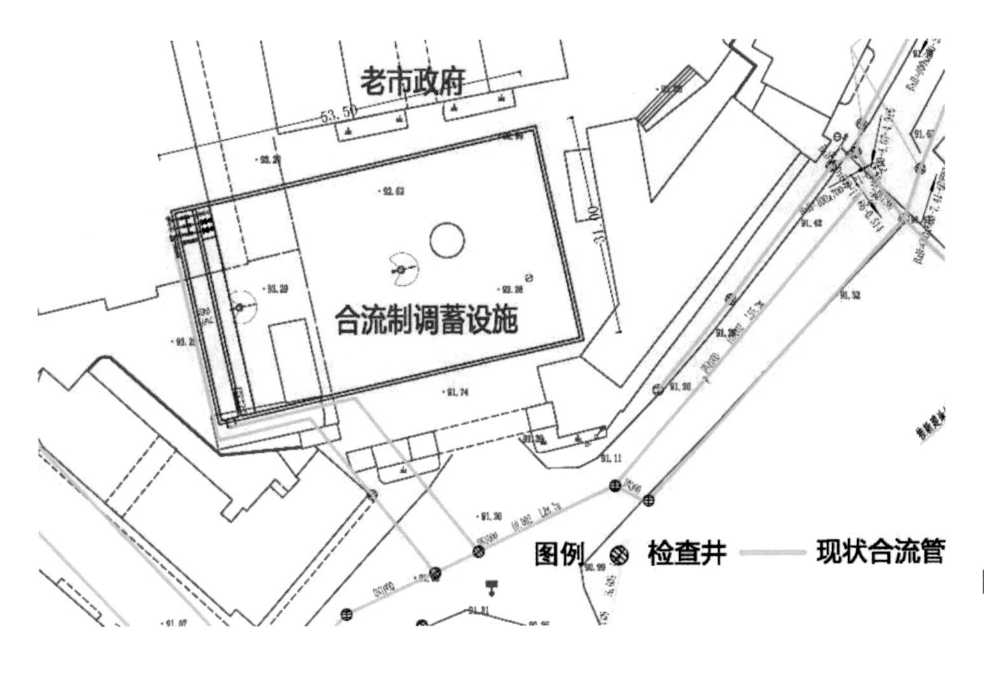

图2-48 老市政府调蓄池位置示意图

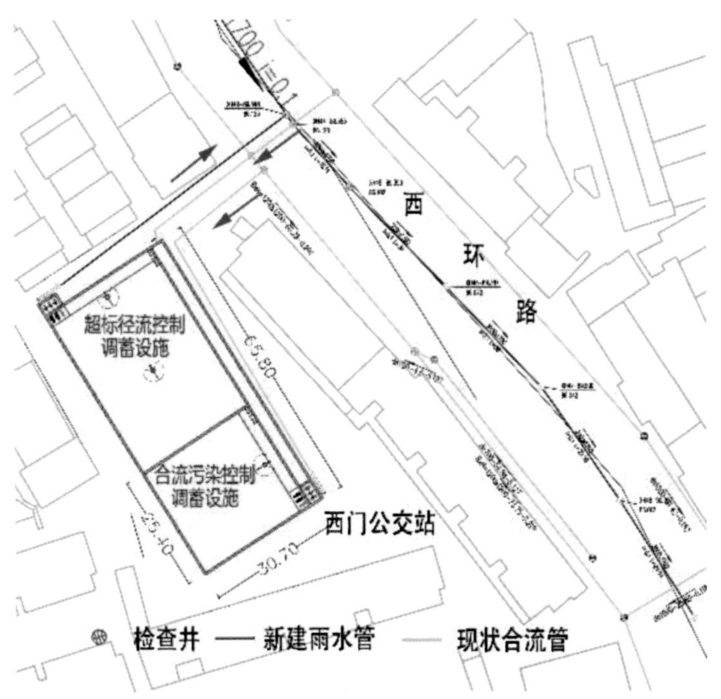

图2-49 西门公交站调蓄池位置示意图

2）内源治理

对萍水河河道定期进行垃圾打捞和底泥清淤。

3）生态修复

①驳岸工程

萍水河流域的上游萍水湖和附近水系的现状驳岸已经基本形成，主要包括自然草坡入水驳岸（图2-50）、湿地区驳岸、浆砌块石驳岸、河道湿地驳岸等类型，生态驳岸长度共11km。

图2-50 自然草坡入水驳岸

萍水河中下游的河道仍为传统的直立式硬质化驳岸，部分已经进行了河堤浆砌石挡墙的生态改造，实施了藤蔓植物“挂绿”工程，效果显著。沿萍水河两岸建设的滨河公园，构建了主城区最重要的生态绿色廊道。

②生态修复

萍水河分区天然水体包括萍水湖、萍水河、福田河和其他自然水体。福田河和萍水河分别汇流入萍水湖，与萍水湖末端流入萍水河下游，河湖水系得以连通，对本区域内所有水体进行生态修复。

萍水湖湿地公园的生态化建设是一个系统治理的工程，通过构建源头削减和末端处理相结合的系统控制措施控制面源污染负荷。首先进行源头削减，在产生地表径流的源头采用透水铺装、植草沟、雨水花园、生物滞留带等工程措施，通过植物、填料、微生物等3个净化主体起到截留及降解污染物的作用，可以有效削减径流污染。结合工程实际情况，主要源头设置生态滞留设施14.3ha。源头生态设施未能削减的部分，在末端建设生态湿地、滨水缓冲带等末端控制方式进行削减。在上游萍水湖建设生态岸线11km，建设7.52ha的生态湿地。以COD为指示性污染物，规划区需建设7.52ha的生态湿地，以达到目标要求。萍水湖湿地公园除了湿地区生态修复之外，还有生活工作区，区域内实行完全雨污分流，新建污水管线4.45km（图2-51）。

在萍水河水面宽阔、水流较慢的河段两侧布置生态浮动缓冲带，拦截、净化入河的径流雨水，保护排口附近水域的生态系统。缓冲带植物选择本地耐冲耐污的水生植物，如黑藻、龙须眼子菜、狐尾藻等萍乡地区常见的水生植物。在河道水流死角、水体缺氧处，布置曝气富氧设备，可以使水体溶解氧迅速增加，同时促进水体流动。放养水生动物，完善水生动物群落结构，投加虑食性鱼类及螺贝类，完善水生态系统中消费者链条。

4）活水提质

远期萍水河上游新建东源水库，从上游枫林水库对萍水湖补水，年补水量32万m^3。

（4）源头减排方案

源头改造方案综合考虑萍水河流域内水质标准达标率100%的以及实现30年一

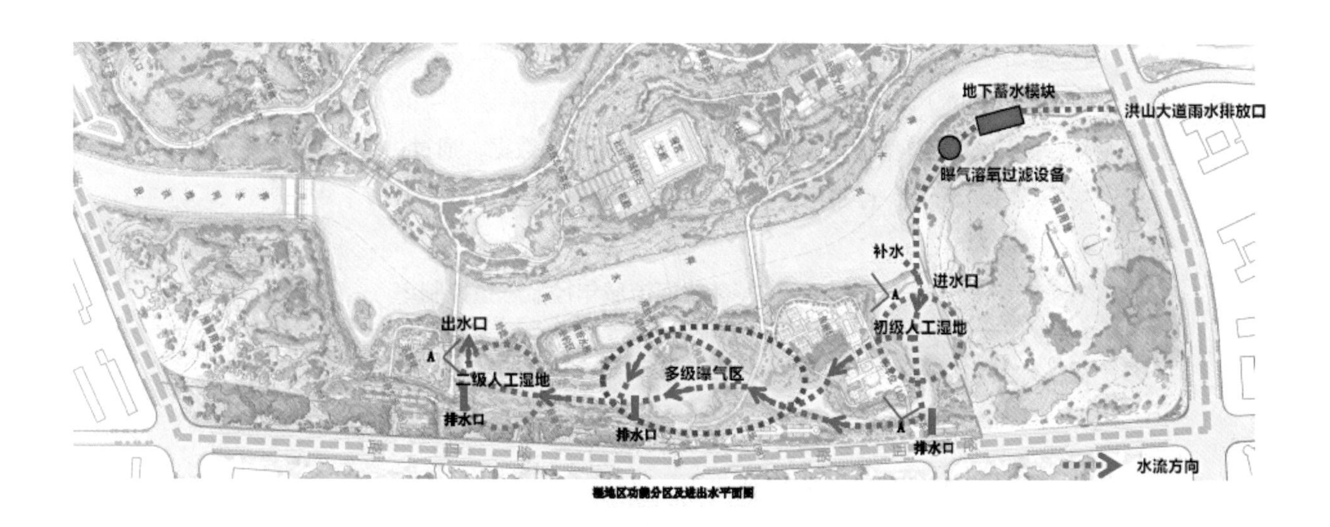

图2-51　萍水湖生态湿地布置图

遇降雨下不内涝的水安全提升目标，通过设置下凹绿地、雨水花园、调蓄池\水体综合削减径流雨量、控制面源污染。根据对分区内项目地块绿化条件、竖向高程、居民需求等调研，初步确定萍水河流域源头改造项目图2-52所示。

萍水河流域源头改造项目共计66项，其中建筑与小区改造项目共35项，道路改造项目24项，广场改造项目1项，公园改造项目6项。

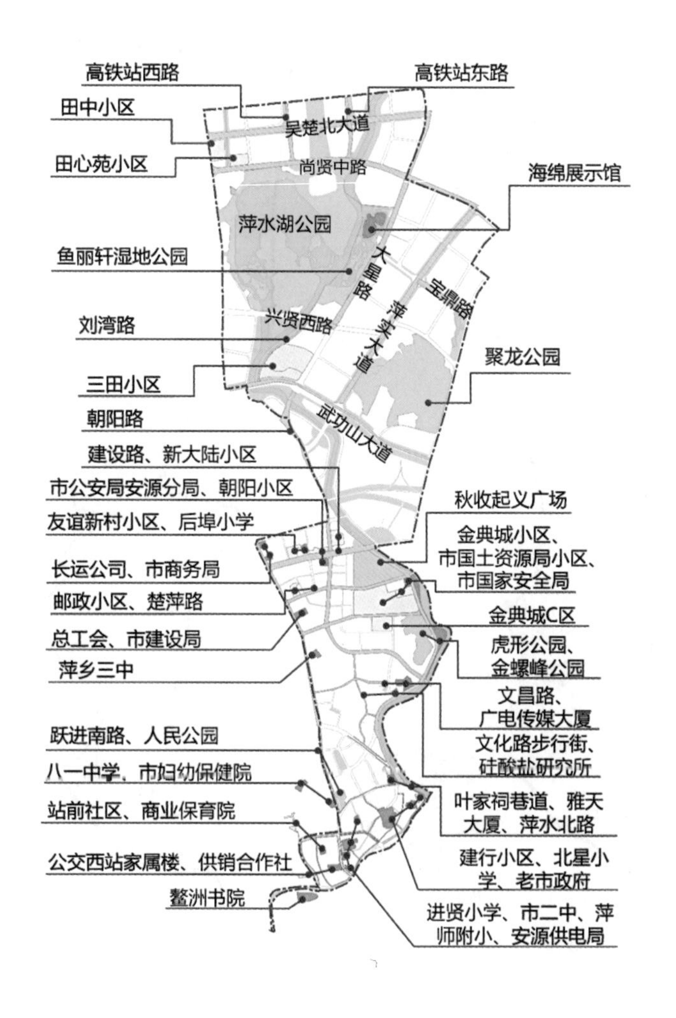

图2-52　萍水河流域源头改造项目分布示意图

（5）效果预评估

1）年径流总量控制率效果预评估

经模型计算典型年入流量及出流量等数据，通过进行地块源头改造、控源截污等工程后，萍水河流域年径流总量控制率为74%。

萍水河流域年径流总量控制率 表2-15

总降雨量（万m³）	总出流量（万m³）	年径流总量控制率
1709.0	452.2	74%

2）水安全保障预评估

利用30年一遇24小时设计降雨对方案实施后的萍水河流域水安全系统进行评估，模拟结果显示萍水河流域海绵建设工程实施后，排水能力显著增强，30年一遇24小时设计降雨情景下积水深度由高于0.75m降至0.15m以下，地表无明显积水现象，满足海绵建设目标（图2-53）。萍水河流域5处典型内涝点：山下路内涝点、跃进北路内涝点、北门桥内涝点、江湾巷内涝点以及八一路-西环路内涝点均得到消除。

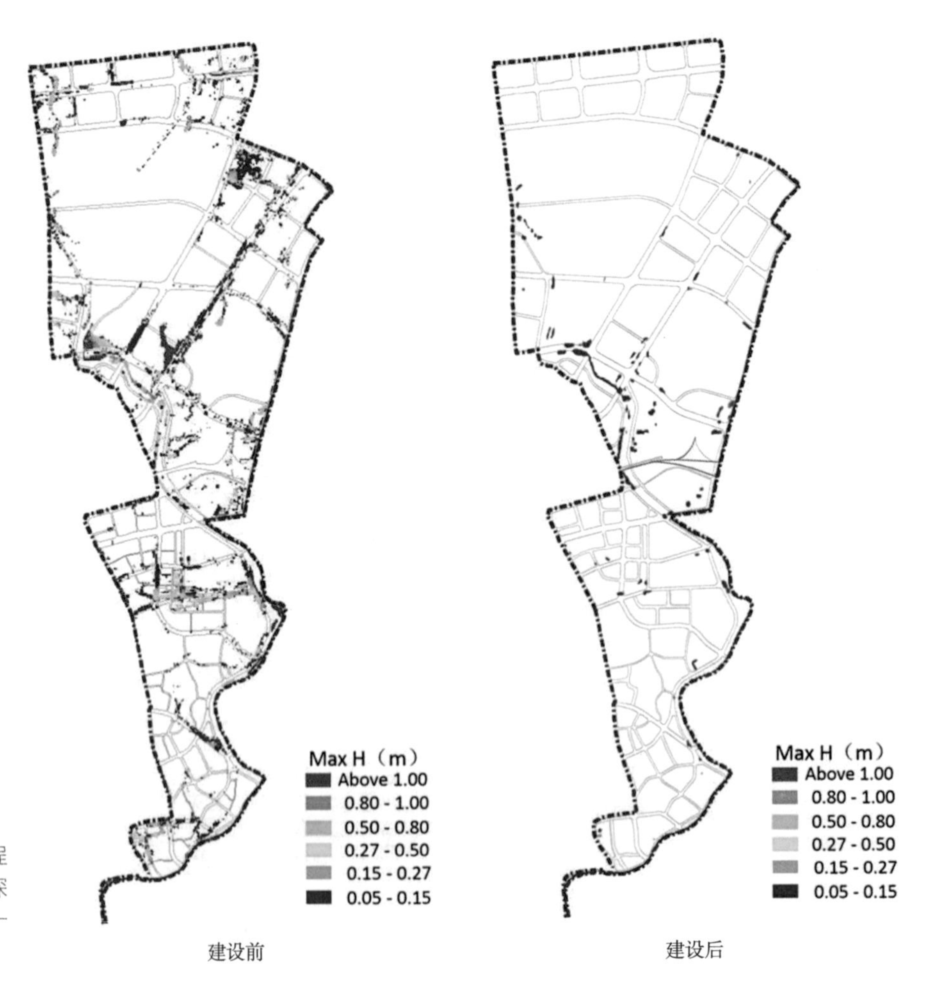

图2-53 萍水河流域工程建设前后积水深度对比（30年一遇情景）

3）水环境提升预评估

海绵方案实施后，萍水河流域水环境容量得到提升，点源污染物和内源污染物基本消除，面源污染物大部分消除，入河污染物总负荷小于环境容量。COD排放削减率达到74.1%，COD排放负荷与水环境容量比值由0.72降低至0.17，自净能力显著提升（表2-16）。

方案实施后年溢流水量由239.7万t降至115.4万t，年溢流次数由29次减少为13次，总溢流次数减少率为55%，合流制溢流污染得到缓解。

萍水河流域水环境效果复核计算表　　表2-16

类别		COD	SS	TP	NH_3-N
污染物负荷（t/a）	现状污染物排放量	1926.4	1560.5	11.1	103.5
	污染物削减量	1427.7	1082.7	6.8	77.4
	工程实施后污染物排放量	498.7	477.8	4.3	26.1
水环境容量（t/a）	现状水环境容量	2663.0	2694.2	21.3	106.5
	工程实施后水环境容量	2863.0	2896.6	23.1	114.8
综合削减率		74.1%	69.4%	60.9%	74.8%
污染负荷量/水环境容量		17.4%	16.5%	18.8%	22.7%

溢流污染控制评估方面，以蚂蝗河片区为例，进行溢流污染模拟。模拟结果显示，现状30年重现期的水量溢流率为55.7%，SS溢流率为42.7%；方案实施后，水量溢流率为35.0%，SS溢流率为23.0%，SS削减率为46.08%，接近工程目标50%的要求（图2-54）。需要说明的是，在降雨强度超过十年一遇的条件下，城市内涝和洪水问题成为首要问题，河道污染的考虑优先级别变小。

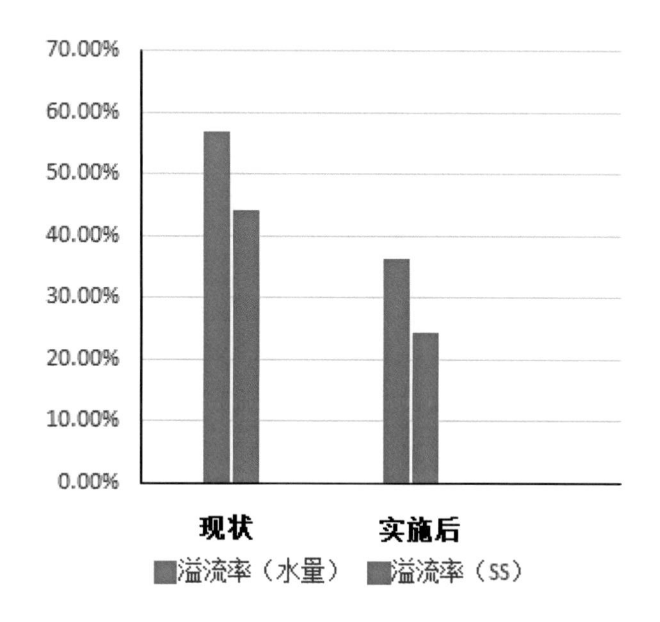

图2-54　蚂蝗河片区方案实施前后溢流率统计情况

2．五丰河流域方案

（1）主要解决问题

五丰河流域面积19.92km^2，流域内主要问题是内涝积水及水环境污染，尤以社会影响恶劣的万龙湾内涝区为重（图2–55）。

1）内涝积水方面

内涝积水严重，尤以万龙湾片区洪涝灾害严重，社会影响特别恶劣。多方面因素对区域水安全造成威胁，包括降雨时上游来水量大、河道防洪标准偏低，下游河道顶托、雨水设施能力不足、排水设施堵塞破损、内涝点地势低注等。

2）环境污染方面

五丰河的合流制溢流排口较多且旱天时上游来水较少，污染负荷大于水环境容量，老城区部分地段污水管网建设不完善，存在污水直排和合流制溢流问题。五丰河在流经城区过程中，河流水质呈恶化趋势，部分时段部分河段水质劣于地表水Ⅳ类标准。

（2）水安全保障

五丰河流域要实现30年一遇降雨下不内涝，并解决万龙湾内涝点。水安全保障方案将承接整个试点区系统治理对于五丰河流域的要求展开。依据全流域的治理需求，从源头减排、排水管线建设和涝点整治三方面开展水安全项目建设。

1）源头减排

在建成区范围内，五丰河流域进行62项源头改造项目，改造面积279.22ha，包括建筑与小区、道路与广场、公园与绿地三大类（图2–56）。针对未建区，进

图2–55　五丰河流域在试点区内的位置图

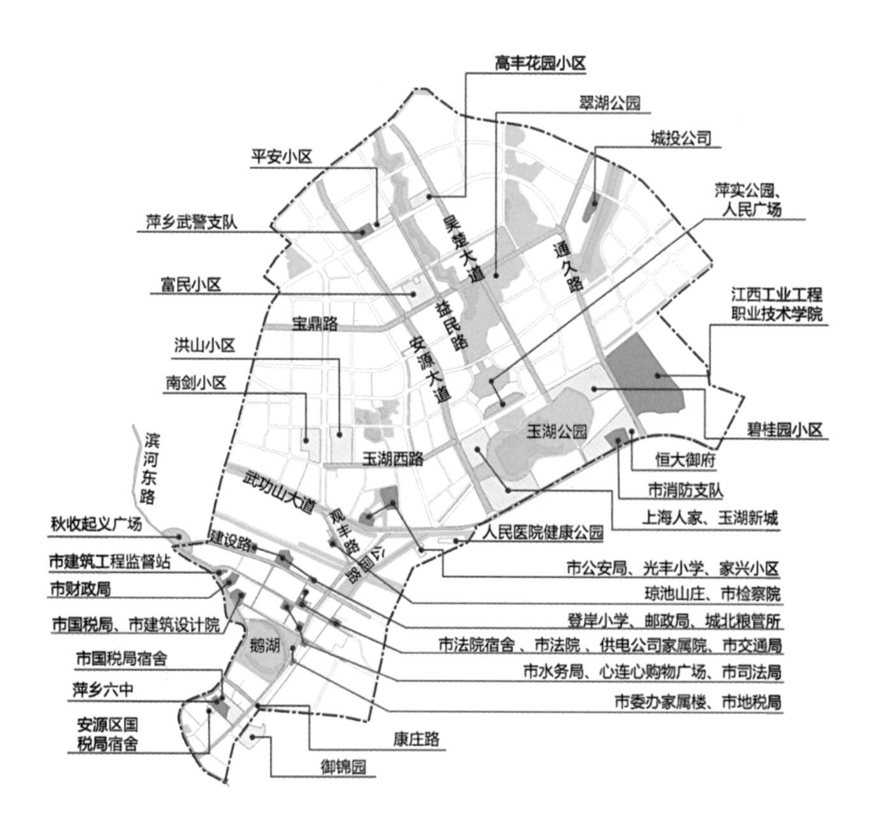

图2-56 五丰河流域源头改造项目分布示意图

行源头指标管控，流域内新建地块共计103个，分别控制其年径流总量控制率达到75%~80%、80%~85%、大于85%。源头减排综合采用渗、滞、蓄、净、用、排的低影响开发技术，实现流域内年径流总量控制率75%的目标，有效应对23mm的降雨。

2）排水管线建设

完善排水管线，包括安源大道、吴楚大道等9条道路新建雨水管线共20.6km，并完成老城区现状管线修复（图2–57，表2–17）。

新城区：随道路建设完善雨水管道，在安源大道、吴楚大道、玉湖西路等7条道路新建18.4km雨水管线。

老城区：通过新建雨水管线、问题管段改造和现状管线修复实现老城市排水管线完善。

①建设东路修建$D1200 \sim D2000$雨水管道，长度1064m，主要收集现状管道溢流的雨水；沿公园路建设3m×2m雨水通道，长度1200m。

②对大管套小管，30年一遇降雨时产生15cm以上内涝的管段进行改造，如将公园西路与滨河东路交叉处，将现状$D900$管改造为$D1350$管。对逆坡铺设的干管进行改造，如团结巷改造为管道平顺衔接，管道尺寸由1.0m×0.5m调整为$D800$。

③管网修复包括管网清淤、沉降改造和破损修复三方面（图2–58）。对淤积严重的滨河东路、金陵西路、登岸西路等管线进行清淤，总长10.2km。同时清淤过程中，对探明沉降和破损的管道进行同步修复。

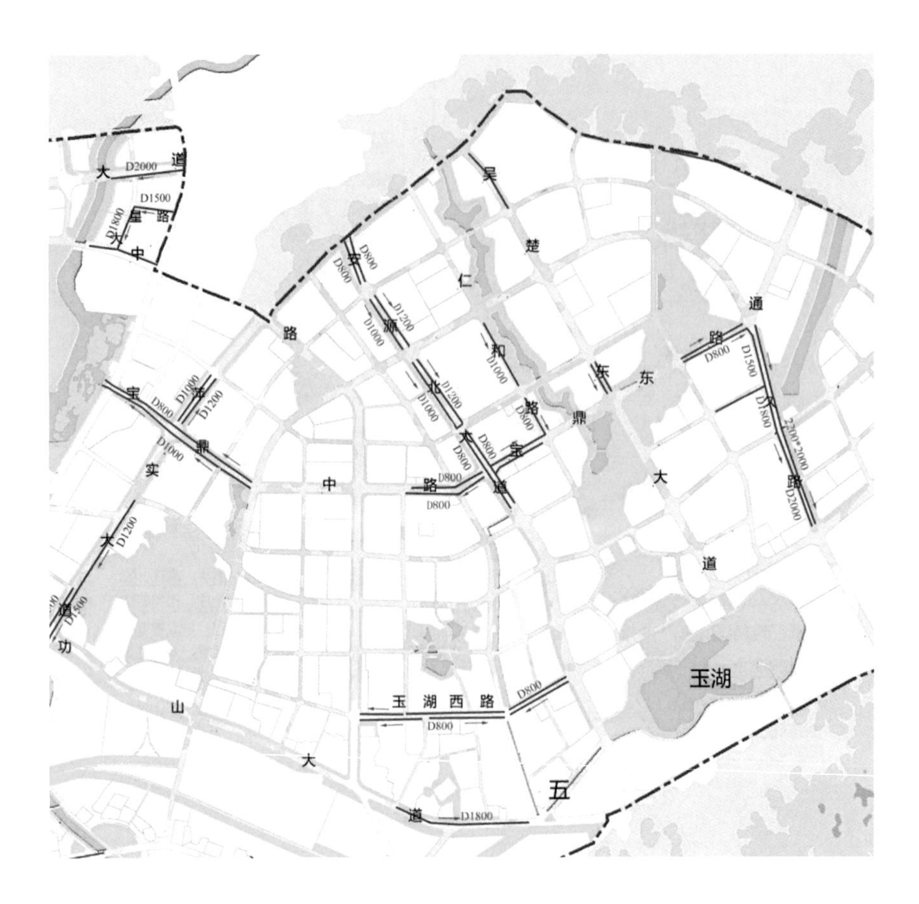

图2-57 玉湖片区新建排水管布置图

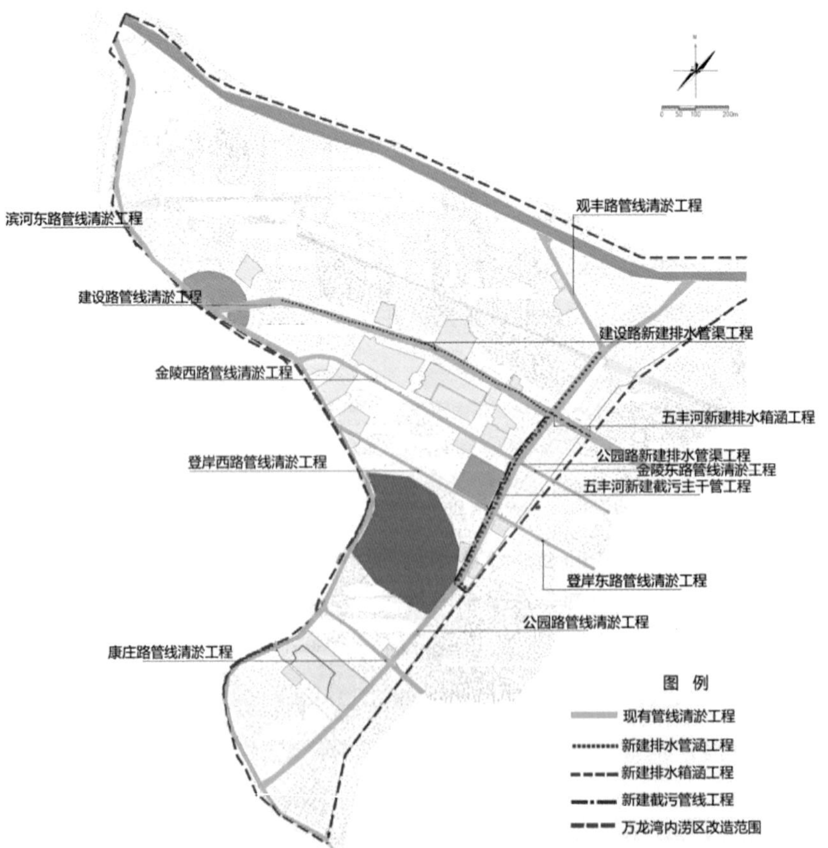

图2-58 五丰河流域老城区管线新建和清淤项目分布图

五丰河流域新建雨水管渠列表 表2-17

序号	项目名称	建设内容	雨水管管径	雨水管长度（m）
1	安源大道	新建雨水管线	*D*800-*D*1500	3357
2	吴楚大道	新建雨水管线	*D*800-*D*1200	1381
3	通久路（大富路）	新建雨水管线	*D*1000-*D*2000	4052
4	翠湖段宝鼎路海绵改造	新建雨水管线	*D*800-*D*1200	1592
5	玉湖西路	新建雨水管线	*D*800-*D*1000	3399
6	益民路（仁和路）	新建雨水管线	*D*800-*D*1200	1867
7	武功山大道（玉湖段）	新建雨水管线	*D*1200-*D*1800	2766
8	建设东路	新建雨水管线	*D*1200-*D*2000	1064
9	公园路	新建雨水通道	3000mm×2000mm	1200

3）内涝点针对性措施

根据项目区内涝风险分析，本区域内涝区主要集中于公园南路与建设东路。通过现场道路竖向分析与场地竖向分析，公园路整体地势较低，公园路与建设东路交叉口为区域低点，成为城市内涝主要集中区。本区域内涝问题主要通过系统工程解决，其中避免五丰河顶托与倒灌，是万龙湾内涝区重点解决的方向。同时，由于地势低洼，一旦城市遭遇超标降雨，道路溢流将汇集于公园路。本方案建设过程中，应同步考虑超标降雨对该内涝区的影响。万龙湾内涝点处应重新梳理道路交叉口的竖向，设置导流槽，增加雨水篦子。

对本片区万龙湾内涝点采取以下三种治理方案，解决片区内超标降雨产生的径流积水。

①在建设东路与公园路上设置600mm×600mm截水沟4条，截留上游汇水面的超标雨水进入新建雨水通道，通过高水高排手段，从源头上减少进入万龙湾区域的径流雨水量。

②在建设东路与公园路交叉口设置3m×3m导流槽一座，加快内涝点积水排出能力。对万龙湾内涝点的道路竖向进行重新梳理，增设行人停留岛并配套建设下沉式绿地，增加雨水篦子，加强雨水进入箱涵的能力，并对雨水进行初步净化。

③在各道路交叉口，增加雨水篦子，保证溢流雨水的收集。

（3）水环境保障

为落实国家及萍乡市海绵城市指标，解决水环境问题，减少旱天污水直排、控制合流制溢流污染和面源污染，保持河道水质持续稳定。同时，对排水体制进行改善，根据不同区域制定相应排水体制规划策略。拟通过控源截污、内源治理、生态修复和活水提质四个方面的工程达到提升水环境容量、杜绝点源直接排放、基本消除内源、最大程度削减面源等目标，最终实现在试点建设期结束时，Ⅲ类水标准达标率100%的目标。

1）系统治理思路

五丰河流域水环境整治从控源截污、内源治理、生态修复和活水提质四个方面进行（图2-59）。针对五丰河流域分为老城区和新城区两大部分，存在不同的水环境问题，区别制定新老城区的水环境治理方案。

控源截污方面：老城区重点是控制合流制溢流污染和初期雨水污染控制，主要工作包含源头减排的海绵改造，过程控制的管线清疏修复和系统治理的合流制溢流调蓄池及其管网设置。新城区重点是污水管线完善和初期雨水污染控制，主要工作包含源头减排的海绵管控，过程控制的污水管线完善和系统治理的末端处理设施布置。

内源治理方面：对河道和湖体进行清淤处理，保证河道畅通，提高河道泄洪能力，消除多年沉积底泥。

生态修复方面：对水系进行生态岸线恢复和生态驳岸建设。

活水提质方面：根据水环境规划目标和河道水景观需求，确定河道生态补水规模，提出经济合理的生态补水方案。

五丰河流域内对直排污水全截流，此部分点源污染全部削减；合流制溢流污染量控制在10%；面源污染控制50%。通过各项工程措施，污染负荷有原来的2448.03t/a（以COD计）下降到801.48t/a（以COD计），水环境容量由原来的1487.76t/a（以COD计）提升至1697.76t/a（以COD计）。

2）控源截污

①源头减排

A．源头地块合流改造

五丰河流域中下游为老城区，基本均为合流制区域。老城区现状基础设施较差，很多小区内部建设为合流制管道。对合流区域的地块进行深入调研分析，明确

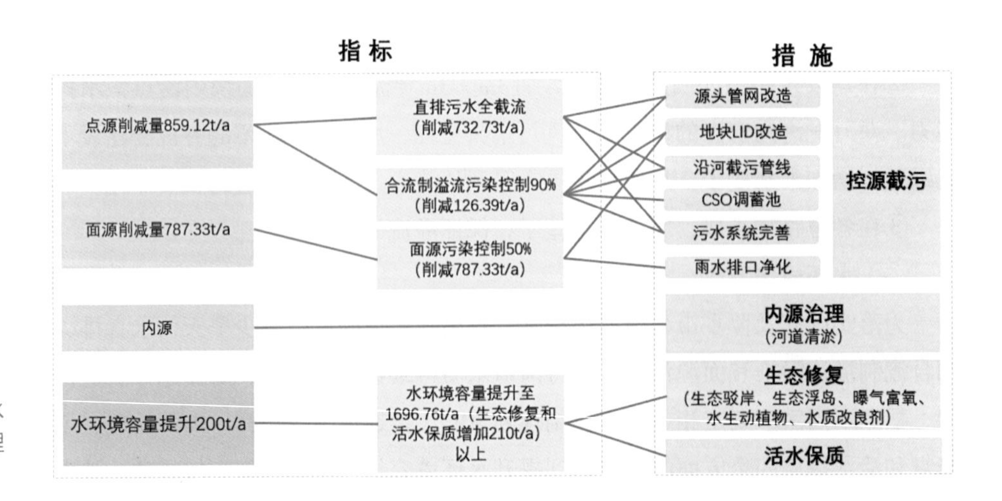

图2-59 五丰河流域水环境系统治理思路示意图

地块是否可进行合流改分流。根据调查结果，近期仅对部分小区合流改为分流，其他地块保留合流制排水体制。

根据现场踏勘情况及管网资料，确定御景园小区等18个小区项目近期可实施改造，优先对这些小区进行源头雨污分流及海绵化改造，具体情况和改造对应措施如表2-18所示：

源头地块合流改分流小区统计表 表2-18

序号	项目名称	用地面积	排水体制	对应措施
1	武警支队	2.00ha	合流	雨污分流；小区海绵化改造
2	市公安局	1.58ha	合流	雨污分流；小区海绵化改造
3	城投公司	2.64ha	合流	雨污分流；小区海绵化改造
4	市司法局	0.40ha	合流	雨污分流；小区海绵化改造
5	市地税局	1.30ha	合流	雨污分流；小区海绵化改造
6	市中级人民法院	0.32ha	合流	雨污分流；小区海绵化改造
7	市检察院	1.40ha	合流	雨污分流；小区海绵化改造
8	邮政局	2.19ha	合流	雨污分流；小区海绵化改造
9	市交通局	1.43ha	合流	雨污分流；小区海绵化改造
10	市建筑质量监督站	0.47ha	合流	雨污分流；小区海绵化改造
11	市财政局	1.43ha	合流	雨污分流；小区海绵化改造
12	市国税局	1.05ha	合流	雨污分流；小区海绵化改造
13	市水务局	0.89ha	合流	雨污分流；小区海绵化改造
14	市委办家属楼	0.46ha	合流	雨污分流；小区海绵化改造
15	供电公司家属院	0.22ha	合流	雨污分流；小区海绵化改造
16	城北粮管所	0.41ha	合流	雨污分流；小区海绵化改造
17	安源区国税局宿舍	0.39ha	合流	雨污分流；小区海绵化改造
18	法院宿舍	0.75ha	合流	雨污分流；小区海绵化改造

B．源头面源污染控制

源头面源污染控制方面，对已建区中的37个建筑小区、21条道路和4个公园绿地项目进行海绵源头改造。除了对已建地块进行源头面源削减之外，对萍水河流域上游的规划新建地块提出源头面源污染控制要求。按照规划土地利用类型，分类提出新建地块源头面源污染控制指标。年总悬浮物（SS）去除率（%）要求如下：居住用地需达到50%，商业服务用地需达到55%，公共管理与公共服务用地需达到50%，交通设施用地需达到60%。

②过程控制

五丰河流域的玉湖分区大部分地块为未建成区，已建区域为分流制。万龙湾分区为合流制排水体制，片区布置了较完善的合流制管网。针对五丰河流域的玉湖分区，由于存在将近1/2的未建成区，新建污水管线主要随道路建设或改造进行。同时结合近期地块拆迁改造，污水管道随改造计划一并建设。玉湖分区污水管线完善项目共计5项，新建污水管线共计13.65km（表2–19，图2–60）。

五丰河流域新建污水管线列表 表2–19

项目类型	项目位置	管径（mm）	长度（m）
新建污水管线	益民路	400	662
	通久路	400～500	3724
	玉湖西路	800	1190
	安源大道	400	7324
	武功山大道	400	747
	合计		13647

目前五丰河流域内的管网清淤工作较为急迫，需要对范围内所有排水管网进行清淤。清淤过程中，对探明破损的管道同步修复。根据管网普查情况，沿萍水河、五丰河截流干管均存在逆坡现象，可能是由于管道基础下陷造成局部逆坡，下陷区域会导

图2–60 五丰河流域新建污水管线分布图

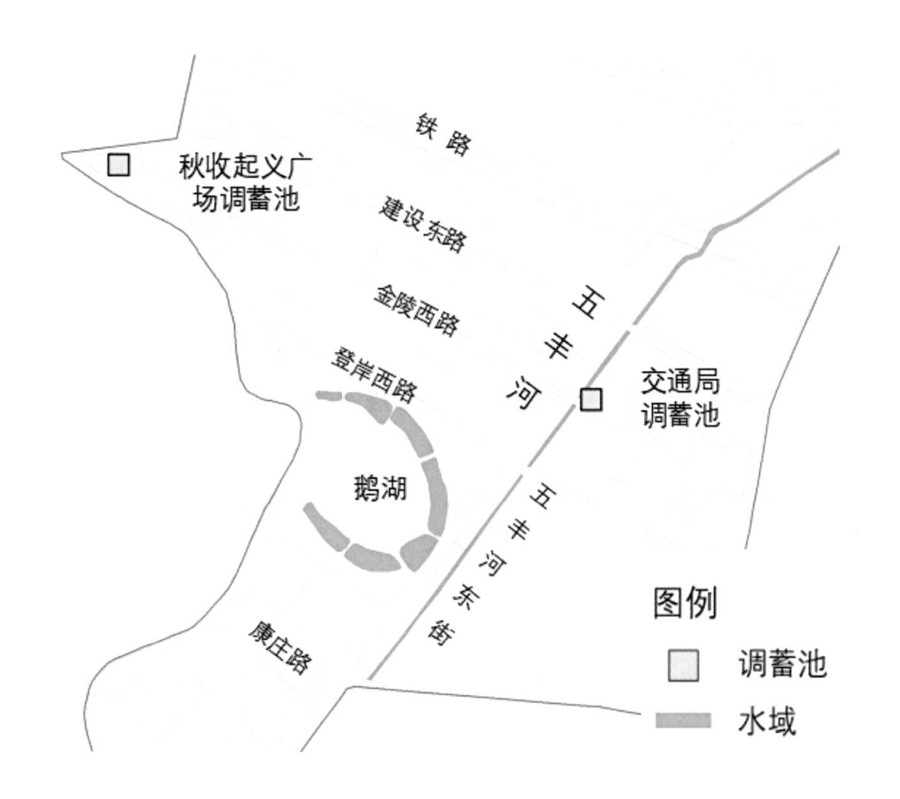

图2-61 五丰河流域合流制溢流调蓄池位置图

致地下水渗入。此处管段应深化勘察，确认逆坡原因后进行改造。对损坏的管网应及时修补，避免污染城市水环境，发现五丰河床下排水管网已有部分破损，对整条管网深化勘察，将破损管道进行修复。五丰河流域须清淤排水管网共约67km，其中圆管约50km，方涵约16km。主要清疏修复的管道信息表如下。

③系统治理

为了控制合流制溢流和初期雨水污染，同步建设合流制溢流调蓄池和初雨径流控制调蓄池。五丰河流域建设秋收起义广场调蓄池和交通局调蓄池，总调蓄容积共7100m^3（图2-61）。

A. 萍水河东岸调蓄池工程

通过溢流分析与管道截流能力计算，萍水河东岸需要进行合流制溢流调蓄池的建设。合流制溢流污染主要截流建设东路以北片区，汇流面积约30ha。由于建设东路北侧小区海绵化改造困难，其初期雨水溢流控制、海绵城市径流控制通过在秋收起义广场建设集中调蓄设施予以解决。合流制溢流调蓄池和径流控制调蓄池合并，结合秋收起义广场改造同步建设。

合流制溢流调蓄：污水溢流控制调蓄池按10mm径流控制，调蓄容积1300m^3。径流控制调蓄：径流控制调蓄池按径流控制率按75%考虑，调蓄池容积2500m^3。

两调蓄池用地合并，溢流水首先进入合流制溢流调蓄池，达设计水位后，进水口关闭；多余水量进入径流控制调蓄池，达设计水位后，进水口关闭，多余水量进入排水萍水河。

B. 五丰河东岸调蓄池工程

由于五丰河现状管道截流能力有限，远期随着五丰河东岸地区的改造，同时结合交通局未来改造建设调蓄池。管道汇流面积2km^2，同步铺设截流管道，管径按D800选取。根据前期分析研究，考虑调蓄池主要对合流制溢流进行收集，截流倍数按5倍选取，调蓄池容积3300m^3。

3）内源治理

对五丰河河道清理淤泥量6.8万m^3，对鹅湖清理淤泥量3.8万m^3。玉湖和翠湖清淤随公园建设进行，目前玉湖湖区已经建设完成，翠湖正在进行开挖。

4）生态修复

①驳岸建设

五丰河流域内的驳岸建设和生态修复主要集中在五丰河、玉湖、翠湖和鹅湖。生态驳岸的结构形式分为砌块石驳岸、自然驳岸、卵石驳岸、木桩驳岸等（图2-62，图2-63）。

五丰河基本维持现状河道岸线不变，维持现状河道断面梯形渠道形式。对传统的直立式硬质化驳岸进行生态改造，实施了藤蔓植物“挂绿”工程。可降低雨水径流速度、减少对水体的污染；增强水体自净能力；同时为生物提供栖息环境，打造良好的亲水景观。

②生态修复

五丰河流域天然水体包括玉湖、翠湖、丰泉河、万新河、联洪河和其他自然水体。玉湖上游丰泉河、万新河分别汇流入玉湖，玉湖末端流入五丰河，翠湖周边雨水通过联洪河汇入五丰河，部分雨水通过冲沟汇入五丰河，河湖水系得以连通，对

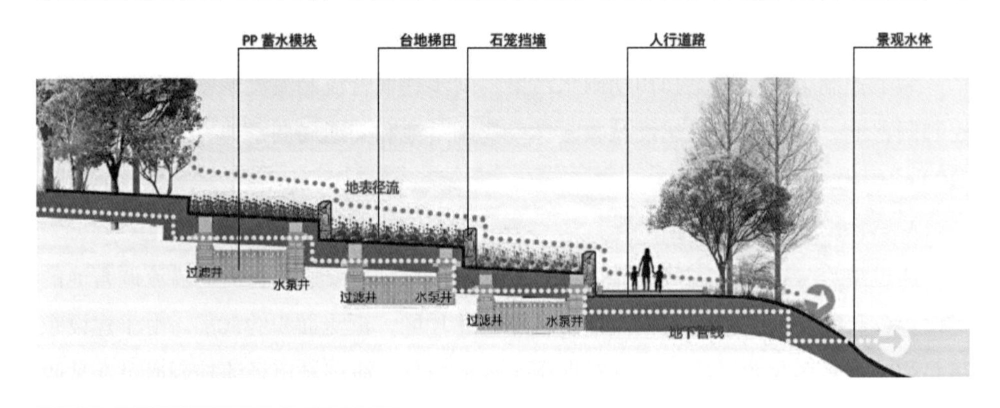

图2-62 翠湖生态驳岸断面图（上）

图2-63 鹅湖公园生态驳岸示意图（下）

本区域内所有水体进行生态修复。

玉湖的生态修复工作主要包括湿地设计和湿塘（图2-64）。湿地设计是利用物理、水生植物及微生物等作用净化雨水的一种有效的径流污染控制措施。湿塘是具有雨水调蓄和净化功能的景观水体。

翠湖生态修复方案通过建立多级水质净化系统，构建内部水网体系净化水质（图2-65）。鹅湖生态修复主要通过湿地系统进行，目的是对合流制溢流水进行处理和净化鹅湖水质（图2-66）。在生态修复过程中，为控制鹅湖公园及周边流域的合流制溢流污染，在鹅湖公园内建设合流制溢流收集调蓄系统，占地面积2800m²，容积7600m³，收集鹅湖流域初期10mm降雨量。

在五丰河水面宽阔、水流较慢的河段两侧布置生态浮动缓冲带，拦截、净化入河的径流雨水，保护排口附近水域的生态系统。

5）活水提质

远期从山口岩水库调水，以保证翠湖及五丰河生态流量，年补水量5万m³。

（4）源头减排方案

源头改造方案

源头改造方案综合考虑五丰河流域内水质标准达标率100%及实现30年一遇降

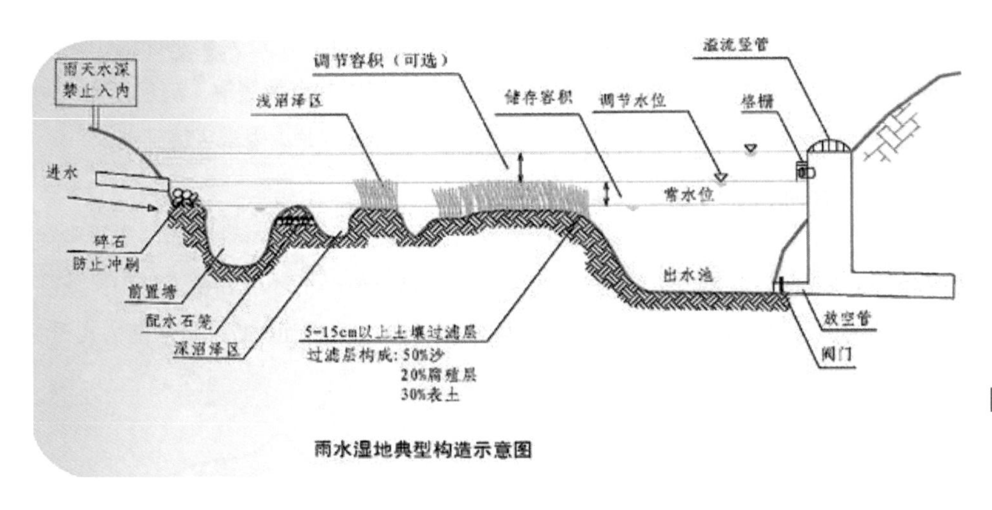

图2-64 玉湖生态修复湿地构造示意图

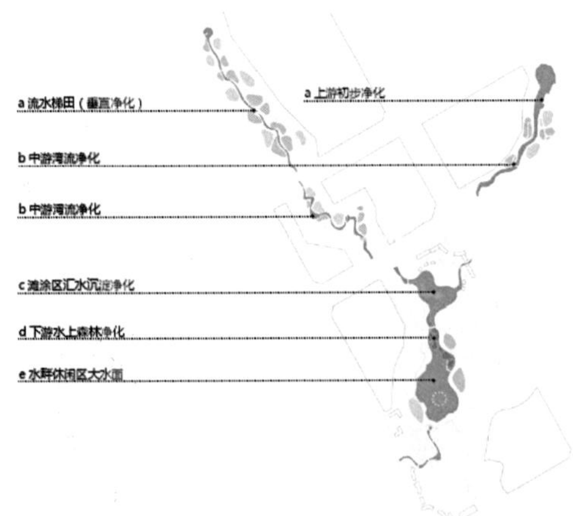

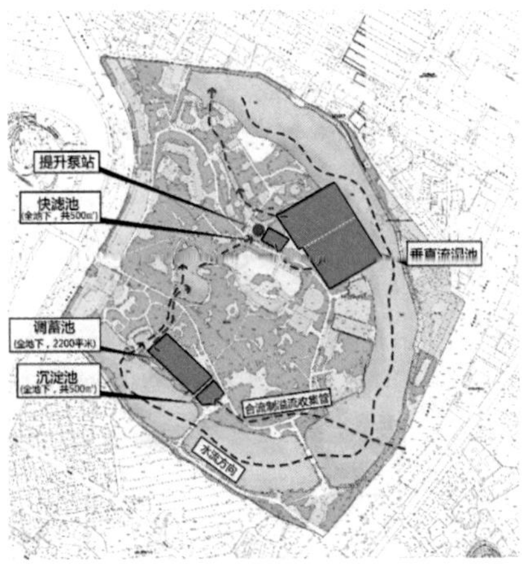

图2-65 翠湖多级水质净化布置图（左）

图2-66 鹅湖公园湿地系统布局图（右）

雨下不内涝的水安全提升目标，通过设置下凹绿地、雨水花园、调蓄池\水体综合削减径流雨量、控制面源污染。根据对分区内项目地块绿化条件、竖向高程、居民需求等调研，初步确定五丰河流域源头改造项目共计62项，其中建筑与小区改造项目共37项，道路改造项目19项，广场改造项目3项，公园改造项目3项。

（5）效果预评估

1）年径流总量控制率效果预评估

通过地块源头改造、截流改造加上鹅湖、玉湖、调蓄设施等调蓄能力，径流总量得到控制，经模拟得到五丰河流域方案实施后的年径流总量控制率为77%（表2-20）。

五丰河汇水分区年径流总量控制率　　　　表2-20

总降雨量（万m³）	总出流量（万m³）	年径流总量控制率
2893.7	656.6	77%

2）水安全保障预评估

五丰河流域最严重的水安全问题，针对其改善效果进行预评估，经模型验算，综合改造后，五丰河流域积水量由2.6万m^{3}降低至0.33万m^3，最大积水深度由超过0.4m降至0.26m以下，且排空时间仅需29min，内涝情况得到有效缓解，满足萍乡市30年一遇排水防涝安全要求（图2-67）。萍乡市影响恶劣的万龙湾内涝区得到消除。

3）水环境提升预评估

海绵方案实施后，五丰河流域水环境容量得到提升，点源污染物和内源污染物基本消除，面源污染物大部分消除，入河污染物总负荷小于环境容量。COD排放削减率达到67.3%，COD排放负荷与水环境容量比值由1.6降低至0.47，自净能力提升。

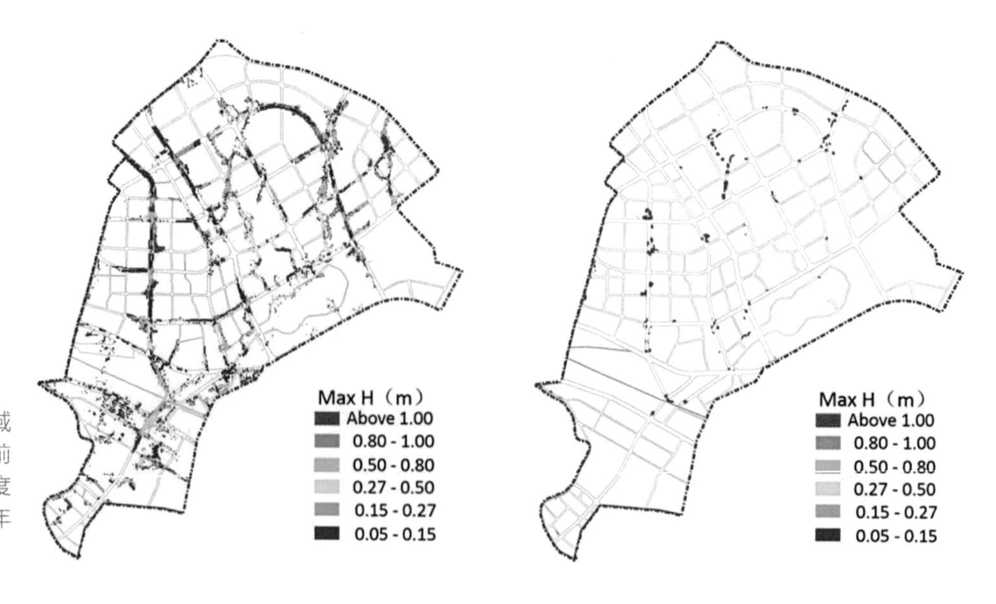

图2-67 五丰河流域工程建设前后积水深度对比（30年一遇情景）

通过控源截污、内源治理、生态修复及活水提质后，4~8mm初期雨水被截流至污水净化设施，合流制溢流污染得到了有效控制，地块内源头海绵设施及鹅湖生态湿地等末端处理设施将面源污染物大部分消除，五丰河流域水环境得到改善。由模型得到COD、SS、TP和NH3-N的污染物削减量分别为1646.5t/a、1162.9t/a、5.3t/a、82.4t/a，现状污染物排放量、环境容量、污染物削减量和综合削减率详见表2-21：

五丰河流域水环境效果复核计算表　　表2-21

类别		COD	SS	TP	NH_3-N
污染物负荷（t/a）	现状污染物排放量	2448.0	1967.9	13.2	120.4
	污染物削减量	1646.5	1162.9	5.3	82.4
	工程实施后污染物排放量	801.4	805.0	7.9	38.0
水环境容量（t/a）	现状水环境容量	1487.8	1499.6	12.0	59.5
	工程实施后水环境容量	1696.8	1710.1	14.2	68.4
综合削减率		67.3%	59.1%	39.8%	68.4%
污染负荷量/水环境容量		47.2%	47.1%	56.1%	55.5%

3. 白源河流域方案

（1）主要解决问题

白源河流域面积为1.74km^2，流域内主要问题为小桥背社区的内涝积水（图2-68）。

图2-68　白源河流域在试点区内的位置图

（2）水安全保障

为解决小桥背社区的内涝点，须提升白源河防洪标准，建设3.5km长度的防洪堤。同时结合上游整治，提升内涝防治水平，并对小桥背社区的内涝点进行针对性解决。

1）源头减排

白源河为老城区，对有条件的部分小区和道路进行源头减排，包括建筑与小区、道路与广场两大类。流域内进行东大街办事处等9项小区源头改造项目，及安源大道（安源段）等15条道路海绵改造项目，改造面积共31ha（图2-69）。

2）积水点针对性措施

对白源河流域大排水系统进行提升、防洪堤建设和源头减排后，洪水倒灌入小区风险基本消除，但汛期河道水位较高时，白源河下游西岸小桥背社区和清源小区沿河一带仍存在内涝风险。对该处内涝点进行针对性的整治，主要进行调蓄池和排涝泵站建设，确定设施规模为调蓄池容积120m^3，泵站规模2m^3/s。

（3）水环境保障

1）系统整治思路

白源河流域水环境整治从控源截污、内源治理、生态修复和活水提质四个方面进行（图2-70）。

控源截污方面：重点是控制合流制溢流污染和初期雨水污染控制，主要工作包含源头减排的LID改造工程、合流改分流；过程控制的管线清疏修复；系统治理中，现状排水体制为截流式合流制，结合溢流口位置分布情况，沿白源河修复或新增截污管道。

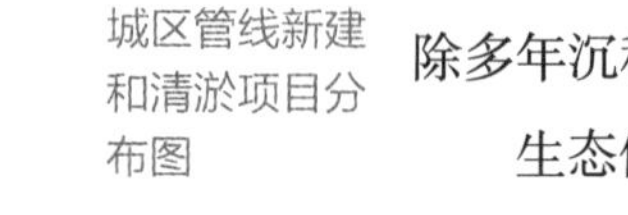

图2-69 白源河流域老城区管线新建和清淤项目分布图

内源治理方面：对河道进行清淤处理，保证河道畅通，提高河道泄洪能力，消除多年沉积底泥。

生态修复方面：对水系进行生态岸线恢复和生态驳岸建设。

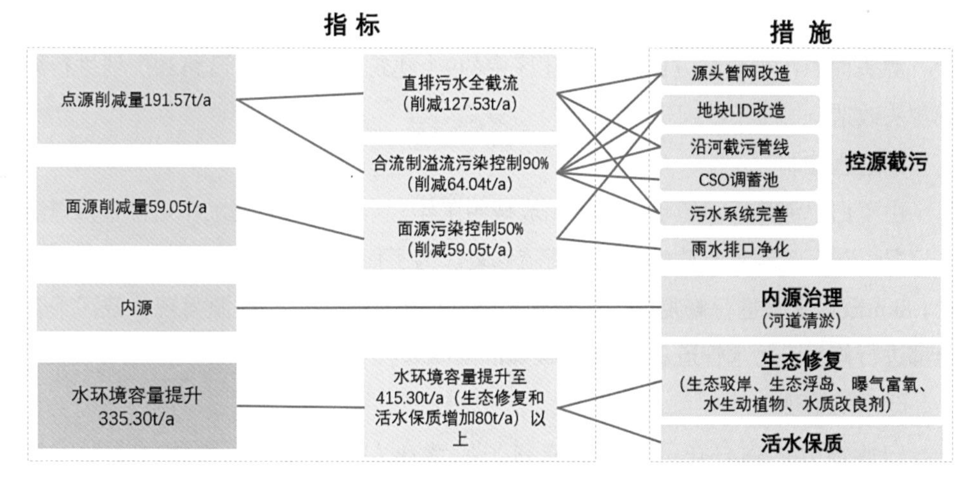

图2-70　白源河流域水环境系统治理思路示意图

活水提质方面：根据水环境规划目标和河道水景观需求，确定河道生态补水规模，提出经济合理的生态补水方案。

白源河流域内对直排污水全截流，此部分点源污染全部削减；合流制溢流污染量控制在10%；面源污染控制50%。通过各项工程措施，污染负荷有原来的316.77t/a（以COD计）下降到66.17t/a（以COD计），水环境容量由原来的335.30t/a（以COD计）提升至415.30t/a（以COD计）。

2）控源截污

①源头减排

A．源头地块合流改造

白源河流域为老城区，基本均为合流制区域。老城区现状基础设施较差，很多小区内部建设为合流制管道。对合流区域的地块进行深入调研分析，明确地块是否可进行合流改分流。根据调查结果，近期仅对部分小区合流改为分流，其他地块保留合流制排水体制。

根据现场踏勘情况及管网资料，确定市气象局家属楼等5个小区项目近期可实施改造，优先对这些小区进行源头雨污分流及海绵化改造，具体情况和改造对应措施如表2-22所示：

源头地块合流改分流小区统计表　表2-22

序号	项目名称	用地面积	排水体制	对应措施
1	东大街办事处	0.14ha	合流	雨污分流；小区海绵化改造
2	市保育院造	0.17ha	合流	雨污分流；小区海绵化改造
3	自来水供水公司家属楼	0.11ha	合流	雨污分流；小区海绵化改造
4	市气象局家属楼	0.85ha	合流	雨污分流；小区海绵化改造
5	安源老年公寓（住宅区）	0.12ha	合流	雨污分流；小区海绵化改造

B. 源头面源污染控制

源头面源污染控制方面，对已建区中的9个建筑小区、16条道路和广场进行海绵源头改造。

②过程控制

由于白源河分区河道现状已经完成截污工作，本部分的主要工作是排查排口溢流情况，对合流制溢流截污管进行清疏修复。为了保证截污效果，除了试点区范围的1.8km截污干管进行修复外，扩展到范围外的上游区域。对白源河现状截污干管全部进行修复，污水管道总长度为6.45km。

③系统治理

白源河分区内存在部分郊区农村，应选择人口数量大，距离河道近的村庄建设分散污水处理设施。在王家屋村设置分散污水处理站1座，处理规模50m^3/d。

3）内源治理

对白源河河道进行清淤，清淤平均深度为1.0m，总清淤量为9.3万m^3。

流域内的王家屋村配套垃圾收集设施，沿河道每200m需设置垃圾收集箱，共设置3处垃圾收集箱，配套1个垃圾转运点。

4）生态修复

①驳岸工程

对白源河现状驳岸进行生态改造，结合原有硬质堤岸打造滨河道、增加路面铺装、栏杆，长度2625m；有空间河道两侧可新建滨河游道，长度525m；无空间布置滨河游道，可增加栈道连接滨河交通，长度350m（图2-71~图2-73）。

②生态修复

在白源河设置植物缓冲带、复合生态滤床、生态浮岛等，并在河道水流死角、水体缺氧处进行曝气增氧。

图2-71 白源河生态驳岸建设对照图一

图2-72 白源河生态驳岸建设对照图二

图2-73 白源河生态驳岸建设对照图三

5）活水提质

远期从山口岩水库调水，在上游建堰塘水库，年补水量8万m^3。

（4）源头减排方案

白源河流域源头改造项目共计24项，其中建筑与小区改造项目共9项，道路改造项目15项。

（5）工程效果预估

1）年径流总量控制率效果评估

通过地块源头改造、截流改造后，径流总量得到控制，依据典型年2008年进行模拟得到白源河汇水流域年径流总量控制率为60%（表2-23）。

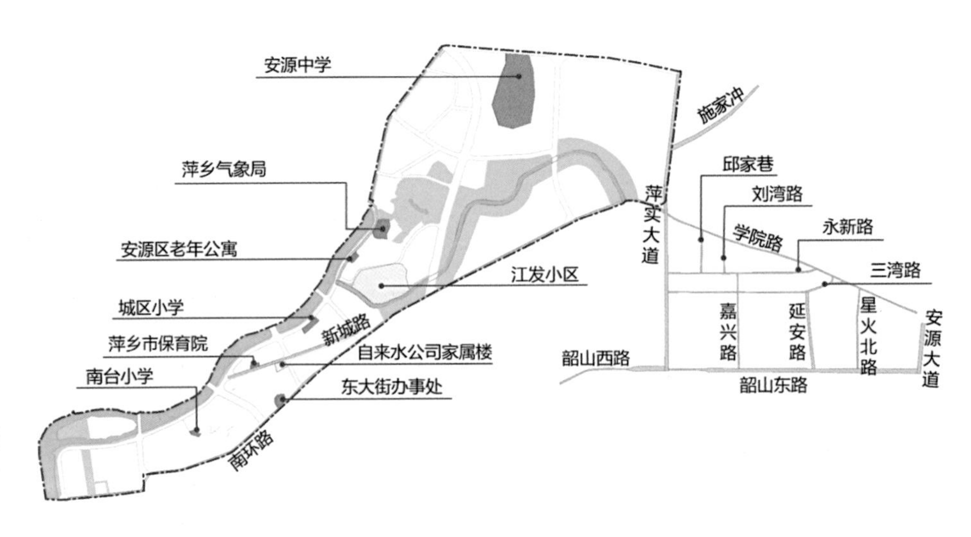

图2-74 白源河流域源头改造项目分布示意图

白源河汇水分区年径流总量控制率　　表2-23

总降雨量（万m^3）	总出流量（万m^3）	改造后年径流总量控制率
268.8	108.1	60%

2）水环境改善效果评估

通过白源河流域的控源截污、清淤疏浚、生态修复及海绵道路地块建设后，水环境容量得到提升，点源污染物和内源污染物基本消除，面源污染物大部分消除，入河污染物COD、SS、TP和NH_3-N的总负荷均小于环境容量。由模型得到COD、SS、TP和NH_3-N的污染物削减量分别为250.6t/a、146.4t/a、1.5t/a、18.6t/a，现状污染物排放量、环境容量、污染物削减量和综合削减率详见表2-24：

白源河流域水环境效果复核计算表　　表2-24

类别		COD	SS	TP	NH_3-N
污染物负荷（t/a）	现状污染物排放量	316.8	209.1	2.3	22.7
	污染物削减量	250.6	146.4	1.5	18.6
	工程实施后污染物排放量	66.2	62.7	0.8	4.1
水环境容量（t/a）	现状水环境容量	225.2	224.9	1.7	9.1
	工程实施后水环境容量	415.3	414.9	4.0	17.2
综合削减率		79.1%	70.0%	67.3%	81.8%
污染负荷量/水环境容量		15.9%	15.1%	18.9%	23.9%

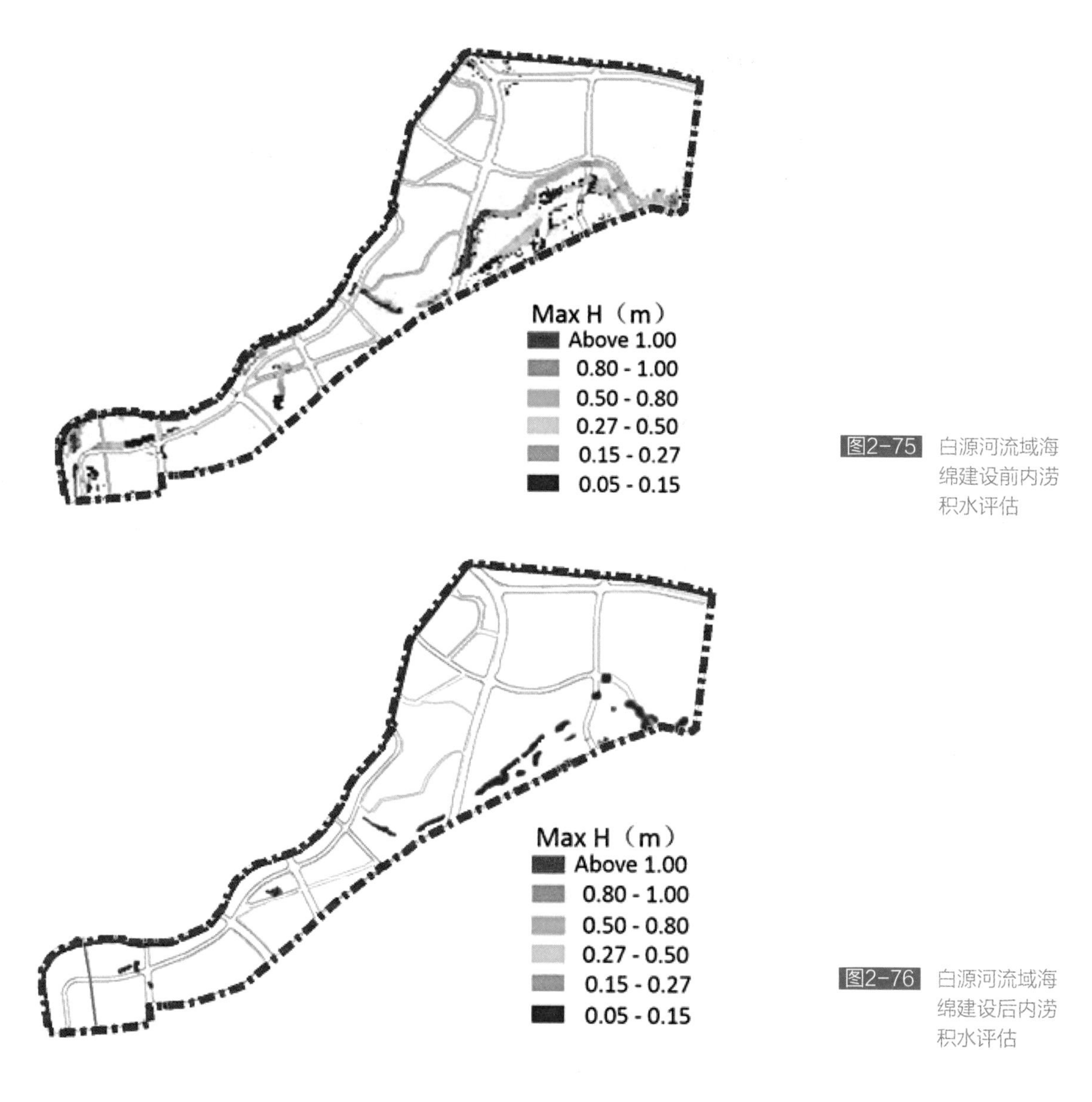

图2-75　白源河流域海绵建设前内涝积水评估

图2-76　白源河流域海绵建设后内涝积水评估

3）水安全提升效果评估

利用30年一遇24小时降雨对海绵城市建设前后的系统进行评估，模拟结果如下：海绵建设前白源河流域内有1处内涝积水点，位于小桥背社区附近，平均积水深度为0.58m，积水量共计8017.92m^3。按方案进行海绵改造后，经过模拟，区域内积水深度高于0.15m的内涝点全部消除，地表无明显积水现象，满足海绵城市规划中内涝点消除的要求（图2-75~图2-76）。

4．综合统筹

试点区各流域按照整体系统要求确定具体的工程项目，项目涵盖水安全保障、水环境提升、水生态建设、水资源利用四个方面，包括“源头减排、过程控制、系统治理”三大类工程（图2-77）。在综合统筹的思路下，各方面的工程项目发挥的作用是综合性的。如源头地块改造项目，在水安全保障、水环境提升、水生态建设、水资源利用四个方面均能发挥作用。另以萍水湖建设为例，萍水湖建设可满足

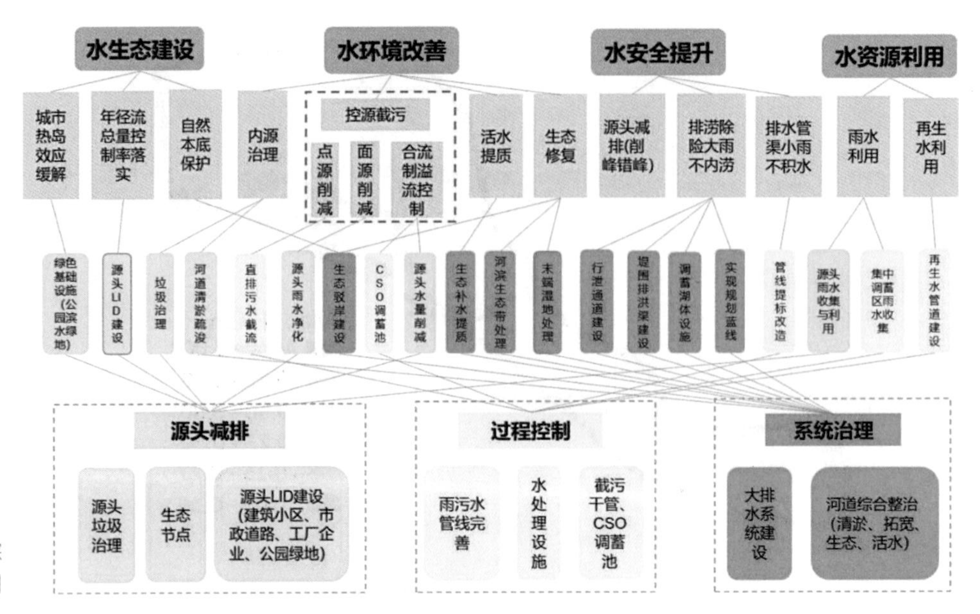

图2-77 试点区项目综合统筹示意图

水安全保障要求，实现300万方的调蓄空间；提升流域径流总量控制率指标，恢复试点区水生态；建设7.5ha生态湿地削减上游面源污染处理要求，提升流域水环境。

2.4.4 新区管控方案

以上根据现状情景论述了老区的海绵城市改造方案。针对新区建设，以城市开发建设后的径流量和污染物排放量不超过开发前为目标，明确新区管控要求，确定地块管控指标。

1．格局管控

（1）大系统保护

为保障行泄安全和生态环境，对新城区进行系统性的梳山理水和蓝绿空间识别，确定需要保护的重要水域空间、滞蓄空间及径流路径，保证新建区蓄排平衡。

1）水面保持

河湖水系是城市用地的重要发展轴线，是滋养生态多样性的重要组成因素，也是防治城市内涝的重要调蓄空间，因此需要保护水域空间，形成合理的生态通廊、景观通廊与安全通廊。结合萍水河流域自然本底、开发定位、生态保护及防洪排涝需求，保护水域空间，确保水面率不低于开发前，城市开发建设后萍水河流域的水面率不低于12.1%，水面面积不低于136.7ha（图2-78）。

2）滞蓄空间与径流路径保护

在新区城市开发建设中，应尽量避免侵占河、渠、坑、塘、低洼湿地等天然滞蓄空间，并根据需要新增滞蓄空间，保证新建区蓄排平衡，以缓解城市排洪排涝压力，同时实现源头对污染物的滞蓄净化；应注意保留自然地貌下的径流路径，保障重要汇水通道畅通，避免填充占用雨水行泄通道，以减缓城区积水，保

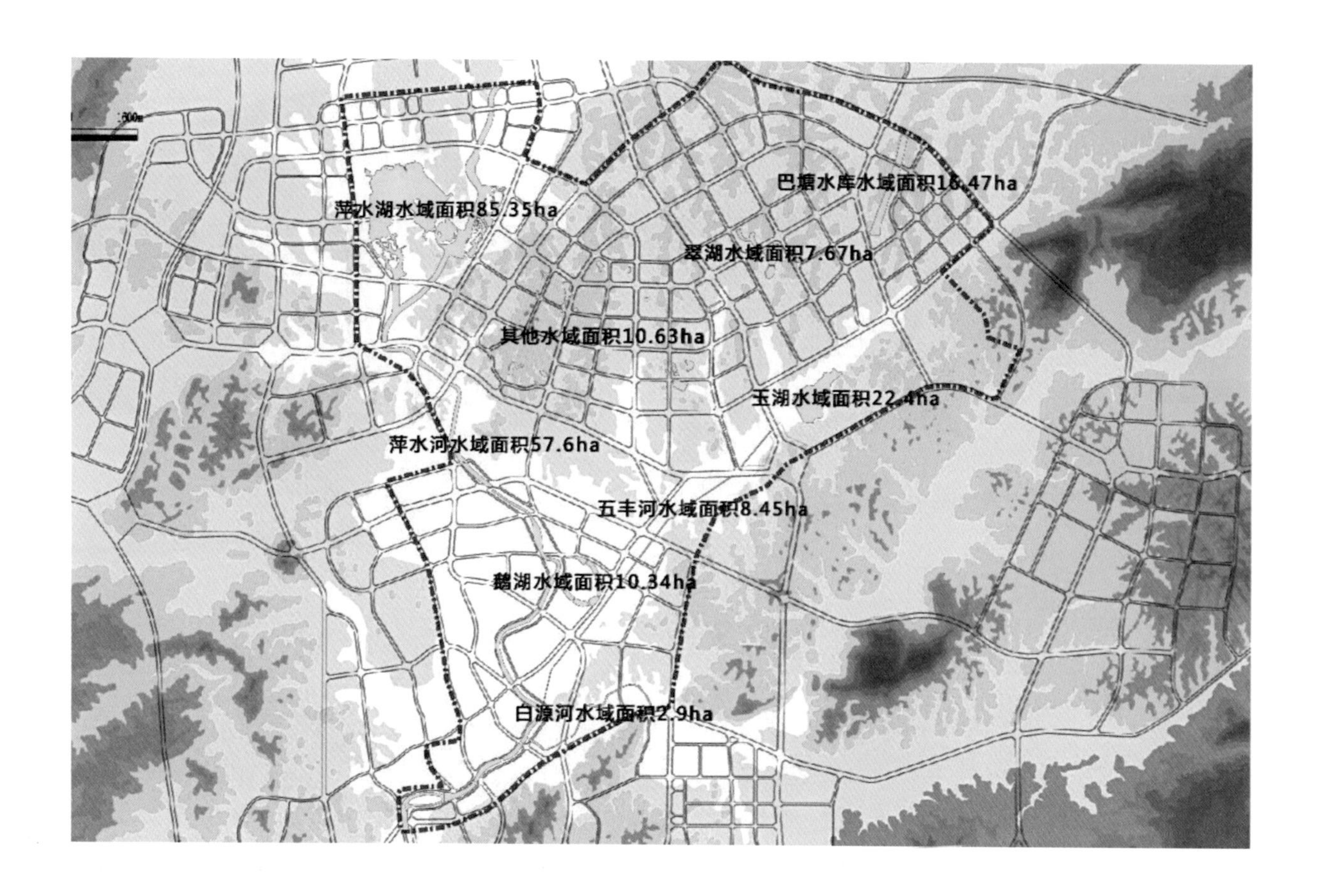

图2-78　试点区水域面积示意图

障防洪排涝安全。对于划定为城市蓝线范围内明确保护的水域，包括滞蓄空间与径流路径，不得随意侵占，禁止擅自填埋、占用、爆破、采石、取土、建设排污设施，及其他对城市水系保护构成破坏的活动。新城区滞蓄空间与径流路径具体保护范围如图2-79。

（2）竖向管控

合理构建区域竖向，防止局部低洼，保护径流路径，保证行泄通道畅通，洪涝水能快速排入河道。例如萍水河流域新区总体上东高西低，萍水湖为最低区域，通过竖向控制将新区内大部分雨水汇集至萍水湖内（图2-80）五丰河流域新区总体上北高南低，玉湖为最低区域，通过竖向控制最终将新区内大部分雨水汇集至玉湖内。

2. 地块管控

新城区建设优先采用源头分散进行径流量控制，并通过海绵城市建设，地块内做到彻底雨污分流，改进建设模式，现实小区内部“雨水走地上，污水走地下”，从源头上杜绝雨污混接，在此基础上保证水环境质量的提升。

为保障内涝安全和面源控制，需进行新区的规划管控。试点区将新区地块的年径流总量控制率和面源污染削减率作为新区规划控制指标。如萍水河流域上游和五丰河流域上游新区，结合地块用地规划建设要求，对未建地块进行源头指标控制，落实新区规划管控要求。

图2-79 新城区滞蓄空间与径流路径保护（萍水河上游和五丰河上游为例）

图2-80 新区竖向控制示意图（萍水河流域和五丰河流域为例）

图2-81 新建地块年径流总量控制率分布图（以萍水河和五丰河上游为例）

2.5 典型案例

2.5.1 萍乡市建设局与总工会小区联动减排

1．项目基本情况

萍乡市海绵城市示范区32.98km^2，包括新老城区两部分，老城区面积12km^2，老城区改造是萍乡海绵城市建设的难点，其中老城区建筑小区改造更是难中之难。萍乡市海绵城市示范区按照汇水分区划分为6个片区，其中老城区3个片区分别为蚂蝗河流域、万龙湾内涝区、西门内涝区，开发区3个片区分别为玉湖片区、萍水湖片区，安源城区1个片区为白源河片区。

市建设局和市总工会改造项目位于萍乡市海绵城市示范区西侧蚂蝗河流域，该流域地处萍水河以西，流域面积2.42km^2（图2-82）。

市建设局、市总工会改造工程是萍乡市老城区首批老旧小区改造的源头减排典型工程。项目占地面积9688m^2，建筑面积1660m^2，水面面积约1187m^2，建筑密度17.1%，绿化率42%。空间上与市总工会相邻，市总工会占地面积2826m^2，建筑占地面积867m^2，绿化率28%。

2．问题与需求分析

项目位于萍乡市海绵城市示范区老城区蚂蝗河流域，由于流域内建筑布局紧凑，基础设施极为薄弱，布局合理性较差，城市建设未考虑雨水径流、面源污染控制等内容，导致蚂蝗河流域和项目区均存在内涝积水、面源污染等突出问题，流域和项目区的水安全、水生态、水环境、水资源状况亟待提升。

（1）所在流域问题

现状蚂蝗河流域已覆盖合流制暗渠，核心问题是合流制溢流污染，同时在山下

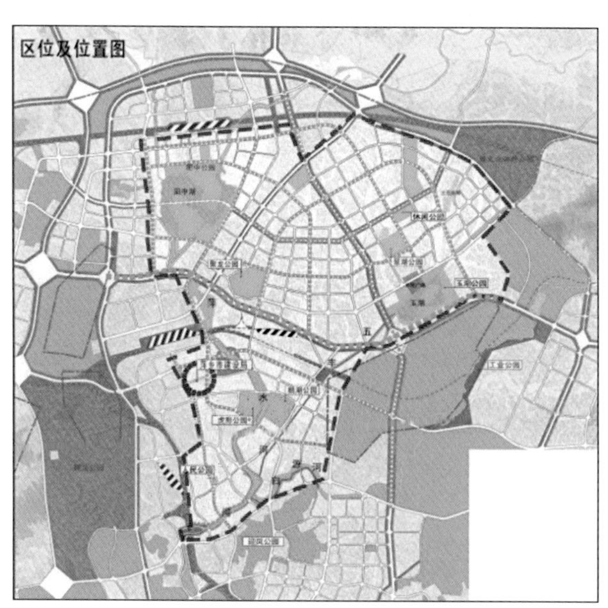

图2-82 市建设局与总工会项目在示范区位置图、位置关系图

路区域有较严重的内涝积水问题。

①蚂蝗河流域合流制溢流污染问题严重

蚂蝗河流域范围内城市建设布局紧凑，各项城市建设用地已基本完成开发利用，但由于缺乏合理规划，城市建设在雨水径流、面源污染控制方面仍存在诸多问题（图2–83）。现状建筑和小区、公园广场的屋面、路面基本为不透水硬化地面，径流系数大，汇流时间短；其次，项目区非绿地面积占比达92.69%，绿地面积占比不到8%，绿化率低，且缺乏有效的调蓄设施，未设置合理的净化措施，雨水径流携带大量的污染物进入合流制管道，最终溢流至萍水河，加一步加剧了萍水河的水质污染状况。

流域内排水体制多为合流制溢流，雨、污水经市政管网汇至蚂蝗河合流制暗渠，在萍水河截污排放口处进入萍水河河底西侧的污水截留干管，截流干管收集的污水最终送至谢家滩污水处理厂（图2–84）。但由于蚂蝗河流域合流制溢流污水截留倍数偏低，片区面源污染控制率低，大量污染物汇入蚂蝗河（图2–85）。

图2–83 萍乡示范区汇水片区划分图（左）

图2–84 项目位置关系和雨水排向图（右）

图2–85 蚂蝗河入萍水河出水口现状照片

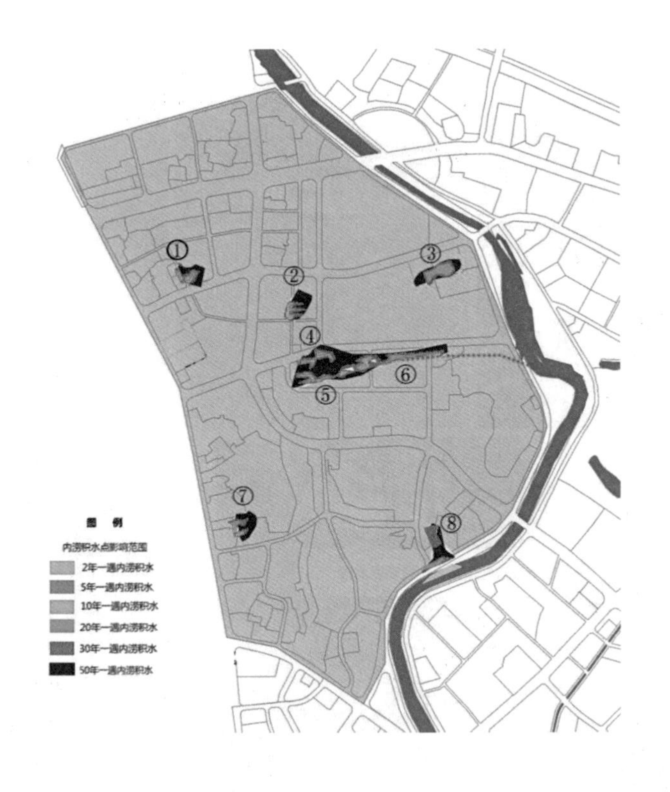

图2-86 蚂蝗河流域不同重现期下内涝积水影响范围分布图

②蚂蝗河流域内涝积水问题

山下路区域有较严重的内涝积水问题。30年一遇暴雨情况下蚂蝗河流域分布积水点8个，积水量1.8万m^3，积水面积3.19ha（图2-86）。山下路内涝积水点主要位于山下路南侧虎形村，西起朝阳路，东至金典小区南门东侧80m处，南北由虎形巷和山下路围成的近似矩形区域，总面积约6.48ha，积水频次较高，年均10~15次，且由于现状管渠为雨污合流管渠（明渠），导致积水中掺混生活污水和生活垃圾，严重影响片区居民出行和生活环境。

（2）项目区主要问题

①径流总量控制率低，暴雨时多次出现积水问题

市建设局、市总工会项目区被大面积的非透水地面覆盖，产流系数高，原绿地稍高于地面，绿地未充分发挥其雨水渗、滞、蓄的功能，场地的自身雨水调蓄能力极为有限，暴雨时易形成大量雨水径流，对原本排水能力极弱的合流制管网造成极大的排水压力，小区内常因排水不畅造成局部低洼积水严重，下雨时极易对居民出行造成影响（图2-87）。

②径流面源污染控制率低，景观水体水质差

由于项目区基础设施薄弱老旧失修，原为雨污合流，且存在管网淤泥堵塞，盖板塌陷等状况，导致项目区雨水径流携带大量的污染物排入下游管网；在建设局东北侧布有一处景观水池，由于该水池未设置雨水进、出水口，不能承接周边的雨水，形成一潭死水，在夏季极易导致水体发绿发臭，水体污染较为严重（图2-88）。项目区雨污水均汇入蚂蝗河合流制溢流管。

图2-87 萍乡市建设局、总工会项目区绿地、地面原状照片

图2-88 萍乡市建设局、总工会项目区景观水池原状照片

③景观生态性、功能性较差

原有绿地植被多为单一乔木加草坪，未构建丰富的乔、灌、草植物层次，景观品质有待提高。闲置废弃菜地杂草丛生，未得到充分利用。多处地面铺装破损，垃圾随意堆放。

3．建设目标与设计原则

（1）设计目标

通过构建项目所在蚂蝗河流域的径流控制和水质控制模型，在满足流域整体控制指标的要求下，结合流域内各项目的现状进行指标分解，将控制目标落实到各个源头削减工程，从而确定市建设局、市总工会的控制目标。

根据蚂蝗河流域数字化模型确认的源头削减工程指标分解，确定市建设局径流总量控制率目标为75%；径流污染颗粒悬浮物SS去除率需达到65%以上。

市总工会径流总量控制率目标为71%，SS削减率需达到59%以上。

（2）设计原则

项目区存在径流控制率低、径流污染控制率低、水生态环境有待提升等问题，方案设计以项目区问题为导向，遵循场地现状，避免大拆大建，结合低影响开发设施设计，在有效利用现有绿地和景观水池基础上实现海绵化改造。

4．海绵设计

（1）设计流程

方案设计以项目区问题为导向，明确改造要求，并明确项目区的径流总量和径流水质控制指标。划分汇水分区，核算各个分区的径流控制量和设施规模，通过雨水传输设施（植草沟、排水管等）实现相邻汇水分区间转输调配，采用低影响开发设施与管网改造相结合的方式共同组成完整的工程技术体系，全面改善提升项目区水安全、水环境、水生态状况，满足项目区居民的使用需求。

（2）设计降雨

市建设局径流总量控制率为75%，径流污染颗粒悬浮物SS去除率需达到65%以上。市总工会径流总量控制率为71%，SS削减率需达到59%以上。考虑将市建设局和市总工会作为一个整体进行设计，项目最终出水水量和水质均由市建设局景观水体溢流，因此按照两区较高标准进行设计，综合确定项目区确定为实现整体75%径流总量控制率，SS去除率需达到65%以上。使用萍乡市气象局提供的连续30年逐日降雨数据绘制萍乡市径流总量控制率—设计雨量曲线（图2–89）。

市建设局、市总工会项目区径流总量控制75%对应的设计降雨量为22.8mm，接近0.5年一遇1小时降雨量（25mm）。

（3）总体方案设计

①竖向设计与汇水分区

由于市总工会整体竖向坡度较陡，绿地覆盖率较低，且多分布在高处，不透水路面和屋面主要分布在低处，无法通过自身绿地消纳区域的雨水径流。考虑市总工会地

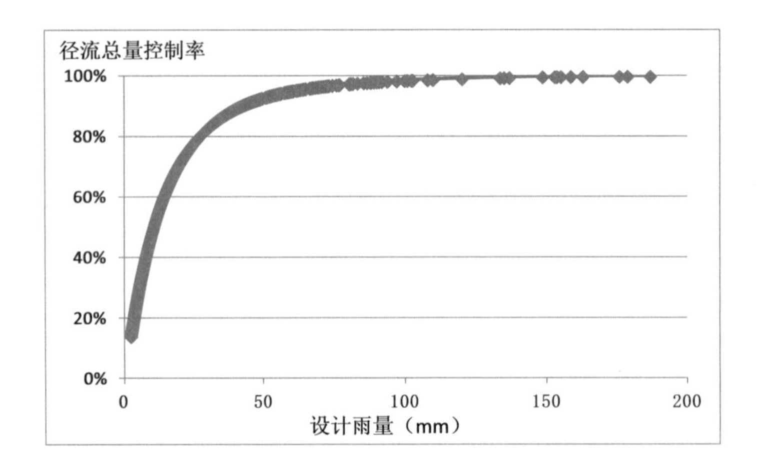

图2-89 萍乡市“径流总量控制率-设计雨量”曲线

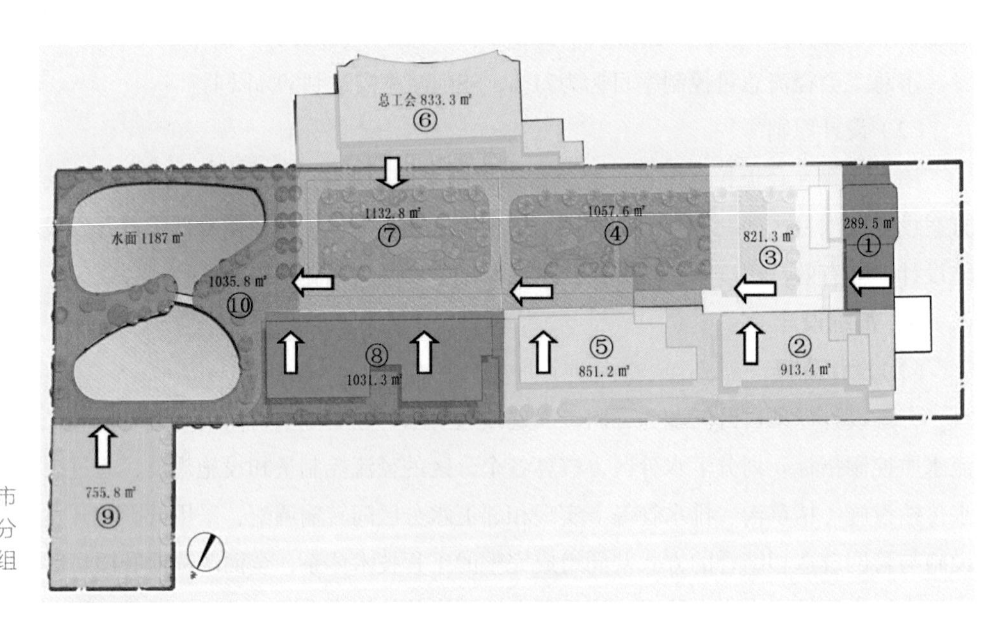

图2-90 市建设局与市总工会排水分区与径流组织图

块整体坡向市建设局，且市建设局具有较高的绿地覆盖率和水面覆盖率，因此将市建设局和市总工会两个项目作为一个整体进行考虑。将市总工会调蓄能力外的雨水径流作为客水引入市建设局，对市建设局的绿地实施低影响开发设施改造对径流水质进行净化，最后引入现状景观水池，实现景观水池的雨水净化、调蓄和循环利用。

按照竖向和排水组织关系共划分为10个排水分区（图2-90）。排水方向整体是四周建筑排向中间绿地，经中间绿地自西南向东北处的水池排放。

②设计径流控制量计算

对项目区实施现状地块的用地类型及用地构成进行径流产流模拟计算，计算采用加权平均法计算项目区内的径流量，即为设计径流控制量。

计算方法如下：

综合径流系数=∑（屋顶×屋顶径流系数+绿地×绿地径流系数+ 水面×水面径流系数+路面×路面径流系数）/汇水面积 （2-1）

设计径流控制量=∑汇水面积×综合径流系数×设计降雨量/1000　　　　（2-2）

经计算，项目区共需设计径流控制量147.75m^3。

③设施选择与技术流程

将建筑物周边现有边沟进行清理找坡，屋面雨水、路面雨水及绿地雨水通过雨水收集设施引入到生物滞留池和雨水花园中进行水质净化，并通过植草沟将雨水引入现有水池中，利用循环泵将雨水再次引入生物滞留池中进行水质循环净化；当水池雨水超过设计水位时，多余水量通过溢流管道排入市政管网（图2-91）。

④总体布局

根据项目区设计径流控制量、场地现状确定项目区低影响开发设施与径流组织设计方案设计：通过低影响开发设施的设计实现雨水的调蓄、净化提升，实现项目区22.8mm降雨滞留在项目区内，径流污染中SS削减率65%以上。最后将净化的雨水作为活水资源，集蓄至现有水池，并通过循环系统让水流动起来，将原本的一潭死水变成水丰、水清、水活的景观水体。按照水池水体夏季10天更新一次，其他季节15天更新一次，日循环水量为3.96~5.94m^3（图2-92）。同时，将总工会6号汇水分区雨水径流通过线性雨水沟排入市建设局消纳，通过汇水分区整体协调实现客水消纳减少总工会的径流控制目标压力（图2-93）。

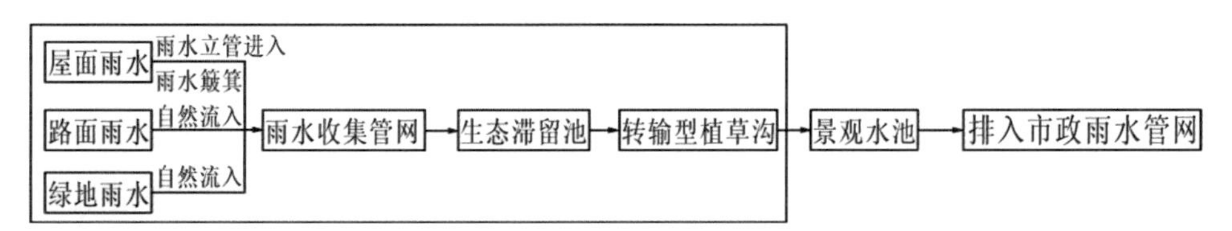

图2-91　萍乡市建设局、总工会项目区设施选择和设计流程图

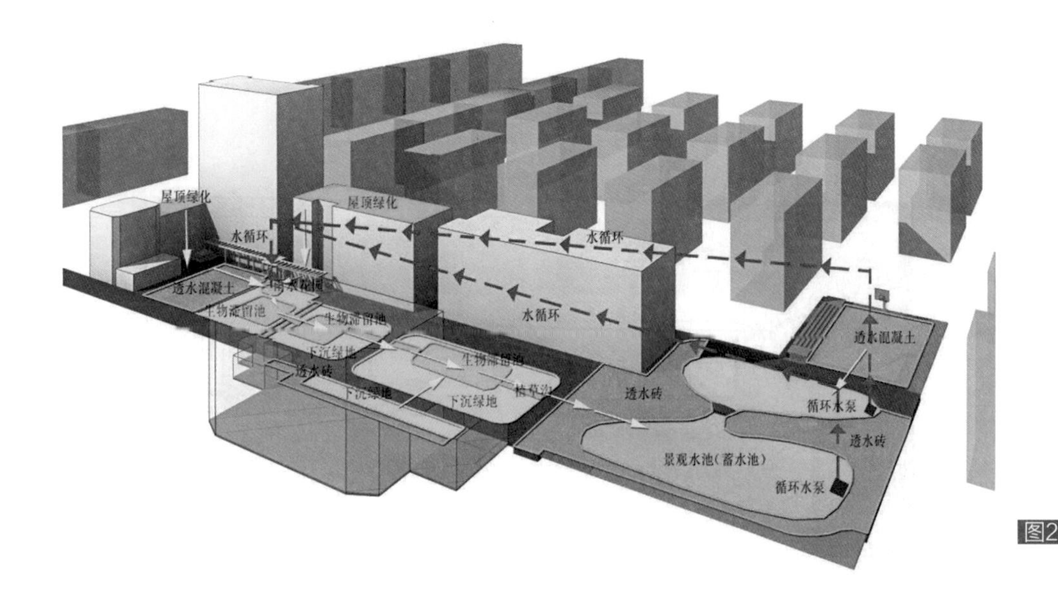

图2-92　改造后场地内径流示意图

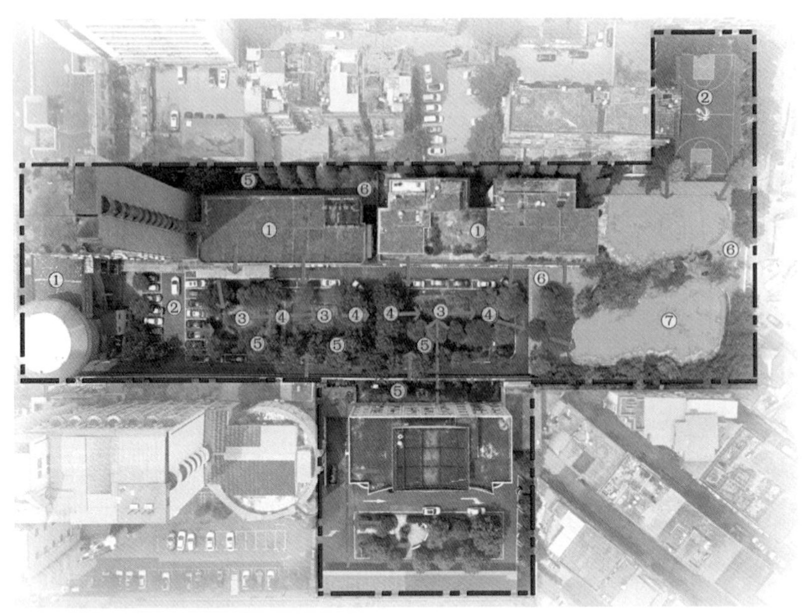

图2-93 改造后项目区全景照片

1. 屋顶花园；2. 透水混凝土；3. 生态滞留池；4. 转输型植草沟；5. 下沉式绿地；6. 透水砖；7. 水域

（4）分区详细设计

①设施布局与径流组织

将硬化、破损的铺装改造为透水、舒适、生态的透水铺装，结合绿化屋顶改造并将建筑物雨水管断接，将路面雨水及屋面雨水引入至位于前端的净化前置池——雨水花园对雨水进行初期净化后，溢流至生物滞留池，3个生物滞留池通过植草沟依循自然地形传输，最终汇入景观水池中作为景观水体调蓄，并作为市建设局绿化浇灌用水（图2-94~图2-95）。为了保证景观水池水质，每天利用循环泵将雨水回送至生物滞留池进行循环净化；当水池雨水超过溢流容量（水池常水位95.5m，溢流水位95.6m）时，多余水量通过溢流管排入市政管网。

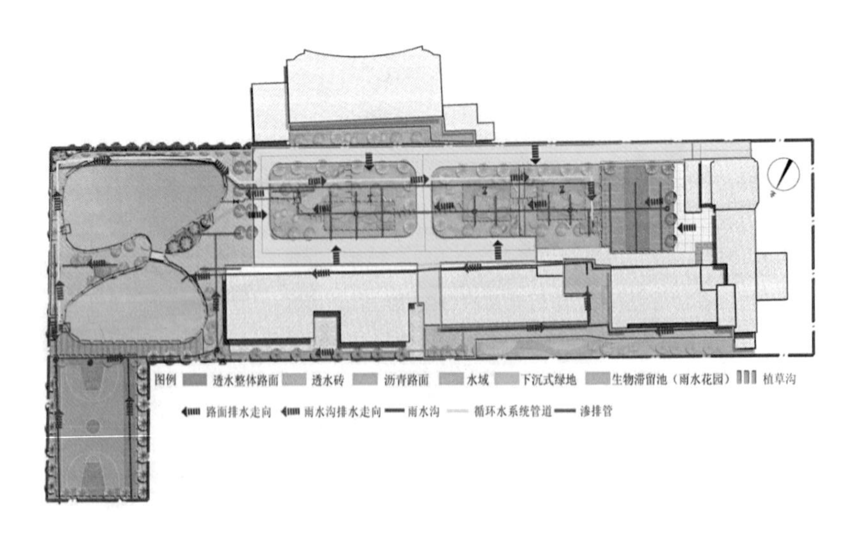

图2-94 总工会各分区海绵城市水流流向和设施布置图

图2-95　径流组织流向图

②径流控制量试算与达标评估

按照式2-1、式2-2计算10个汇水分区综合雨量径流系数和设计径流控制量，见表2-25。

市建设局、总工会各汇水分区径流控制率计算　　表2-25

分区	用地类型（m²）						综合雨量径流系数	汇水分区面积（m²）	设计径流控制量（m³）
	非绿化屋面	绿化屋顶	绿地	水面	非透水路面	半透水路面			
径流系数取值	0.8	0.55*注1	0.15	1.00*注2	0.8	0.55*注3			
1	246.08	0	0	0	39.92	3.41	0.8	289.41	5.26
2	408.76	192.36	141.43	0	170.95	0	0.65	913.5	13.47
3	0	0	41.14	0	717.67	62.42	0.75	821.23	14.01
4	0	0	559.96	0	477.75	20.61	0.45	1058.32	10.89
5	334.17	117.41	211.37	0	188.24	0	0.6	851.19	11.72
6	631.6	0	99.86	0	99.89	0	0.72	831.35	13.68
7	0	0	532.03	0	568.52	30.27	0.49	1130.82	12.57
8	728.43	0	0	0	303.19	0	0.8	1031.62	18.82
9	0	0	756.8	0	0	0	0.15	756.8	2.59
10	10.06	0	37.91	1187.7	869.3	118.54	0.88	2223.51	44.74
合计	2359.1	309.77	2380.5	1187.7	3435.43	235.25	0.65	9907.75	147.75

注1：市建设局原有345.4m²的绿化屋顶，因该绿化屋顶垫层标准较低，不满足规范要求的绿化屋顶设计标准，因此径流系数取值较规范取值高，结合场地降雨特征和绿化屋顶做法，径流系数取为0.55。

注2：水面的径流系数取为1.00，有控制能力的水面另计，场地有控制能力的水面为景观水体，位于10号汇水分区，现有水池径流控制量为59.40m³。

注3：半透水路面：面层为透水砖和石板拼接做法，垫层为混凝土，且年久堵塞严重，其径流系数取为0.55。

根据总体设计方案将海绵设施规模按汇水分区进行统计其径流控制量，将各个汇水分区的设计径流控制量与各分区的海绵设施径流控制量进行对比（图2-96）。受分区用地类型和现状条件限制，分区1、2、3、5、6、8、9七个分区海绵设施径流控制量不能满足控制要求，但项目区整体能够达到需求。因此需要分区之间整体协调，通过植草沟、排水沟等设施传输在相邻分区消纳，实现项目区的整体协调，最终达到项目区内75%的径流总量控制率和65%的SS削减率要求，见表2-26，其中植草沟不计入径流控制量。

市建设局、总工会达标水文计算表 **表2-26**

汇水分区	绿化屋顶		生物滞留池		雨水花园		下沉式绿地		设施合计	设计径流控制量m^3	调蓄盈亏 $m^{3*注3}$
	规模m^2	径流控制量 $m^{3*注1}$	规模m^2	径流控制量 $m^{3*注2}$	规模m^2	径流控制量 $m^{3*注2}$	规模m^2	径流控制量 $m^{3*注2}$	径流控制量 m^3		
1	0.00	0.00	0.00	0.00	0.00	0.00	0.00	0.00	0.00	5.26	5.26
2	192.36	3.85	0.00	0.00	0.00	0.00	0.00	0.00	3.85	13.47	9.62
3	0.00	0.00	0.00	0.00	0.00	0.00	7.00	0.35	0.35	14.01	13.66
4	0.00	0.00	215.67	32.35	0.00	0.00	344.29	17.21	49.57	10.89	-38.68
5	117.41	2.35	0.00	0.00	14.00	0.70	0.00	0.00	3.05	11.72	8.67
6	0.00	0.00	0.00	0.00	0.00	0.00	52.40	2.62	2.62	13.68	11.06
7	0.00	0.00	116.13	17.42	0.00	0.00	307.01	15.35	32.77	12.57	-20.20
8	0.00	0.00	0.00	0.00	0.00	0.00	0.00	0.00	0.00	18.82	18.82
9	0.00	0.00	0.00	0.00	0.00	0.00	0.00	0.00	0.00	2.59	2.59
10	0.00	0.00	0.00	0.00	0.00	0.00	0.00	0.00	59.40（水池）	44.74	-14.66
合计	309.77	6.20	331.80	49.77	14.00	0.70	710.70	35.54	151.60	147.75	-3.85

注1：绿色屋顶径流控制量按照容积法计算：V=10Hφ*F*，*V*—设计径流控制量，m^3；H—设计降雨量，mm；φ—综合雨量径流系数。

注2：生物滞留池、雨水花园、下沉式绿地按照渗透型主要功能的设施进行计算：*Vs=V-Wp*，*V*—设施的有效径流控制量，m^3；*V*—设施进水量，m^3，按照容积法计算；*Wp*—渗透量，m^3，*Wp=K J As Ts*，*K*为土壤渗透系数，m/s，*J*为水力坡度，取1，As为有效渗透面积，m^2，*Ts*为渗透时间，取2h。

注3：调蓄盈亏=设计径流控制量-设施合计径流控制量，其中正值为超过自身径流控制量的水量，负值为尚富余的径流控制量。

方案改造增加了大量透水铺装后，各汇水分区的径流量减少，之后产生的径流水量在绿地中的海绵设施中进行调蓄，其径流控制量为151.60m^3，用式2-2反算得到设计降雨量22.9mm，相当于75%径流总量控制率，根据各种设施的污染物去除效果评估其SS综合削减率为71%，计算过程见表2-27。

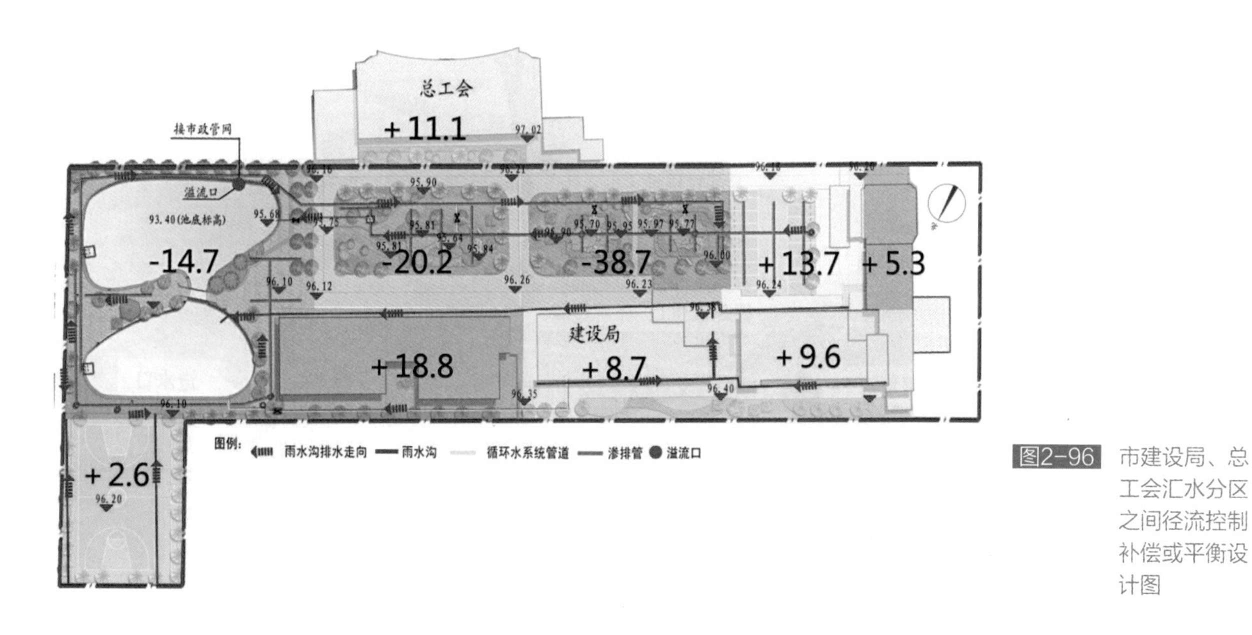

图2-96　市建设局、总工会汇水分区之间径流控制补偿或平衡设计图

市建设局、总工会径流水文达标评估　　表2-27

设施	生物滞留池	雨水花园	下沉式绿地	透水铺装	透水混凝土整体路面	传输型植草沟	调蓄水面
规模	331.8m²	14m²	703.7m²	1218m²	1035.4m²	32.9m²	
径流控制量	49.77m³	0.7m³	35.54m³	0	0	0.00m³	59.4m³
SS削减量	90%	80%	—	85%	85%	40%	—
SS削减量	根据《海绵城市建设技术指南》各种低影响开发设施去除率计算得到SS去除率为71%						
合计	151.60m³（反算相当于22.9mm设计降雨量，即实现市建设局范围内的75%径流总量控制率），其SS削减率能达到71%以上						

（5）设施节点设计

雨水花园作为海绵设施的前置塘，配合卵石过滤措施对进入的雨水径流进行初期拦截过滤，再通过自然溢流至生物滞留池，雨水花园积水时间比生物滞留池短，植物以水旱两生的、植物根系较发达的鸢尾为主。生物滞留池承接雨水花园初期净化后溢流的雨水，因积水时间比雨水花园长，植物以净化、耐涝的多种水生植物配置而成（图2-97）。

萍乡当地土壤限制渗透能力有限，生物滞留池和雨水花园等低影响开发设施的下渗能力不足，通过反复试验获取了土壤改良的有效手段，采用种植土掺5%~8%的黄砂进行回填的做法，渗透效果较好（图2-98）。

图2-97 雨水花园设施做法

图2-98 生物滞留池、透水铺装剖面示意图

5．建设效果

景观水池通过补水、活水措施，水量得到了明显保障，池内水体水质明显改善（图2-99）。池边透水铺装改造后，生态性、舒适性明显提升（图2-100）。篮球场改造后，为社区增加了一处良好的休闲健身场所，成为小区居民业余休闲最受欢迎的场所（图2-101）。生物滞留设施等海绵设施建成后，实现了小雨时雨水径流的就地消纳，社区绿化与景观品质显著提升（图2-102）。

为系统评估市建设局、总工会的海绵化改造效果，安装了2台流量计、1台浊度仪、2台液位计，建设局小区屋顶安装1台雨量计，对项目区的径流总量控制率和径流SS进行实时在线监测（图2-103）。

图2-99 景观水池改造前后对比

图2-100 透水铺装改造前后对比

图2-101 水篮球场改造前后对比

图2-102 生物滞留设施改造前后对比

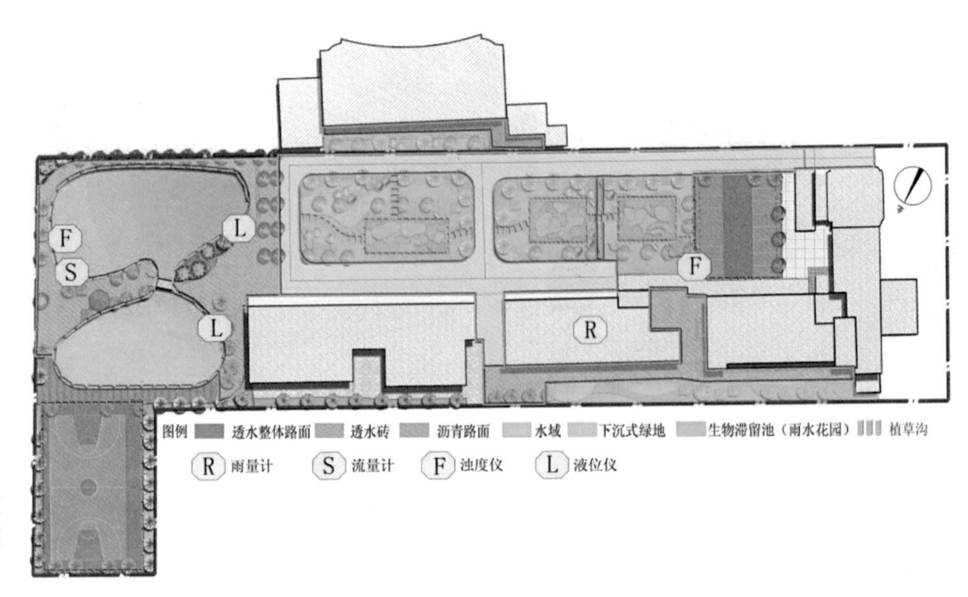

图2-103 市建设局、市总工会监测设施安装情况分布图

项目区雨水最终通过景观水池溢流口溢流至市政管网，因此在景观水池设施出水口处安装了流量计用来监测项目区径流控制过程。以7月18日降雨事件作为场降雨进行评估，根据项目区出口流量计和雨量计监测数据评估该项目年径流总量控制和径流污染SS控制效果（图2-104）。该日累积降雨量为96.8mm，经统计当累积降雨量达到26.2mm时发生了小流量溢流，对应径流总量控制率为79%。项目区出口处SS监测最高浓度为28.3mg/L，平均浓度为10.2mg/L。由于项目区实施前未有SS浓度监测数据，采用距离最近，位于朝阳南路海璐烟酒行门口（周边项目尚未启动）浊度仪数据作为改造前参考值，其平均浓度为41.0mg/L，因此评估得到项目区SS去除率达到了74.9%（图2-105）。

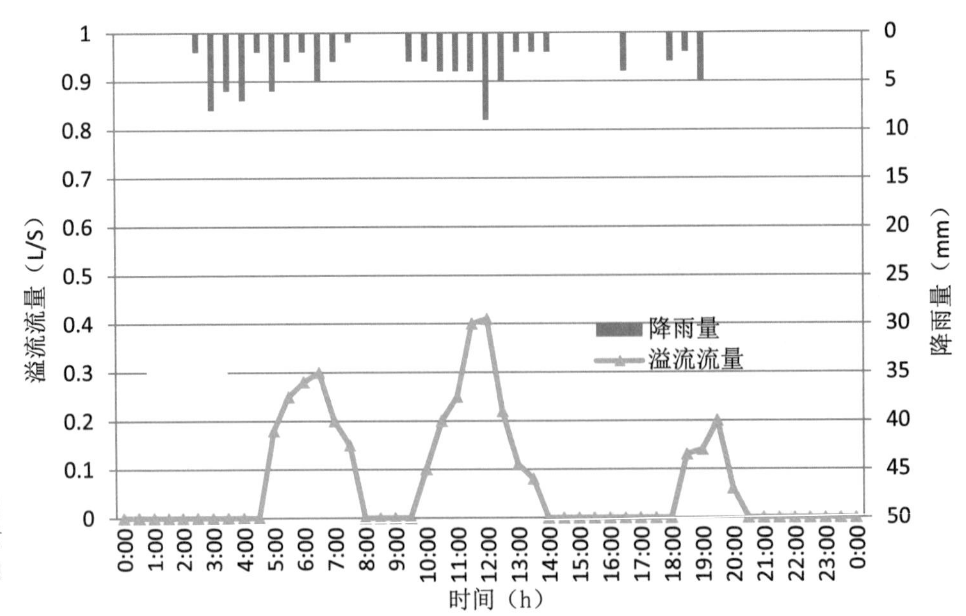

图2-104 建设局7月18日降雨时LID设施出口流量变化图

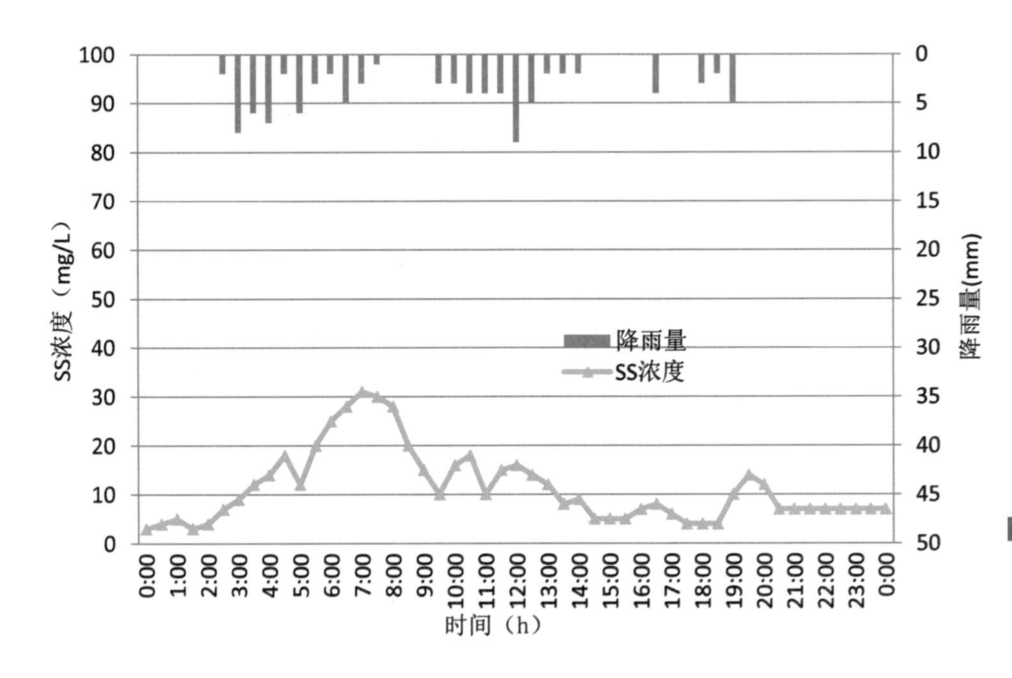

图2-105　建设局7月18日降雨时LID设施浊度仪变化图

2.5.2　萍乡市玉湖公园海绵化改造案例

1．项目基本情况

玉湖公园位于萍乡市新城区，临近市行政中心，项目规划总用地面积58.68万m^2，其中水体占地面积22.4万m^2，陆地占地面积36.28万m^2（图2–106）。项目围绕一湖清水、两条环道、三个片区（玉湖广场区、南广场区和体育休闲区）进行提升改造（图2–107）。

2．问题与需求分析

（1）片区问题

玉湖片区市政主干管网基本实现雨污分流，但部分小区仍为合流制，分流区域混接错接问题突出。经现场实际调查，发现玉湖周围存在多个排污口（图2–108）：

1）玉湖北侧为基本建成区，原本有一条*DN*1200的污水管道，但是在市民公园

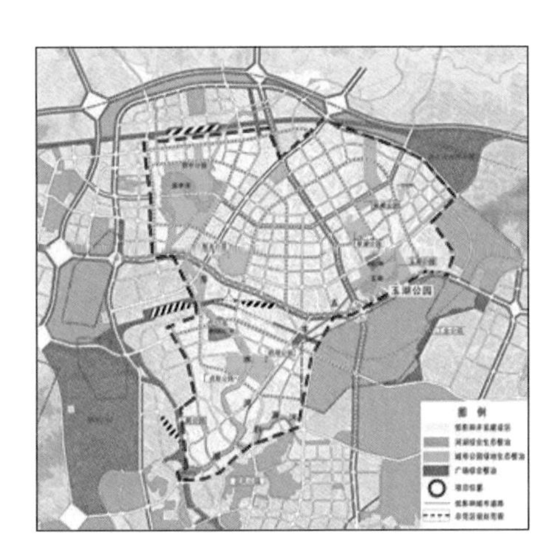

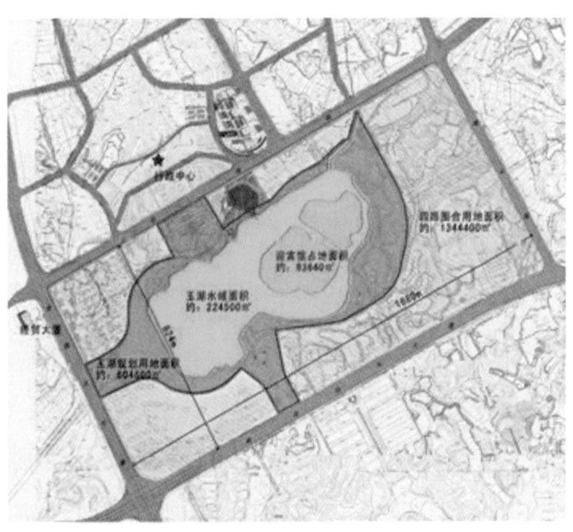

图2–106　玉湖公园项目在示范区位置图

图2–107　玉湖公园现状图

图2-108 玉湖公园主要排水问题

建设过程中，为了将该区域的雨水管道引入玉湖，施工单位“野蛮施工”，将原有的污水管道打破，将雨水直接和污水混合后直接排入玉湖。

2）武功山大道的雨水管道在钟楼广场处未经任何处理直排入湖。

3）迎宾馆原设计有污水处理站，由于维护不当，已经失去污水处理功能，生活污水未经处理直排入湖。

4）玉湖南侧的玉湖新城小区已经实行了雨污分流，但是在小区出口的五丰河起点附近直排入湖。

5）玉湖北侧的上海人家的雨水管道未经任何处理措施直接排入玉湖。

6）玉湖北侧的安源大剧院雨水管道未经任何处理措施直接排入玉湖。

（2）玉湖公园自身问题

调蓄能力不足。长期以来，受五丰河泥沙沉积和周边排污影响，玉湖淤积严重，最大淤积厚度达2m，湖泊调蓄库容比设计库容降低了20%以上。

自净能力不强。玉湖原有驳岸为硬质驳岸，湖内淤泥内源污染问题突出，周边入湖径流缺乏净化措施，湖泊自净能力不足，高温季节水质时有恶化。

景观品质不高。玉湖公园缺乏游憩休闲空间，滨水景观生硬，植物配置单一，公园的整体景观品质不佳（图2-109）。

3．设计目标

通过构建项目所在地流域的径流控制和水质控制模型，在保证流域整体控制指标的要求下，结合流域内各项目的现状进行指标分解，将指标落实到各个源头削减

图2-109　玉湖公园原状照片

工程，从而确定玉湖公园的控制目标。

根据流域数字化模型确认的源头削减工程指标分解，确定玉湖公园年径流总量控制率为75%，径流污染削减率达到60%以上。

4．海绵系统构建

（1）设计思路

针对合流制溢流污染严重问题，对现状入湖的所有合流制排水口进行改造，对北区的所有排水口进行截流制改造，截留合流制污水进入污水管道，在南区环湖道路边新建污水管道，收集南区周边及迎宾馆地块的生活污水。

针对径流污染控制率低问题，明确项目区的径流总量和径流水质控制指标。按照汇水分区核算各个分区的调蓄容积和设施规模，通过雨水转输设施（植草沟、排水管等）实现相邻汇水分区间的雨水转输调配。

通过采用海绵设施与管网改造相结合的技术措施，共同组成了完整的工程技术体系，全面改善提升项目区水安全、水环境、水生态状况。

（2）设计降雨

玉湖公园径流总量控制率为75%。使用萍乡市气象局提供的连续30年逐日降雨数据绘制萍乡市径流总量控制率—设计雨量曲线，通过该曲线可知项目区径流总量控制75%对应的设计降雨量为22.8mm（图2–110）。

5．总体方案设计

（1）排水分区

按照竖向和排水组织关系，玉湖公园共划分为五个排水分区（图2–111）。

（2）设施选择与技术流程

玉湖公园所在流域为萍水河支流五丰河，当五丰河流域遭遇20年一遇标准洪水情况下，通过玉湖调节，使五丰河下游河道两岸的房屋、工厂、道路等不受洪水灾害，玉湖调蓄库容为50万m^3，泄洪渠的出口下泄流量为27.5m^3/s，确保五丰河下游汛期不漫堤。

针对径流污染控制率低问题，选择设置下沉绿地、生物滞留池、透水铺装等设施，对地面径流进行有效控制和净化，净化后的雨水直排入湖（图2–112）。将整个改造区域划分为五个汇水分区，按照汇水分区核算各个分区的调蓄容积和设施规模，根据项目区场地现状确定海绵设施与径流组织设计方案。项目区海绵设施与径流组织设计方案如下：通过海绵设施的设计实现雨水的调蓄、净化，使项目区22.8mm降雨滞留在项目区内，径流污染削减率60%以上。最后将净化的雨水作为活水资源，集蓄至玉湖，使玉湖水质达到准Ⅲ类水质。经计算，项目区共需调蓄容积2230.38m^3。

（3）设施布局

项目总体海绵设置布置如图2–113所示，包含以下6方面内容：

1）新增三处碎石坝：在东北部玉湖入水口处新增三处碎石坝，作用是为了围合出一部分浅水区域对现状入湖的合流制污水进行生物净化，种植水生植物鸢尾、芦苇、菖蒲等。

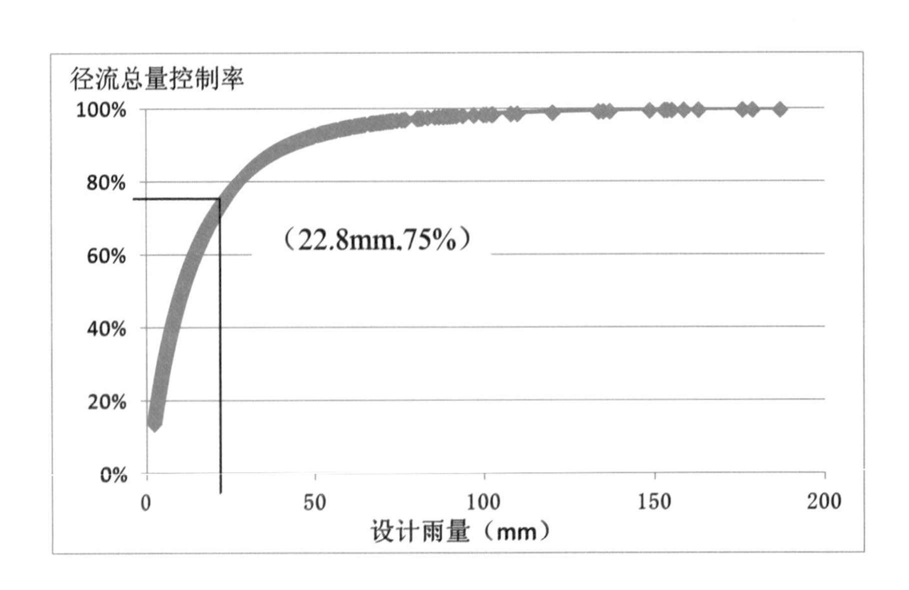

图2–110 萍乡市“径流总量控制率–设计雨量”曲线

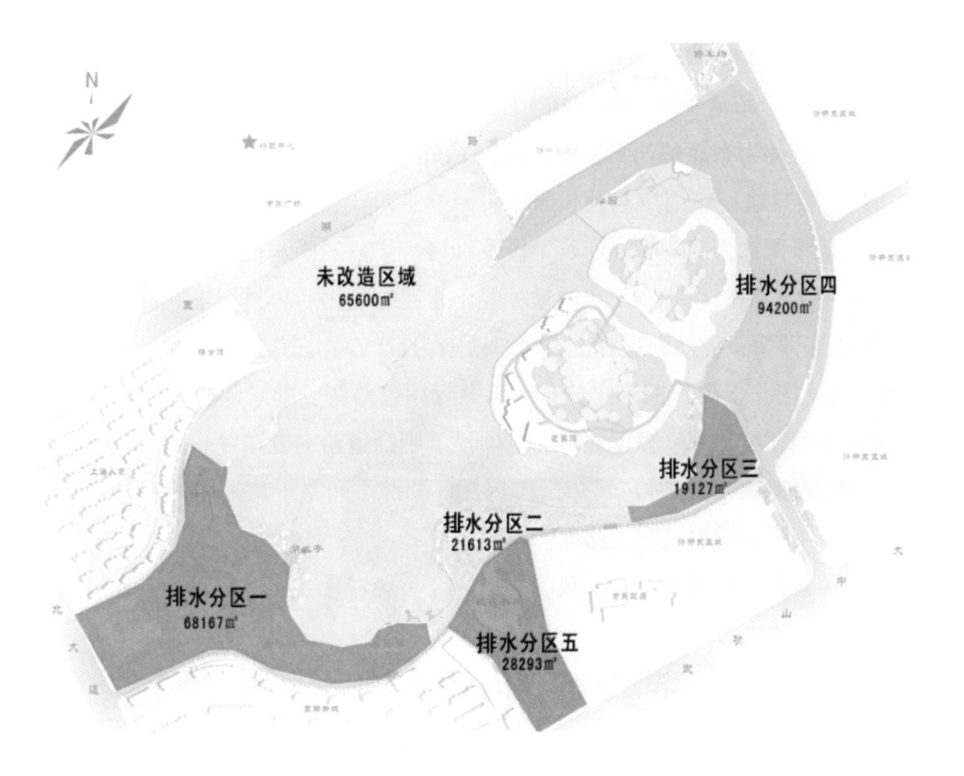

图2-111　玉湖公园排水分区图

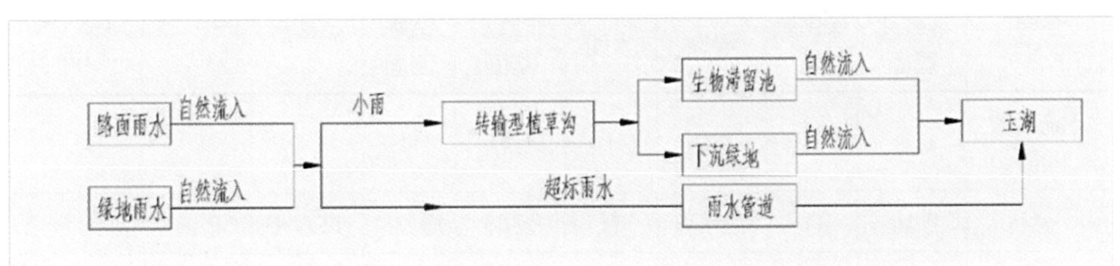

图2-112　玉湖公园设施选择和设计流程图

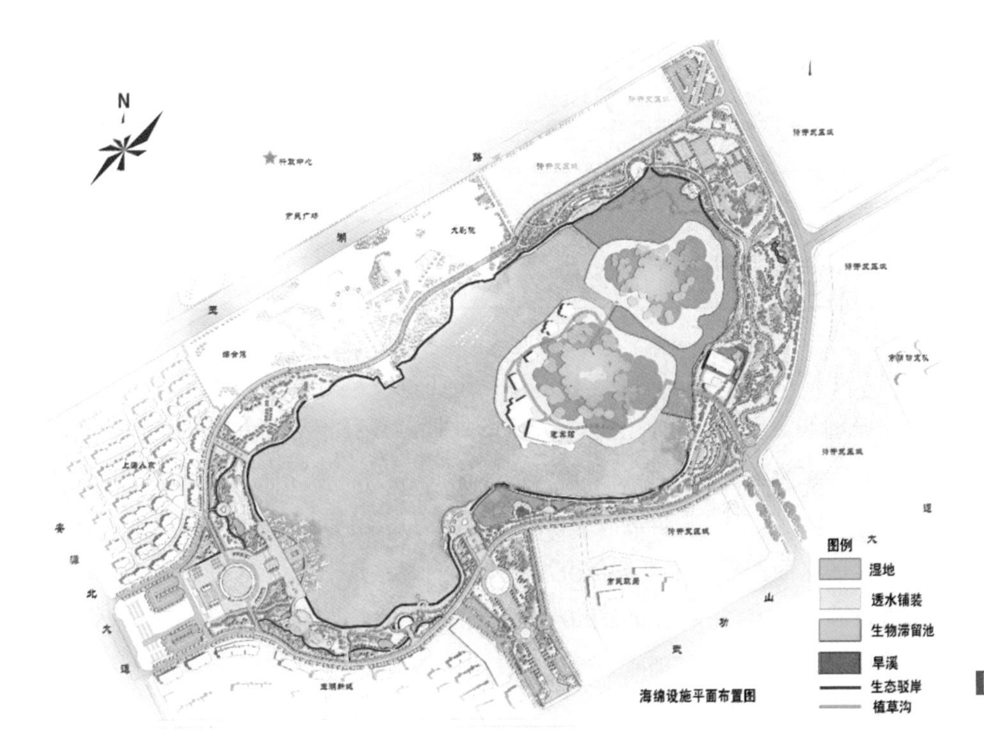

图2-113　总体海绵设施布置图

2）生物滞留池：将上海人家靠玉湖侧的绿地改造成缓冲草带，并在平缓区域建设三块生态滞留池，平均水深按0.1m计算。在玉湖新城靠玉湖侧的绿地内平缓区，设置了三处生态滞留池，平均水深按0.1m计算

3）雨水湿地：在南广场前设置了一块人工湿地，面积约5000m^2，平均水深0.5m，调蓄容积约为2500m^3。迎宾馆段及钟楼广场段的雨水通过雨水检查井内设置的初期雨水截污措施后排至雨水湿地，经雨水湿地处理后再排至玉湖。

4）生态驳岸：将环湖现有毛石驳岸改造为自然式生态驳岸。

5）植草沟、旱溪：植草沟分布于玉湖环湖道路两侧的绿地边缘，以转输型草沟为主，草沟宽度与深度根据地形而定。旱溪则沿道路一侧布置。

6）透水铺装：在火神广场、南广场及环湖的小园路上均采用透水铺装。环湖自行车道采用彩色透水混凝土路面。

（4）调蓄容积试算与达标评估

玉湖公园各汇水分区调蓄容积计算　　表2-28

分区	用地类型（m^2）						综合径流系数	汇水分区面积（m^2）	设计径流控制量（m^3）
	非绿化屋面	绿化屋顶	绿地	水面	非透水路面	透水路面			
径流系数取值	0.8	0.55	0.2	1	0.8	0.3			
A	644	0	43990	0	3742	19791	0.2676	68167	415.965
B	291	0	10649	3593	3405	3675	0.4526	21613	223.032
C	0	0	13716	1262	2940	1209	0.3513	19127	153.214
D	2230	217	57081	25238	8651	26021	0.4461	119438	1214.890
E	0	0	14976	415	5024	7878	0.3461	28293	223.276
不改造区域								65600	
合计	3165	217	140412	5270	23762	58574		322238	2230.377

根据总体设计方案将海绵设施规模按汇水分区进行统计，计算每个汇水分区海绵设施的调蓄容积，将各个汇水分区的设计调蓄容积与各分区的海绵设施调蓄容积进行对比。受分区用地类型和现状条件限制，A、E分区内海绵设施调蓄容积满足要求。B、C、D三个分区海绵设施调蓄能力不能满足调蓄要求，考虑该三区内均有一定的水面面积，不足部分由水面进行调蓄，其中B、C区按照水面面积0.1m水深进行调蓄，D区按照水面面积0.05m水深进行调蓄。最终达到项目区内75%的径流总量控制率和60%的SS削减率要求，其中透水铺装、植草沟不计入调蓄容积（表2-28~表2-30）。

玉湖公园达标水文计算表　　表2-29

分区	下沉式绿地		生物滞留池		水面		设施合计	设计径流控制量（m³）	调蓄盈亏（m³）
	规模（m²）	径流控制量（m³）	规模（m²）	径流控制量（m³）	规模（m²）	径流控制量（m³）	径流控制量（m³）		
A	4860	486	904	90.4	0	0	576.4	415	160
B	680	68	0	0	3593	359.3	427.3	223	204
C	320	32	0	0	1262	126.2	158.2	1534	4
D	3366	336.6	0	0	25238	1261.9	1598.5	1214	383
E	3280	328	356	35.6	415	41.5	405.1	223	181

注：1. 生物滞留池平均水深按照0.10米计算。

2. 下沉式绿地平均水深按照0.10米计算。

3. B、C、D汇水分区设施调蓄容积不足，分区内的水面考虑0.1m的调蓄深度。

4. 调蓄盈亏=设施合计径流控制量-设计径流控制量。其中正值表示本区能满足要求，负值表示本区不能满足要求，需要增加调蓄措施。

玉湖公园径流水文达标评估　　表2-30

设施	生物滞留池	雨水湿地	下沉式绿地	透水铺装	生态驳岸	植草沟
规模	1260m²	27500m²	12506m²	58574m²	2900m	2735m
调蓄容积	126m³	2750m³	1251m³	0	0	0
SS削减量	80%	80%	—	80%	0	0

6. 设施节点设计

南广场上游的雨水借台地型地势高差，顺势而下，经过转输型植草沟将收集的雨水排入生物滞留池进行初次净化，再通过渗排管，将雨水排入雨水湿地进行二次净化，最终将干净的雨水排入玉湖（图2-114~图2-115）。

（1）生物滞留池作为海绵设施的前置塘，将下沉绿地的雨水进行收集，积水时间较长，植物以净化能力强、耐涝的多种水生植物配置而成，其中以根系较发达的鸢尾为主。生物滞留池承接下沉式绿地初期净化后溢流的雨水（图2-116）。

项目当地土壤渗透能力有限，生物滞留池和雨水花园等低影响开发设施的下渗能力不足，通过反复试验获取了土壤改良的有效手段，采用种植土掺5%~8%的黄砂进行回填的做法，改良后渗透效果较好。

（2）雨水湿地的水生植物如芦苇、再力花、花叶芦竹等植物对雨水具有净化的作用，人工湿地的雨水净化后再排入玉湖。将原有挡墙驳岸改造成生态驳岸，并在驳岸上种植水生植物，增强景观效果（图2-117）。

（3）透水铺装能使雨水快速下渗，补充地下水，保持土壤湿润，维护地下水和保证水生态平衡，对路面具有削峰减排的作用，从根本上改变了自然土壤和下垫层的天然可渗透性（图2-118）。

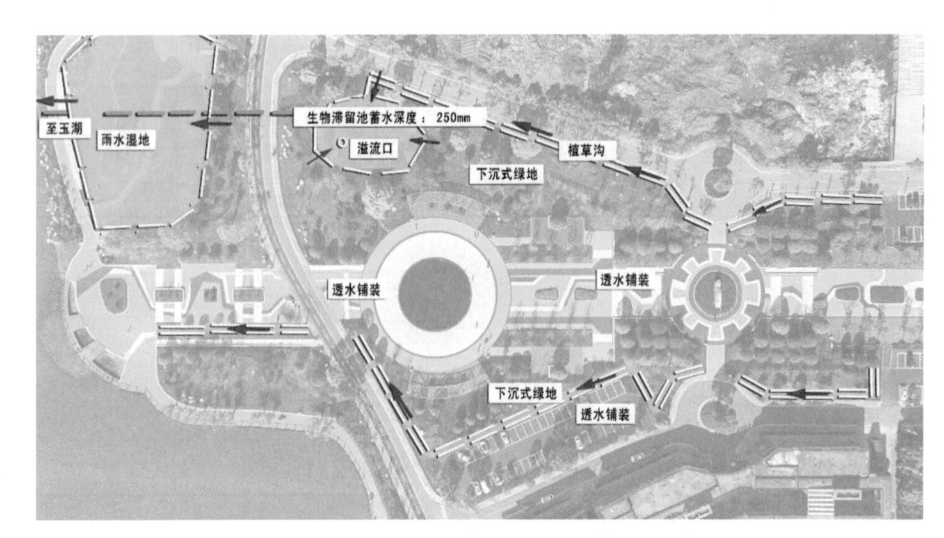

图2-114 广场海绵设施做法

图2-115 广场海绵设施流程图

图2-116 生物滞留池设施做法

图2-117　雨水湿地、透水混凝土路面、生态驳岸剖面示意图

图2-118　透水混凝土路面剖面示意图

7. 建设效果

生态湿地将区域内的雨水统一进行净化后排入工湖，使玉湖内的水量得到了有效补充，使玉湖原来的一湖死水变成了一湖清水，水体水质明显改善，达到Ⅲ类水标准。湖边生态驳岸多种样式的设置，生态性、安全性、景观性明显增强。环湖透水铺装游步道改造后，生态性、舒适性明显提升。透水铺装广场，为居民提供了舒适的活动场所。海绵化改造使玉湖公园面貌焕然一新（图2-119~图2-122）。

图2-119 透水铺装改造前后对比

图2-120 生态驳岸改造前后对比

图2-121 湿地改造前后对比

图2-122　改造后项目区全景照片

2.5.3 萍乡市御景园海绵化改造案例

1．项目基本情况

御景园位于萍乡市老城区，面积31541m^2，其中建筑占地面积10468m^2，现状绿化面积9711m^2，绿化率为30.79%。小区布局合理，建筑密度适中，易于改造（图2-123~图2-124）。

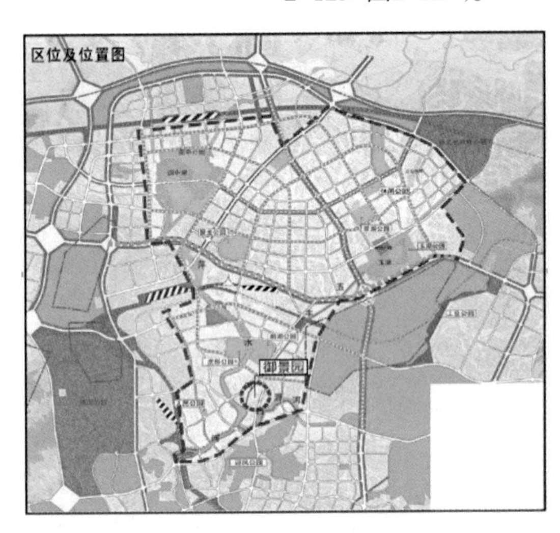

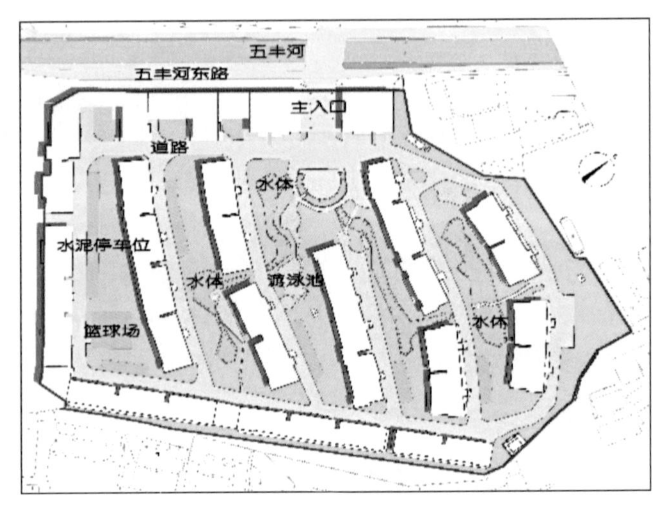

图2-123 御景园项目在示范区位置图（左）

图2-124 御景园现状平面图（右）

2．现状问题分析

萍乡市作为典型的老矿工城市，早期 的开发建设属于高速无序模式，随着经济发展，城市转型的压力越来越大。老城区改造是本次海绵城市建设的难点，老城区建筑小区改造更是难中之难。御景园小区是万龙湾内涝区范围内的典型小区改造类项目，面临着老城区建筑小区改造共同的难点。

（1）原有道路破损严重，路面坑坑洼洼，下雨时易出现积水问题，影响居民的正常出行。

（2）小区内原有多处水景，水体不流动，常年无人维护、管理，导致景观水体水质差，水边杂草丛生，影响居民生活品质。

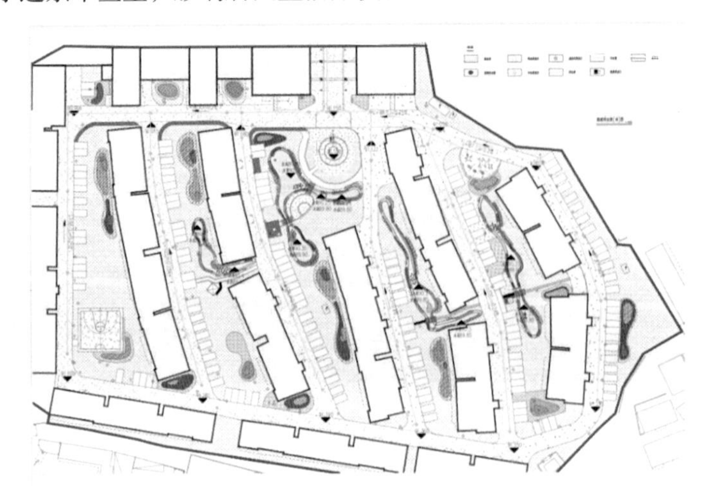

图2-125 现状合流制管网图

图2-126 御景园原状照片

（3）原有管道为雨污合流制管道，管道破损严重，污水通过管道裂缝下渗到土壤，污染地下水，对于五丰河水质存在不利影响（图2-125）。

（4）原有绿地植被基本上为大乔木，绿化率较高，但是植被杂乱，杂草丛生，黄土裸露部分多，造成小区景观品质不佳（图2-126）。

3．设计思路

本次海绵化改造思路为：结合场地条件，因地制宜布置海绵设施，净化并循环利用雨水，减少径流外排，提升小区景观品质，改善居民生活环境。

（1）小区主干道破损严重，通过海绵化改造，设计成透水混凝土道路，提升小区整体路面效果；合理增加停车位，解决小区车辆乱停乱放现象。

（2）连通现有的景观水体，增设循环水泵，使整个小区的水“活起来”，利用雨水作为补充水源，改善小区景观水质。

（3）对小区进行海绵化改造，将绿地设计成具有一定蓄水能力的下沉式绿地或生物滞留池；屋面雨水进行断接处理，断接的雨水通过植草沟转输后进入下沉式绿地或生物滞留池中进行调蓄净化，超标雨水溢流排放至小区雨水管网。

（4）对原有雨污合流制管道进行改造，保留原有合流管道作为污水管道，小区新建一套雨水管网，收集和排放场地雨水，实现雨污分流。

（5）在雨水排水管道的末端设置雨水调蓄池对雨水进行收集，收集的雨水进行回用，用于小区绿化浇洒和道路冲洗。

4．建设目标及设计原则

（1）建设目标

通过构建项目所在万龙湾区域的径流控制和水质控制模型，在区域整体控制指标的要求下，结合区域内各项目的现状进行指标分解，落实到各个源头削减工程，从而使御景园达到本次设计的控制目标。

根据对御景园小区海绵化改造下达的控制指标要求，确定御景园年径流总量控制率为75%，径流污染削减率达到60%以上。

（2）设计原则

1）遵循因地制宜的原则，充分结合现有场地条件进行海绵化改造。

2）以问题为导向，遵循场地现状，避免大拆大建。

5．总体方案设计

（1）设计降雨

御景园年径流总量控制率目标为75%。使用萍乡市气象局提供的连续30年逐日降雨数据绘制萍乡市径流总量控制率—设计雨量曲线，项目区年径流总量控制率75%对应的设计降雨量为22.8mm（图2-127）。

（2）竖向设计与排水分区

御景园整体地势较平坦，南高北低，东高西低。按照竖向和排水组织关系共划分为6个排水分区（图2-128）。

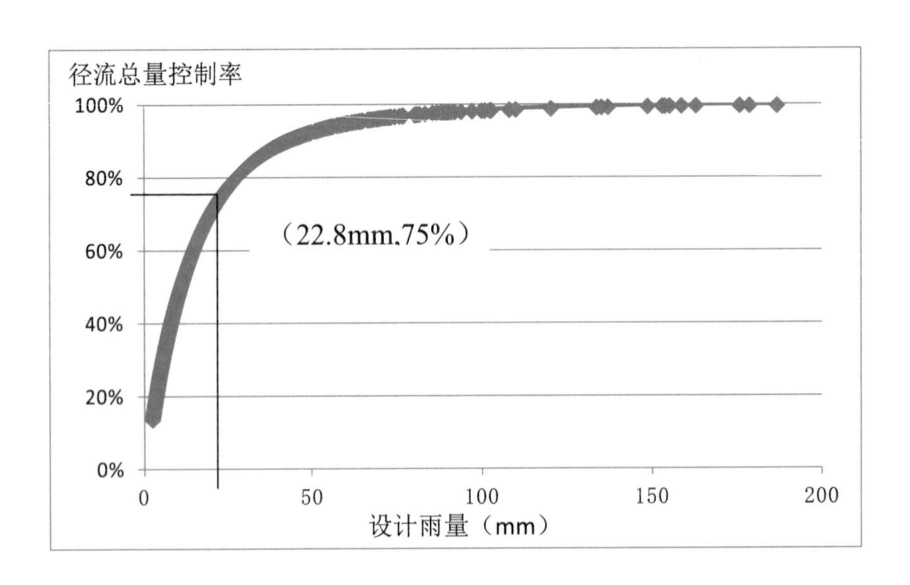

图2-127 萍乡市“径流总量控制率-设计雨量”曲线

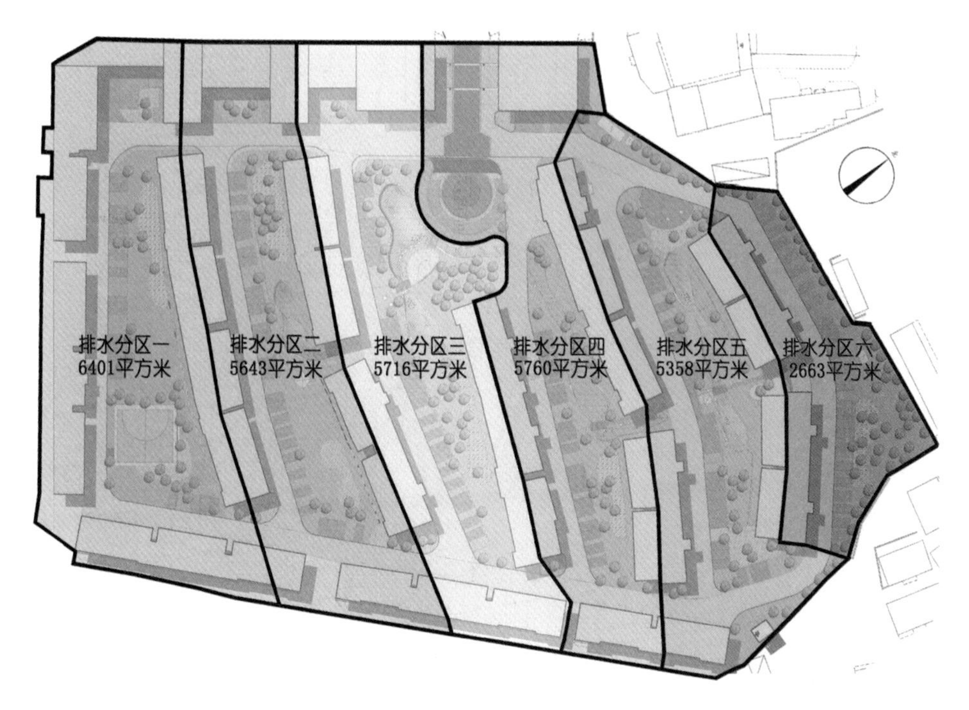

图2-128 御景园排水分区图

（3）场地径流组织

对小区进行雨污分流改造，新建一套雨水系统，原合流制管线改为污水管线；屋面雨水通过断接进入下沉绿地和生物滞留池或通过植草沟转输进入景观水池，路面及绿地雨水通过散排进入下沉绿地和生物滞留池，超标雨水溢流进入小区雨水管网，在雨水排放口处设置雨水回用水池收集雨水，用于绿化浇洒及道路冲洗（图2-129~图130）。

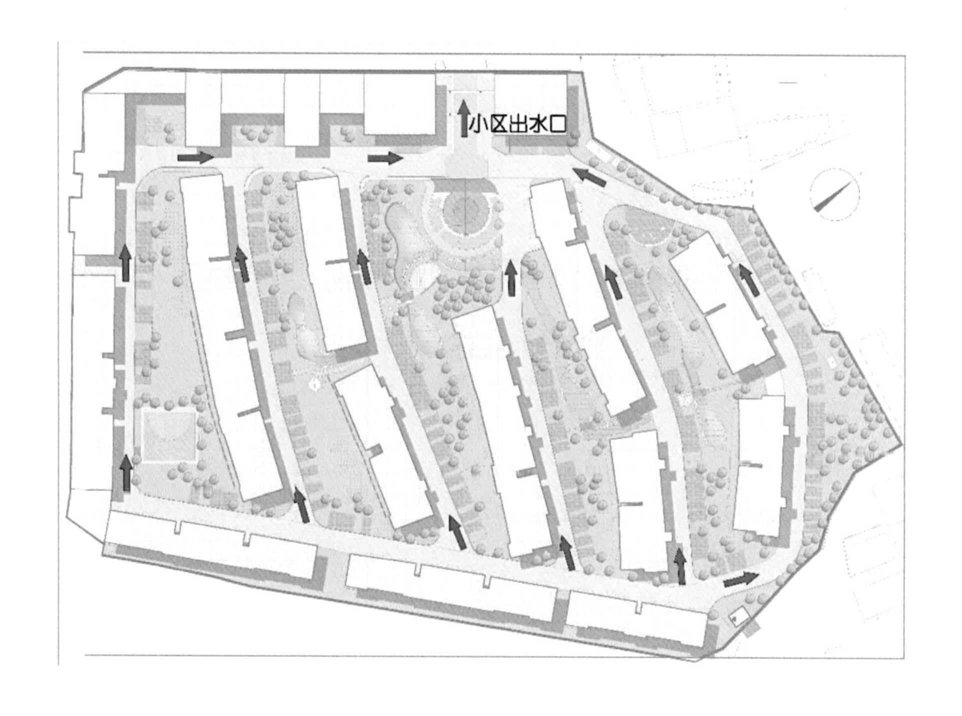

图2-129 御景园径流组织图

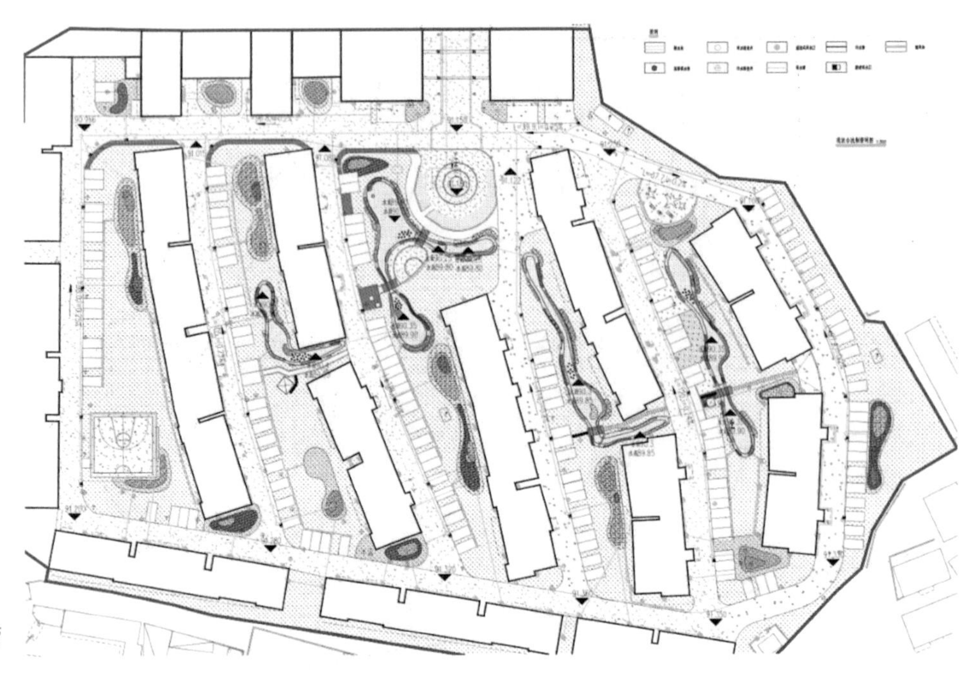

图2-130 新建雨水管网图

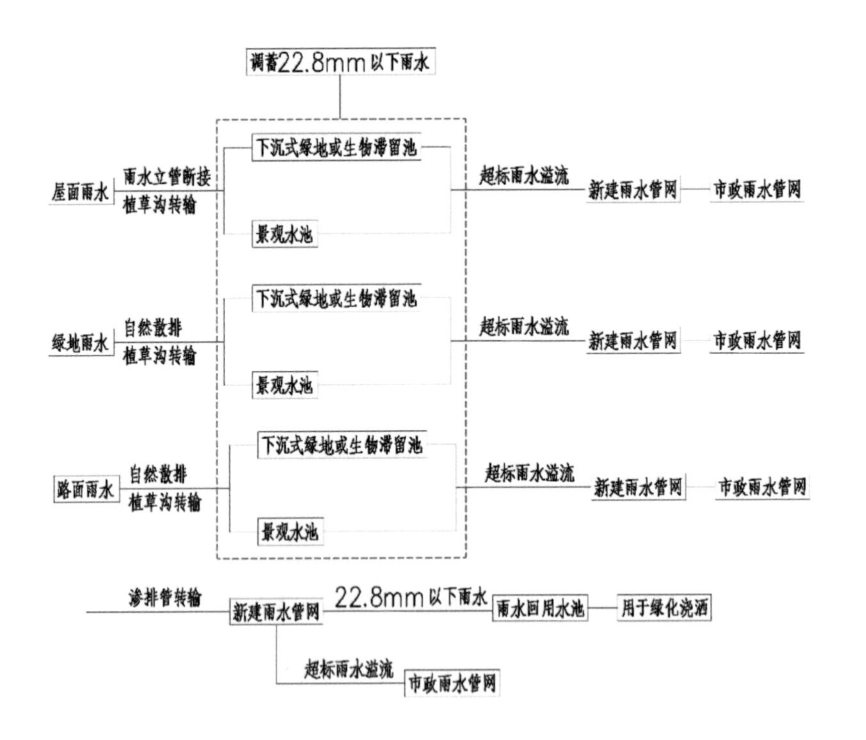

图2-131 御景园设施选择和设计流程图

（4）设施布局

将硬化、破损的铺装改造为透水、舒适、生态的透水铺装，并将建筑物雨水断接进入下沉式绿地或生物滞留池，将绿地及景观水池改造成具有一定净化、调蓄功能的海绵设施，将收集的雨水进行回收利用，用于场地内绿化浇洒和景观水体补水（图2-131~图2-132）。

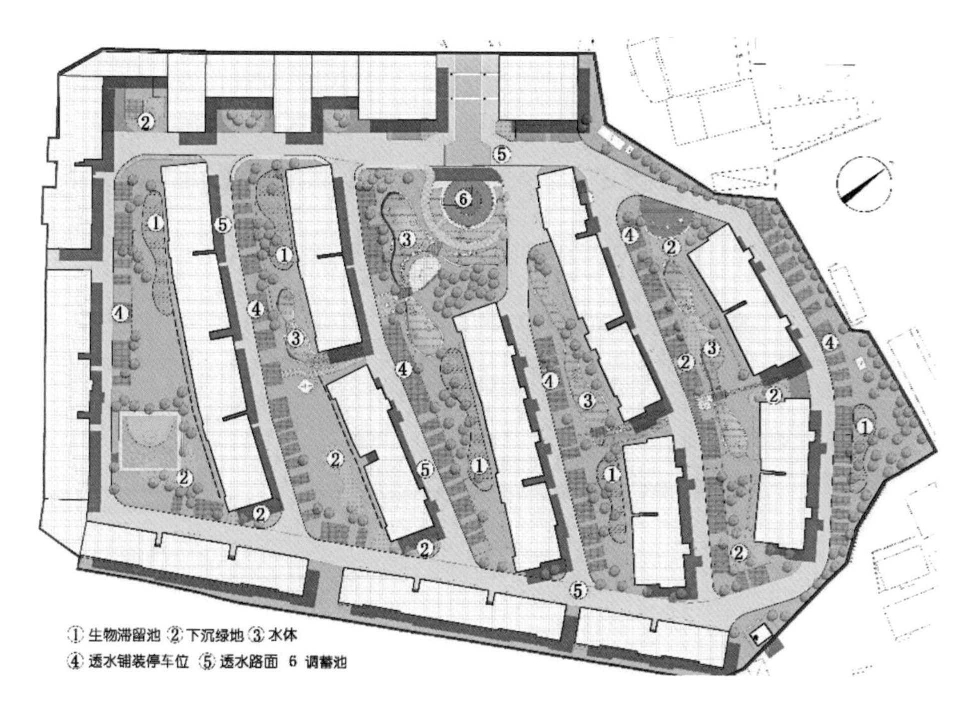

图2-132 海绵设施布置图

（5）设计调蓄容积计算

综合雨量径流系数= ∑（屋顶×屋顶雨量径流系数+绿地×绿地雨量径流系数+水面×水面雨量径流系数+路面×路面雨量径流系数）/汇水面积 （2-3）

设计调蓄水量=∑汇水面积×综合雨量径流系数×设计降雨量/1000 （2-4）

按照式2-3、式2-4计算6个排水分区综合雨量径流系数和所需调蓄容积（表2-31）。

御景园各排水分区调蓄容积计算 表2-31

分区	用地类型（m²）						综合雨量径流系数	排水分区面积（m²）	水面调蓄水量（m³）	需要调蓄容积（m³）
	非绿化屋面	绿化屋顶	绿地	水面	非透水路面	半透水路面				
径流系数取值	0.80	0.55	0.15	1.00*注1	0.80	0.35				
1	2873	0.00	1789	0	283	1456	0.5046	6401	0	73.64
2	2002	0.00	1921	125	0	1595	0.4418	5643	12.5	56.85
3	1881	0.00	1717	258	0	1860	0.4511	5716	25.8	58.79
4	1815	0.00	1261	359	0	2325	0.4683	5760	35.9	61.51
5	1336	0.00	1976	220	0	1826	0.3981	5358	22	48.63
6	561	0.00	1047	0	0	1055	0.3464	2663	0	21.03
合计	10468	0.00	9711	962	283	10117	0.4456	31541	96.2	320.44

注1：水面的径流系数取为1.00，有调蓄容积的水面另计，场地有调蓄容积的水面为景观水体，本工程景观水体有效调蓄深度为100mm。

根据总体设计方案将海绵设施规模按排水分区进行统计，计算调蓄容积，将各个排水分区所需调蓄容积与各分区的海绵设施调蓄规模进行对比。受分区用地类型和现状条件限制，分区1、2、4、5、6海绵设施调蓄能力不能满足调蓄要求，本工程在场地雨水管道的末端设置了一个有效容积为48m^{3}的回用水池，用于调蓄和回用雨水（表2-32）。

御景园达标水文计算表 表2-32

汇水分区	下沉式绿地		生物滞留池		水面	调蓄池	设施合计	需要调蓄容积m^3	调蓄盈亏m^{3注3}
	规模m^2	调蓄容积m^{3注1}	规模m^2	调蓄容积m^{3注2}	调蓄容积m^3	调蓄容积m^3	调蓄容积m^3		
1	174	17.4	149	22.35	0	33.89	73.64	73.64	0
2	203	20.3	156	23.4	12.5	0.65	56.85	56.85	0
3	128	12.8	182	27.3	25.8	0	65.9	58.79	-7.11
4	54	5.4	104	15.6	35.9	4.61	61.51	61.51	0
5	230	23	0	0	22	3.63	48.63	48.63	0
6	0	0	108	16.2	0	4.83	21.03	21.03	0
合计	789	78.9	699	104.85	96.2	47.61	327.56	320.44	-7.12

*注1：下沉式绿地下沉150mm，有效调蓄深度为100mm；
*注2：生物滞留池下沉200mm，有效调蓄深度为150mm；
*注3：调蓄盈亏=需要调蓄容积-设施合计调蓄容积，其中正值为超过自身调蓄容积的水量，负值为尚富余的调蓄容积。

方案改造增加了大量透水铺装后，各汇水分区的径流量减少，之后产生的径流水量在绿地中的海绵设施、景观水池、调蓄池中进行调蓄，其调蓄容积为327.56m^3，用式2-4反算得到设计降雨量23.06mm，对应年径流总量控制率75.51%，根据各种设施的污染物去除效果评估其SS综合削减率为60.408%（表2-33）。

御景园径流水文达标评估 表2-33

设施	生物滞留池	下沉式绿地	调蓄池	透水混凝土整体路面	传输型植草沟	调蓄水面
规模	699m^2	789m^2	47.61m^3	10177m^2	300m	962m^2
调蓄容积	104.85m^3	78.9m^3	47.61m^3	0	0	96.2m^3
SS削减量	90%	—	85%	85%	40%	—
SS削减量	根据《海绵城市建设技术指南》各种海绵设施的去除率计算得到SS去除率为60.408%					
合计	327.56m^3（反算相当于23.06mm设计降雨量，即实现御景园范围内的75%径流总量控制率），其SS削减率能达到60%以上					

6．设施节点设计

小区雨水经过各部分表层设施及基层设施传导，构成一个循环利用的体系。下沉绿地、生物滞留池作为海绵设施的前置处理措施，配合卵石过滤措施对进入的雨水径流进行初期拦截过滤，再自然溢流至景观水池。下沉绿地内种植的植物以水旱两生的、植物根系较发达的芦竹为主。生物滞留池承接下沉绿地初期净化后溢流的雨水，因积水时间比雨水花园长，植物以净化、耐涝的多种水生植物搭配而成。萍乡当地土壤渗透性差，采用种植土掺5%~8%的黄砂进行回填的做法，改善渗透效果（图2–133~图2–134）。

图2–133　生物滞留池做法

图2–134　生物滞留池、透水铺装剖面示意图

7. 建设效果

本项目以较少的投入，达到了良好的改造效果，得到居民及外界的普遍认可。项目实施后极大提升了小区居民的归属感，为其他老旧小区的海绵改造提供了可供借鉴的样板。

御景园是萍乡市老城区的老小区，是典型的源头消减工程，通过采取雨水立管断接措施，将屋面雨水通过新建的雨水通道引入生物滞留池进行净化，净化后的雨水进入景观水体。通过新建雨水通道的方式，收集排放整个项目的雨水，原有的合流制管道过渡为污水管道，使整个项目改造后由原来的雨污合流制变成了雨污分流制。通过小区内设置的雨水花园、生物滞留池、下沉式绿地等海绵设施的净化作用，控制了面源污染。

景观水池通过补水、活水措施，水量得到了明显保障，池内水体水质明显改善，水池周边环境得到极大改善，实现了雨水的循环再利用；透水混凝土道路及透水园路改造后，居民出行的舒适性明显提升；设置了更多的生态停车位，满足居民的停车要求；绿地中保留原有高大的乔木，绿化营造出令人心旷神怡的环境，整体效果更为开敞明亮赏心悦目；设计中增加了一些小的邻里互动空间，使居民关系更加和谐融洽。整个项目的改造给小区居民创造了一个优雅宜人的环境，受到小区居民的高度称赞（图2-135~图2-136）。

图2-135 改造前后对比

图2-136 改造后现场照片

为评估御景园海绵化改造效果，安装了1台流量计、1台浊度仪、1台液位计。项目区雨水最终通过项目西北侧的排水管道溢流至市政管网，因此在项目出水口处安装了流量计用来监测项目区径流控制过程。2018年7月11日夜间至12日白天，台风“玛利亚”登陆萍乡，形成局部大暴雨，过程雨量50~80mm，局部雨量100~180mm。以7月12日降雨事件作为场降雨进行评估，根据项目区出口流量计和雨量计监测数据评估该项目年径流总量控制率和径流污染削减率（图2-137~图2-140）。该日累积降雨量为46.4mm，经统计当累积降雨量达到20.9mm时发生了小流量溢流，对应径流总量控制率为72.6%。项目区出口处SS监测最高浓度为54.8mg/L，平均浓度为15.874mg/L。评估得到项目区SS去除率达到了50.21%。

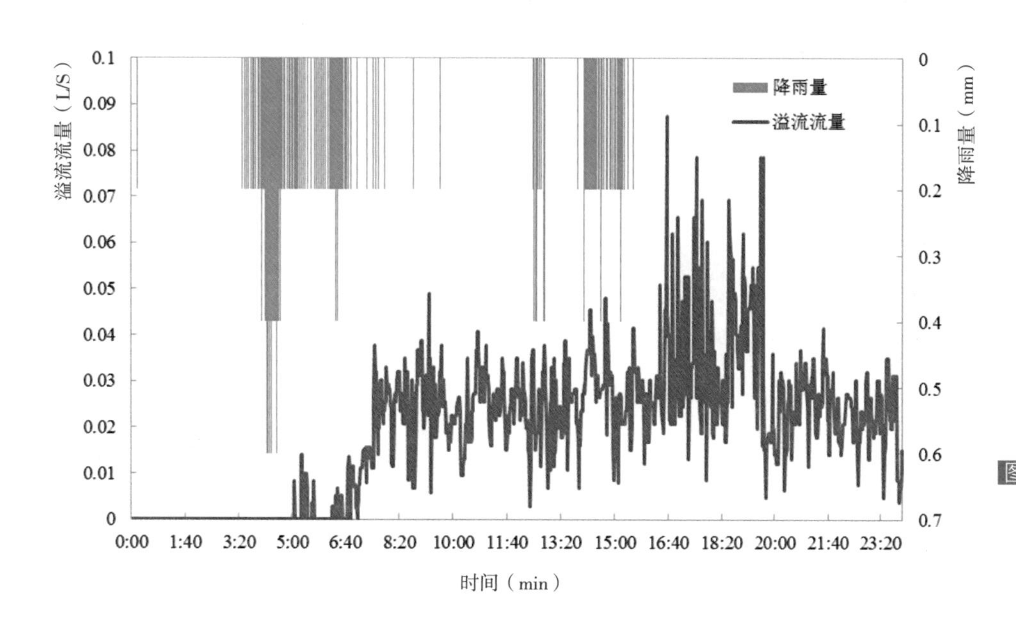

图2-137 御景园7月12日降雨时LID设施出口流量变化图（以分钟计）

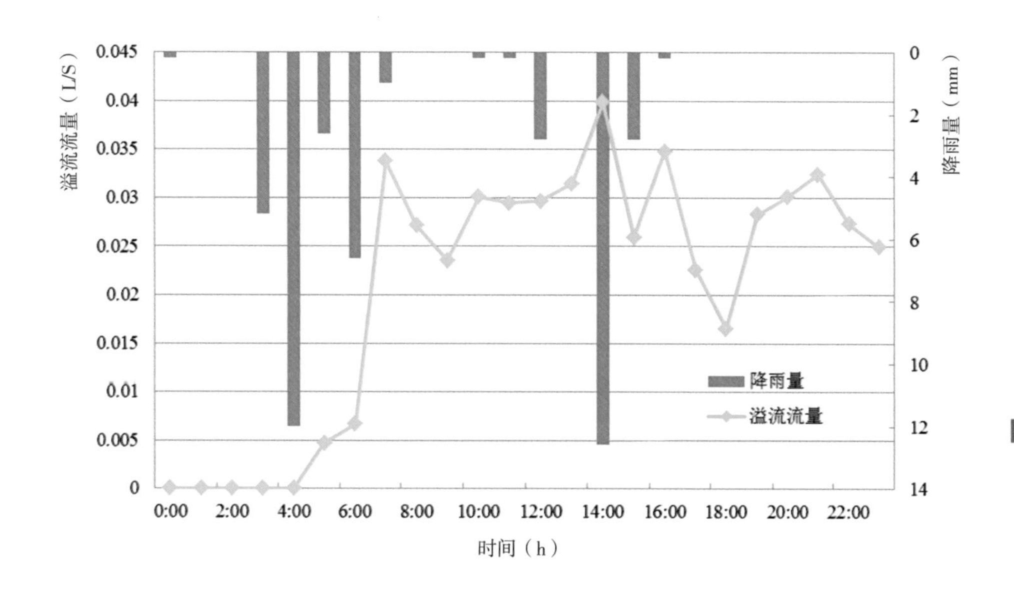

图2-138 御景园7月12日降雨时LID设施出口流量变化图（以小时计）

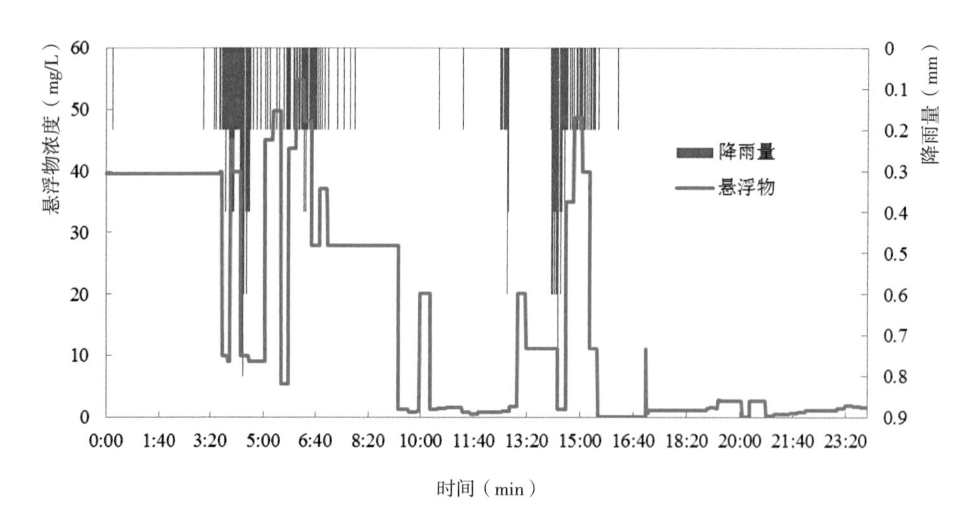

图2-139 御景园7月12日降雨时LID设施浊度仪变化图（以分钟计）

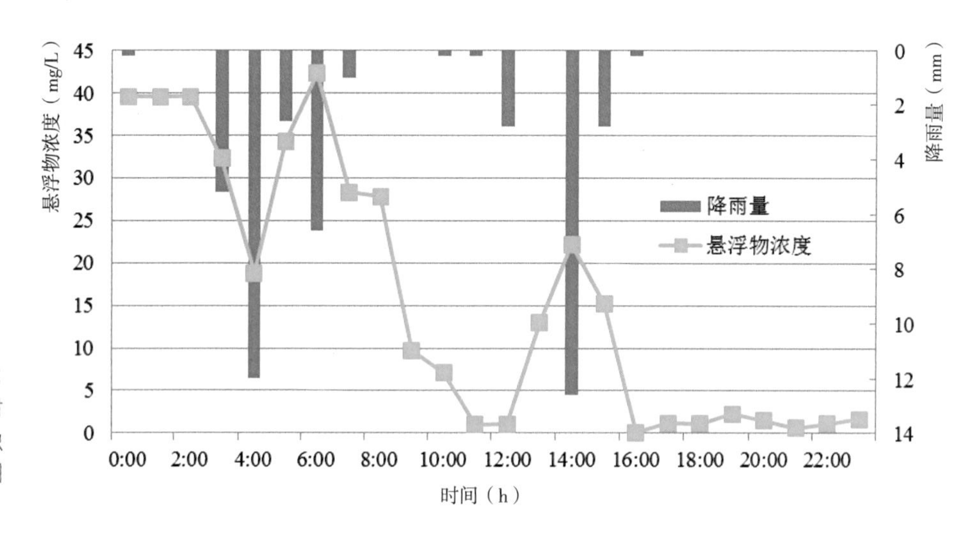

图2-140 御景园7月12日降雨时LID设施浊度仪变化图（以小时计）

2.5.4 萍乡市吴楚大道海绵化改造案例

1．项目基本情况

吴楚大道位于玉湖片区，南起玉湖路，临近市政府、玉湖公园，北至萍实北大道，距沪昆高速收费站约550m，东距观泉南路约940m，西临萍乡北站、仁和路，与仁和路平行相距约450m，距安源北大道约870m（图2-141）。

吴楚大道道路长度3096m，道路宽度53m（6m人行道+3m非机动道+3m侧分带+10.5m车行道+8m中央绿化带+10.5m车行道+3m侧分带+3m非机动车道 +6m人行道）（图2-142）。

吴楚大道作为城市主干道，是玉湖片区海绵骨架的重要转输廊道和行泄通道。

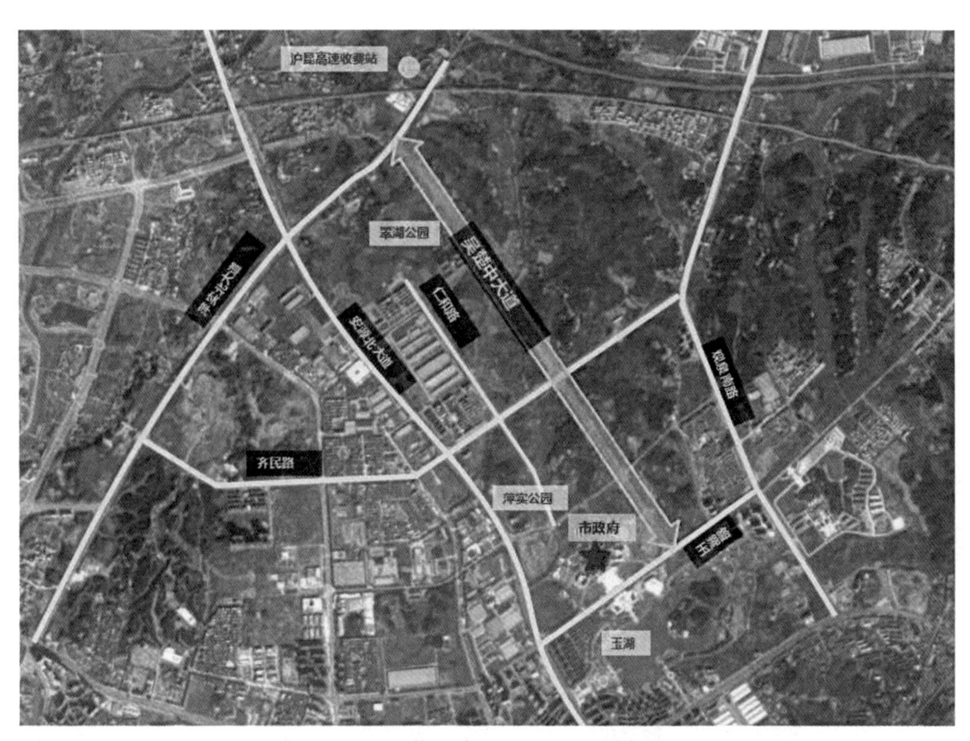

图2-141 吴楚大道位置

图2-142 吴楚大道断面图

2．现状条件分析

（1）吴楚大道现状道路断面划分合理，满足道路使用需求，但人行道面层原设计为硬质铺装；人行道和车行道雨水均直接由雨水口接入排水管网，与景观植物没有形成互动；道路行车及周围各工地施工使得路面污染物（沙尘、汽油、油漆等）过多造成地面径流污染（图2–143）。

（2）道路已规划绿化隔离带位置及中央绿化带，现状黄土裸露，行道树缺失，有少量绿化但未形成景观。未来投入使用后降雨量过大时，路面及绿化带中排水不及时将造成植物淹涝灾害；连续干旱时绿化带中土壤缺水易造成植物干旱枯死。

（3）改造前雨水为传统快排模式，雨水落到硬化地面只能从市政管道里集中快排，大量大气中和地表累计的污染物伴随着径流进入水体，对水体污染大，且雨水未被综合利用，造成资源浪费。

图2-143 吴楚大道现状平面图

3．建设目标及设计原则

（1）建设目标

通过构建项目所在玉湖片区的径流控制和水质控制模型，在保证区域整体控制指标的要求下，结合区域内各项目的现状进行指标分解，将指标落实到各个源头削减工程，从而使吴楚大道达到本次设计的控制目标（图2-144）。

根据对吴楚大道海绵化改造下达的控制指标要求，确定年径流总量控制率为60%，径流污染削减率达到40%以上。

（2）设计原则

1）以海绵城市理念为基础；

2）因地制宜、结合实际情况；

3）基本使用功能、景观功能、生态功能相结合。

（3）设计思路

1）通过透水铺装、开口路缘石等设施，将人行、车行道排水合理地组织起来，地面径流污染流入下沉式绿化带、消能卵石等设施中。

2）中央绿化带植物选用以陆生植物为主；下沉式绿化带植物选用则以水生植物与陆生植物结合，增加生态多样性。选用香樟、朴树等形体俱佳的大乔木保障四季常青，配合色叶树、常绿灌木与水生植物等营造富有层次感的景观。

3）减少初期径流污染：通过分散设置下沉式绿地、透水铺装等海绵技术措施，利用其渗透、过滤、蓄存和滞留等功能，将降雨径流及其污染控制在源头。

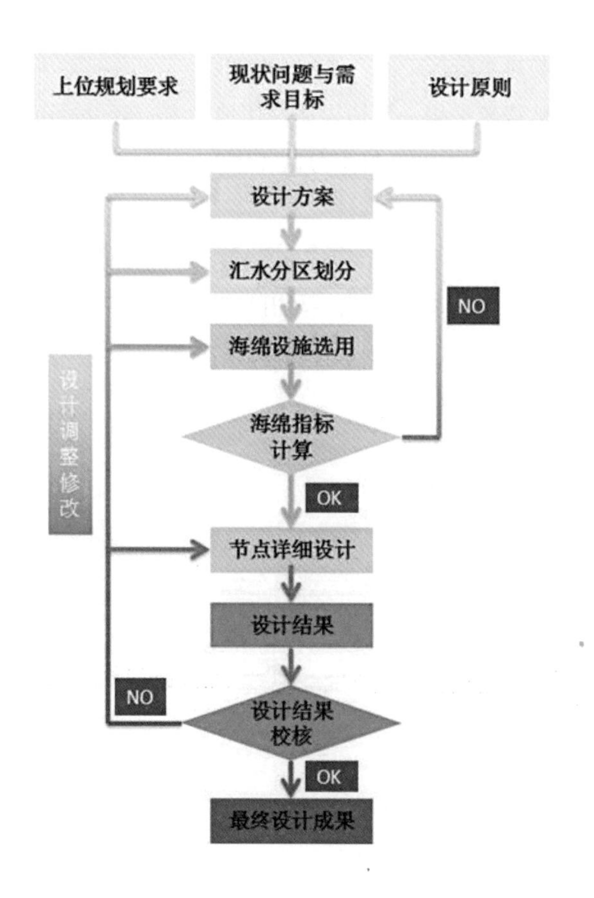

图2-144　吴楚大道设计流程图

4．总体方案设计

（1）设计降雨

吴楚大道规划要求达到的年径流总量控制率为60%。使用萍乡市气象局提供的连续30年逐日降雨数据绘制萍乡市径流总量控制率—设计雨量曲线，见图2-145，项目区年径流总量控制率60%对应的设计降雨量为14.1mm。

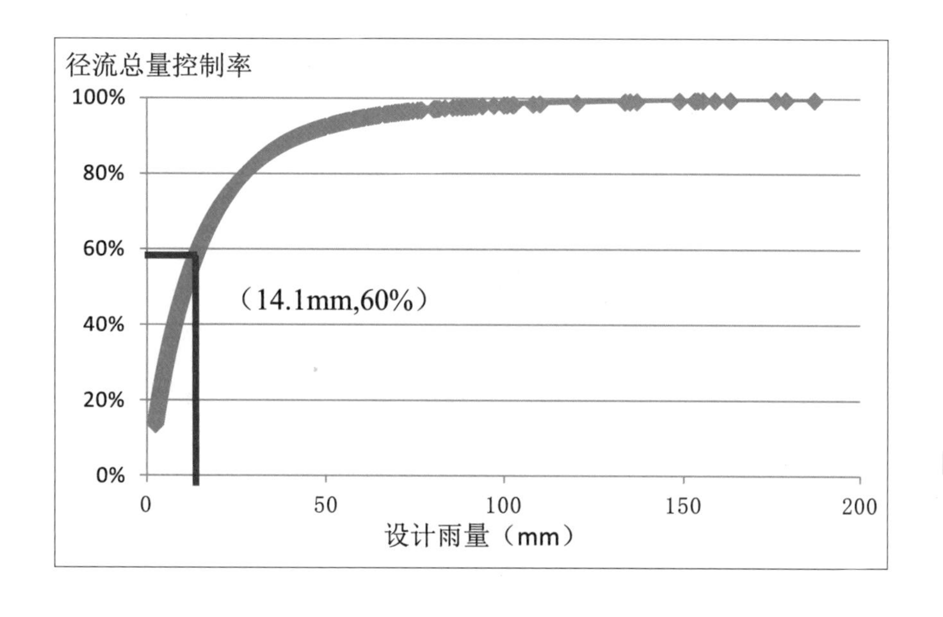

图2-145　萍乡市“径流总量控制率-设计雨量”曲线

（2）竖向设计与排水分区

吴楚大道整体地势较平坦，周边以居住用地为主、有少量市政设施用地。按照竖向和排水组织关系共划分为8个排水分区（图2-146）。

（3）场地径流组织

通过对现状道路改造，将原侧分带内立箅式雨水口改造为溢流式雨水口，侧分带靠机动车道侧的路缘石，每隔15m设置一处开口路缘石，路面雨水通过地表漫流进入下沉绿地，超标雨水溢流进入市政雨水管转输，最终排入翠湖或玉湖（图2-147）。

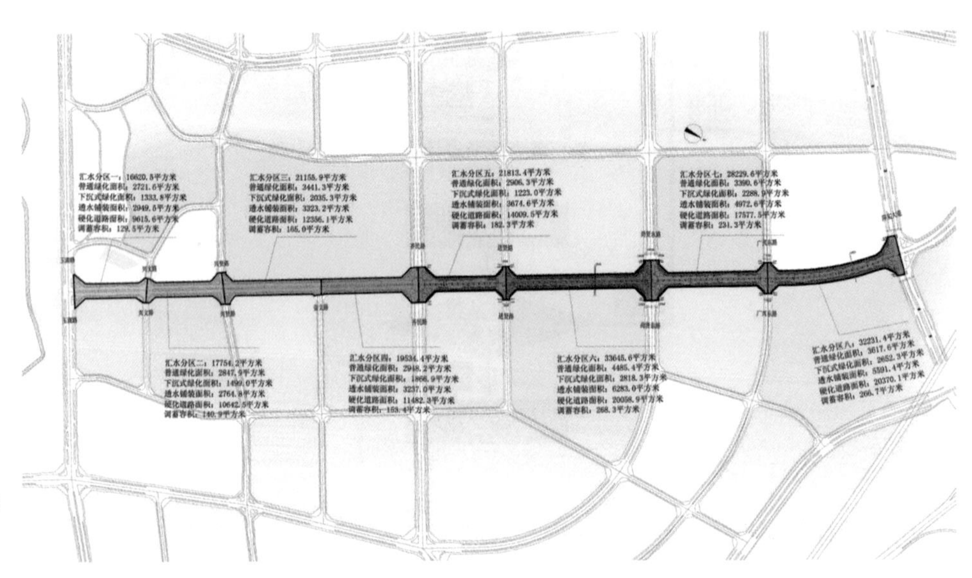

图2-146 吴楚大道排水分区图

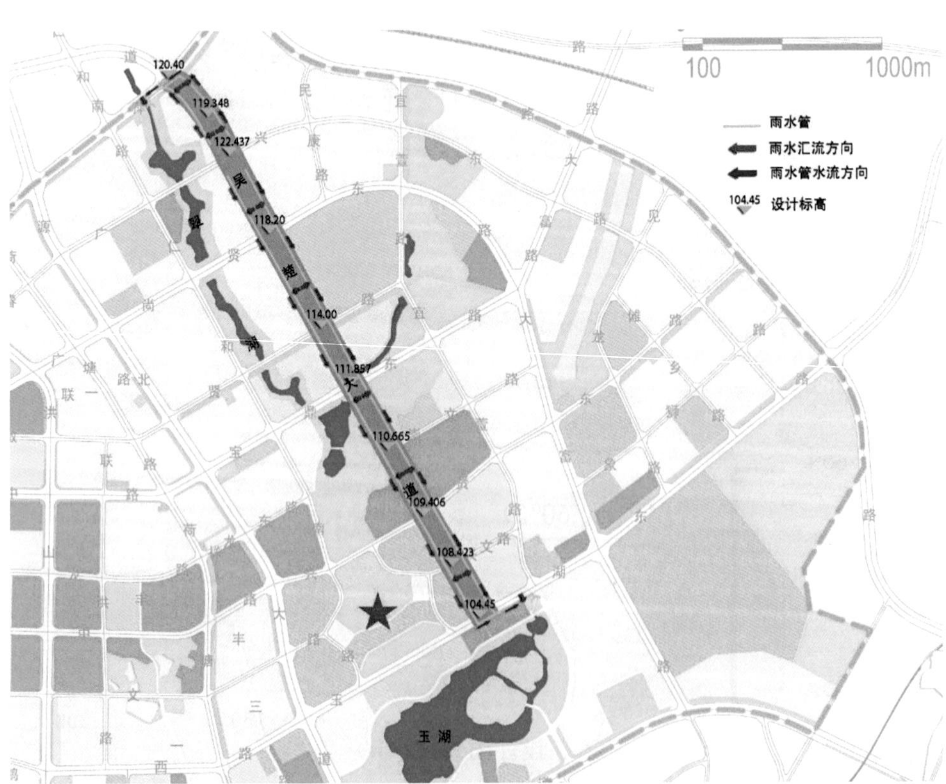

图2-147 吴楚大道径流组织图

（4）设施布局

将硬化的人行道铺装改造为透水、舒适、生态的透水铺装，将普通的绿化带和树池改造为下沉式绿化带和生态树池，人行道和车行道上形成的径流通过以下三种形式进行雨水组织：一部分直接汇入下沉式绿化带或者生态树池中自然下渗补充地下水；一部分经透水铺装自然下渗经渗排管转输后进入雨水管网；超过下沉式绿地和生态树池调蓄容积部分通过溢流口接入雨水管网。下沉式绿化带和生态树池具有存水蓄水功能，可以缓解连续旱季时植物干旱枯死等问题（图2-148~图2-149）。

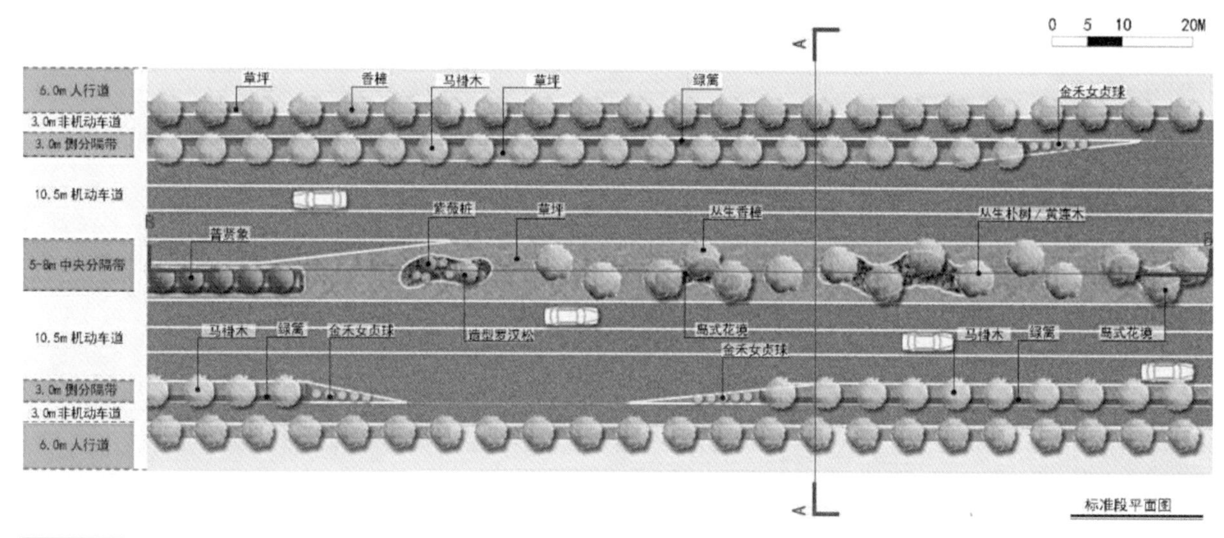

图2-148 吴楚大道平面图

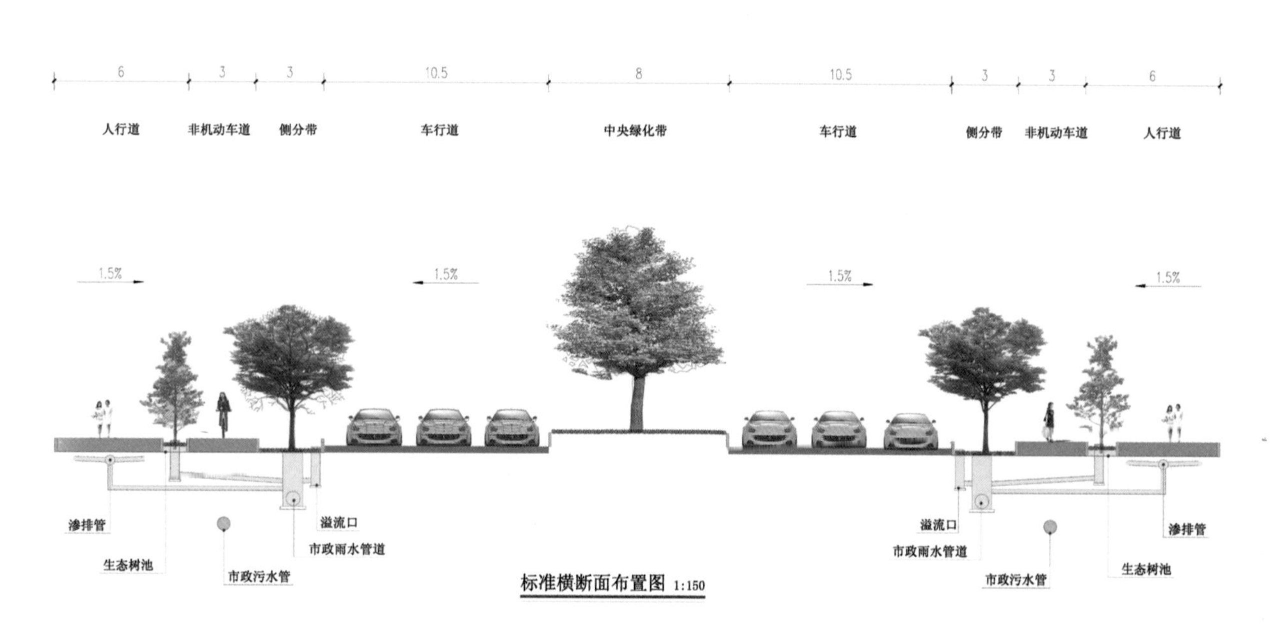

图2-149 吴楚大道断面图

（5）设计调蓄容积计算

综合雨量径流系数= Σ（绿地×绿地雨量径流系数+ 路面×路面雨量径流系数）/排水面积　（2-5）

设计调蓄水量=Σ排水面积×综合雨量径流系数×设计降雨量/1000　（2-6）

按照式2-5、式2-6计算8个排水分区综合径流系数、需调蓄容积（表2-34）。

吴楚大道各排水分区调蓄容积计算　表2-34

分区	用地类型（m^2）			综合雨量径流系数	排水分区面积（m^2）	需要调蓄容积（m^3）
	绿地	非透水路面	透水路面			
径流系数取值	0.15	0.80	0.30	—	—	—
1	4055.4	9615.6	2949.5	0.5527	16620.5	129.52
2	4346.9	10642.5	2764.8	0.5630	17754.2	140.94
3	5476.6	12356.1	3323.2	0.5532	21155.9	165.02
4	4815.1	11482.3	3237.0	0.5569	19534.4	153.40
5	4129.3	14009.5	3674.6	0.5927	21813.4	182.30
6	7303.7	20058.9	6283.0	0.5655	33645.6	268.29
7	5679.5	17577.5	4972.6	0.5812	28229.6	231.32
8	6269.9	20370.1	5591.4	0.5868	32231.4	266.69
合计	42076.4	116112.5	32796.1	0.5709	190985.0	1537.47

根据总体设计方案将海绵设施规模按排水分区进行统计计算调蓄容积，将各个排水分区所需调蓄容积与各分区的海绵设施调蓄规模进行对比（表2-35）。

吴楚大道达标水文计算表　表2-35

汇水分区	下沉式绿地		海绵设施合计	需要调蓄容积m^3	调蓄盈亏m^3 注2
	规模m^2	调蓄容积m^3 注1	调蓄容积m^3		
1	1333.8	146.72	146.72	129.52	-17.20
2	1499	164.89	164.89	140.94	-23.95
3	2035.3	223.88	223.88	165.02	-58.87
4	1866.9	205.36	205.36	153.40	-51.96
5	1223	134.53	134.53	182.30	47.77
6	2818.3	310.01	310.01	268.29	-41.72
7	2288.9	251.78	251.78	231.32	-20.46
8	2652.3	291.75	291.75	266.69	-25.07
合计	15717.50	1728.93	1728.93	1537.47	-191.46

*注1：下沉式绿地下沉160mm，有效调蓄深度为110mm；

*注2：调蓄盈亏=需要调蓄容积-设施合计调蓄容积，其中正值为超过自身调蓄容积的水量，负值为尚富余的调蓄容积。

方案改造增加了大量透水铺装后，各排水分区的径流量减少，之后产生的径流水量在绿地中的海绵设施中进行调蓄，其调蓄容积为1728.93m^3，用式2反算得到设计降雨量15.86mm，对应年径流总量控制率63.75%，根据各种设施的污染物去除效果评估其径流污染削减率为51%（表2-36）。

吴楚大道径流水文达标评估　　表2-36

设施	下沉式绿地	透水铺装路面
规模	15717.50m^2	32796.1m^2
调蓄容积	1728.93m^3	0
SS削减量	80%	80%
SS削减量	根据《海绵城市建设技术指南》各种海绵设施去除率计算得到SS去除率为51%	
合计	1728.93m^3（反算相当于15.86mm设计降雨量，即实现吴楚大道范围内的63.75%径流总量控制率），其SS削减率能达到40%以上	

5．设施节点设计

路面雨水经过各部分表层设施及基层设施传导，构成一个循环利用的体系。人行道路面雨水径流被透水砖净化，部分净化后的雨水下渗补充地下水，未能及时下渗的雨水通过渗排管转输进入市政雨水管中；机动车道路面雨水径流通过地表漫流进入下沉式绿地被净化，部分净化后的雨水下渗补充地下水，超标雨水通过溢流口溢流进入市政雨水管中（图2-150~图2-152）。

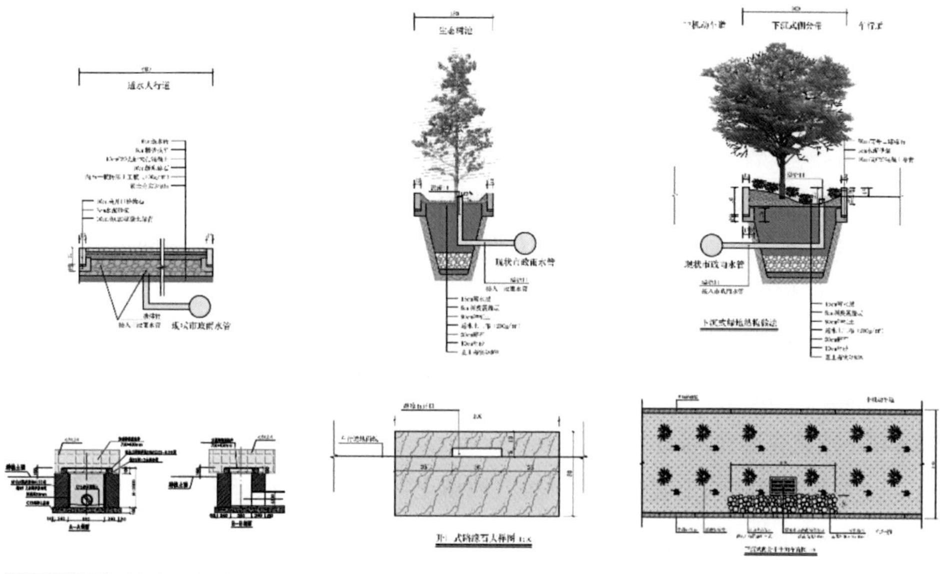

图2-150　结构层做法

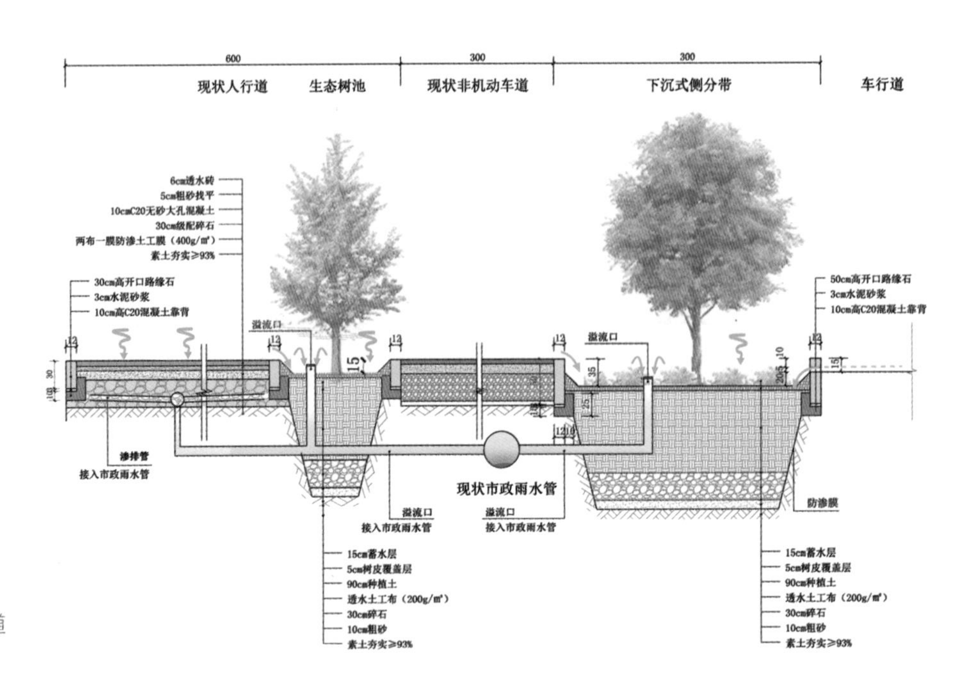

图2-151 非机动车道改造大样

图2-152 海绵城市设施实景

植物以水生植物与陆生植物结合，景观更富层次感，增加生态多样性。乔木选用植物为香樟、朴树、马褂木、普贤象等，灌木选用红叶石楠、茶梅、金禾女贞等，水生植物选用美人蕉、千屈菜、花叶芦竹、紫鸢尾花等。

萍乡当地土壤渗透性差，采用种植土掺5%~8%的黄砂进行回填的做法，改善渗透效果。

萍乡当地土壤渗透能力有限，生物滞留池和雨水花园等低影响开发设施的下渗能力不足，通过反复试验获取了土壤改良的有效手段，对改良土壤做出以下措施（图2-153）：

（1）实地土壤改良：对地表30cm土层施肥做土壤改良，以满足植物对肥力的需求。表土：松针土8：2（体积比）即松针土1.5袋/m^2或6袋/m^3，菌发酵有机肥2kg/m^3（须施在表面20cm以下）。

（2）苗木栽植的土壤处理：种植穴回填土按绿化土：松针土=8：2（体积比），即松针土5袋/m^3，菌发酵有机肥15kg/m^3。

（3）过筛：试图表面30cm土过筛，将直径2cm以上的土颗粒或杂物去掉。

图2-153 种植施工图

6．建设效果

项目海绵改造使得路面雨水排放与景观环境打造有机结合，下沉式绿地、生态树池和透水铺装等海绵设施的建设实现了对路面雨水的收集、存续、滞留、净化、利用以及排放，削减了SS等污染物对水体的污染，改善了水质。各种植物的搭配丰富了道路景观，起到了净化空气、缓解城市热岛效应等作用。

吴楚大道是萍乡城市规划中重要的主干道，项目实施后改善了道路及周边环

图2-154 工程建成后实景图

境，改善了翠湖和玉湖水系的水安全、水环境、水生态状况，显著提升了城市品位。随着周围环境的改善，道路周边空间土地价值将随之增加。综上所述，本项目的实施取得了良好的社会效益和经济效益（图2-154）。

为了系统性评估吴楚大道海绵化建设效果，分别安装了1台流量计和2台液位仪，对吴楚大道的雨水径流进行实时在线监测。以8月31日降雨事件进行评估，根据项目区出口流量计和雨量计监测数据评估该项目年径流总量控制率和径流污染削减率。该日累积降雨量为45.4mm，经统计当累积降雨量达到35.2mm时发生了小流量溢流，对应径流总量控制率为86.4%（图2-155~图2-156）。

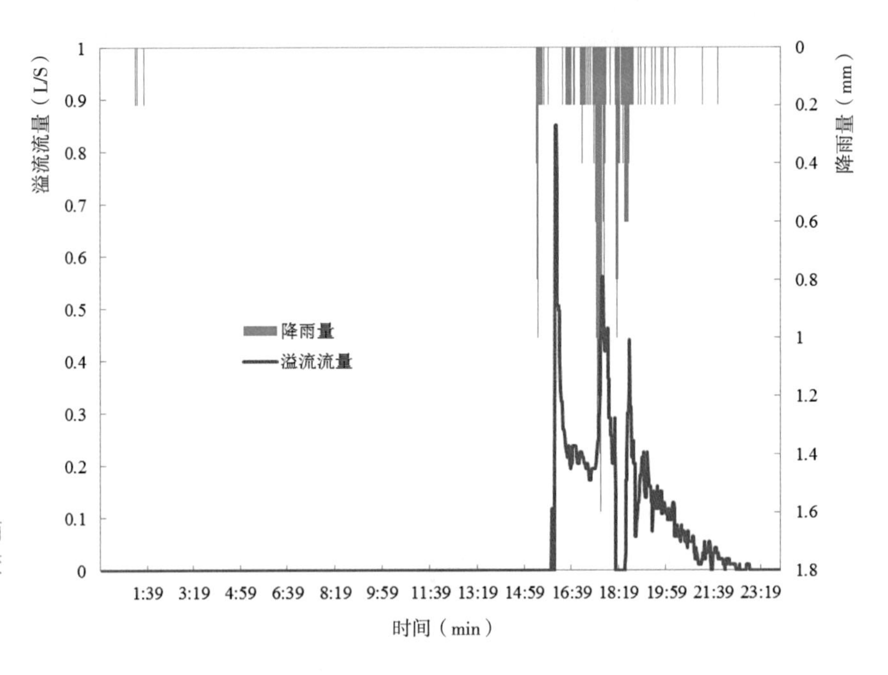

图2-155 吴楚大道8月31日降雨时LID设施出口流量变化图（以分钟计）

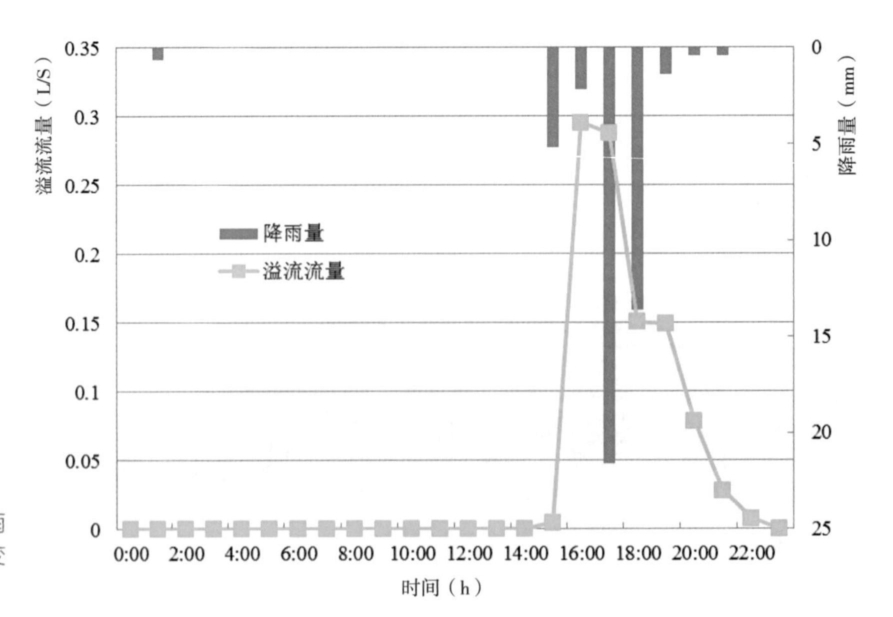

图2-156 吴楚大道8月31日降雨时LID设施出口流量变化图（以小时计）

2.5.5　蚂蝗河流域山下路调蓄工程

1．现状基本情况

（1）项目概况

本工程为老城区四个项目片区之一，其主要目的为解决蚂蝗河流域合流制溢流污染及山下区内涝问题，是实现萍乡市海绵城市建设目标的重要工程。山下路调蓄池位于虎形公园西北角现状公园入口处，占地面积约5500m²（图2–157）。

山下路调蓄池平面设计尺寸为69.0m×27.3m（非标准矩形，不包含过水廊道），为全地埋式设计，地下建筑面积为2200m²。

图2–157　山下路调蓄池位置

（2）流域概况

蚂蝗河起源于萍乡市火车站北侧，沿跃进北路向南至洪城大厦后向东进入山下路，然后经山下路南侧人行道至滨河西路口（虎形公园），汇入萍水河，长约2330m，2007年覆盖为合流暗渠。周边区域现状排水体制为截流式合流制，目前以截污溢流形式排入泮水河河底西侧污水截流干管。蚂蝗河排水分区是试点区内面积最大、最主要的排水分区，蚂蝗河排水分区汇水面积约为344.0ha（图2–158）。

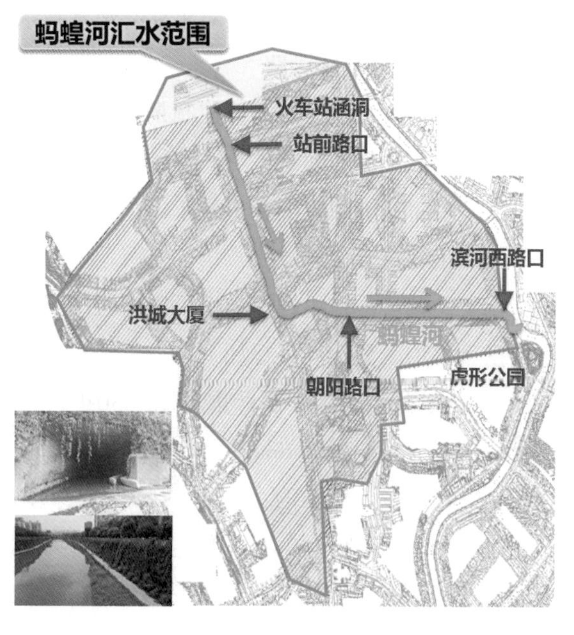

图2–158　蚂蟥河分区排水路径图

2．问题与需求分析

项目所在流域为蚂蝗河流域，流域范围内建筑布局紧凑，排水分区划分不合理，绿化率低，导致蚂蝗河流域存在内涝积水、面源污染等突出问题。

（1）主要问题

1）内涝问题

由于管网建设不完善、排水分区划分不合理和地势低洼等原因，在蚂蝗河沿线存在一个山下路内涝点，内涝点位于山下路南侧虎形村，西起朝阳路，东至金典小区南门东侧80m处，南北由虎形巷和山下路围成的近似矩形区域，为整个区域的最低点。总面积约6.28ha，积水频次较高，年均10~15次。

2）径流控制率偏低

由于缺乏合理规划，城市建设在雨水径流控制方面仍存在诸多问题。流域范围内城市道路及屋面面积占比较大，径流系数大，汇流时间短；其次，流域范围内绿化率低，且缺乏有效的调蓄设施，导致整个片区现状径流总量控制率偏低。

（2）解决思路

1）内涝整治思路

排水分区改造：对蚂蝗河流域的排水分区进行改造，实现高水高排，使范围内排水分区的汇水面积更加均衡，能有效避免因汇水过度集中而导致部分管渠排放压力过大的情况出现。经过排水分区改造后，蚂蝗河排水分区的汇水面积由现状的344.0ha减小至192.3ha，有效减小蚂蝗河下游排水压力。

增设渠涵，调蓄结合：沿山下路蚂蝗河北侧新建一条3000mm × 2000mm的排水渠箱，通过加大山下路排水管渠过水面积，结合山下路下游调蓄池和排涝泵站的联合作用，提高山下路下游排水能力，起到减轻顶托和防止倒灌的作用。

增设防倒灌设施及排涝泵站：考虑在蚂蝗河排水分区排口处设置溢流拍门井防止倒灌，增设排涝泵站，以应对汛期时萍水河水位上涨而造成的倒灌现象。

2）溢流污染削减思路

径流污染削减及径流总量控制是相辅相成的。考虑在源头削减和末端控制环节来进行径流污染物的削减。

3．海绵城市设计目标与原则

（1）工程目标

山下路调蓄池是蚂蝗河及山下内涝区整治工程的关键性节点工程。蚂蝗河及山下内涝区整治工程设计目标如下：

1）内涝防治目标：设计重现期P=30年，有效应对30年一遇设计暴雨，即发生30年一遇2h（降雨量86.6mm）、6h（113.7mm）、12h（132.9mm）、24h（154.6mm）、72h（179.3mm）暴雨时，一般道路积水深度超过15cm的时间不超过30分钟且最大积水深度不超过40cm；发生50年一遇2h（93.5mm）、6h（122.8mm）、12h（143.6mm）、24h（167.0mm）、72h（193.7mm）的超标降雨情况下，一般道路积水深度超过27cm的时间不超过60min且最大积水深度不超过100cm。

2）年径流总量控制率目标：年径流总量控制率为75%。

3）年径流污染控制率目标：城市面源污染控制按SS计，到2020年入萍水河年径流污染削减率达到50%以上。

4）年污染物总量削减目标：根据萍水河水质目标要求及其环境容量计算，工程范围年COD、SS、TP、NH_3–N入河量分别不大于120.8t、122.4t、1.2t、5.9t。

（2）设计原则

1）工程设计的参数选取，应符合国家的方针、政策和法令。

2）尽量结合现状，充分利用现有的排水系统，实现排水系统的合理分区。

3）方案工程设计应尽量避免重复开挖、重复建设，以免造成资金浪费。

4）设计要因地制宜，具有针对性、可行性和可操作性。

5）工程设计应尽量做到节能，施工时减少对周边环境的影响。

6）积极采用经过鉴定并行之有效的新技术、新工艺、新材料、新设备。

4．总体方案设计

（1）平面位置

为缓解山下路以南内涝积水情况，于蚂蟥河排水分区的最低点建设山下路调蓄池，手机西环路、楚萍路，滨河西路、商业街、跃进北路所围192.3ha区域内的超标雨水。山下路调蓄池位于现状虎形公元西北角入口处，位于排水分区末端，占地面积约5500m^2（图2–159~图2–160）。

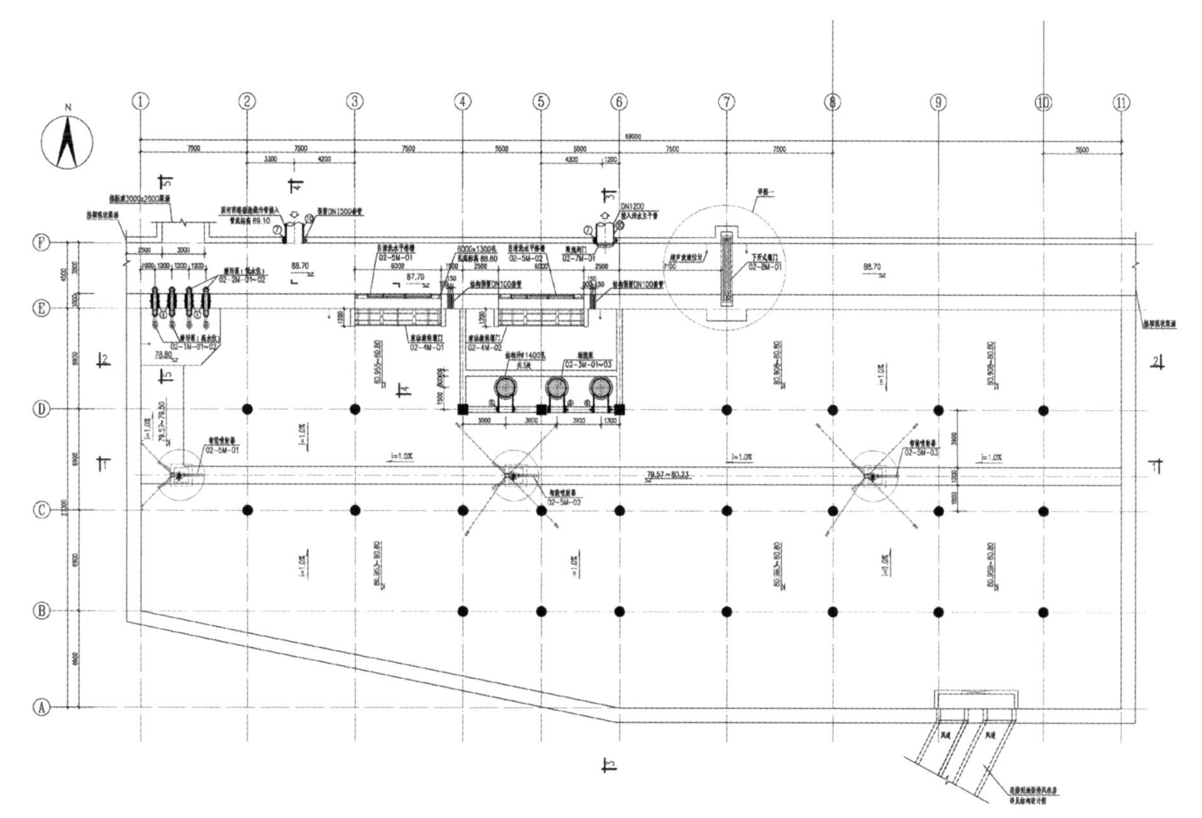

图2–159　山下路调蓄池平面布置图

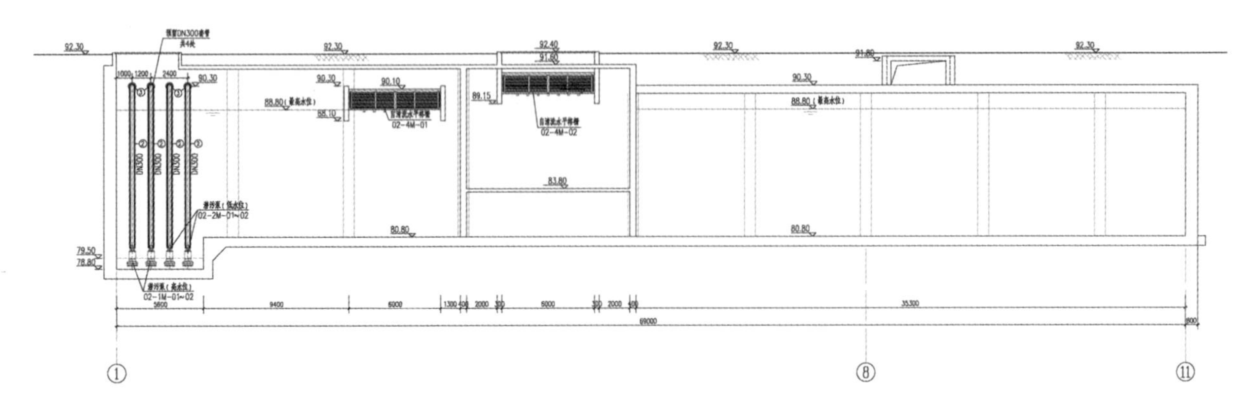

图2-160 山下路调蓄池竖向布置图

（2）设计标准及主要设计参数

本工程采用径流污染削减50%的目标要求作为调蓄池设计标准；结合模型估算、可用地大小、工程投资等因素，确定山下路调蓄池的有效调蓄容积为13000m^3。

调蓄池包括进、出水管道，格栅沉砂间、调蓄池体、检修吊装口、冲洗设施及排空设施等。

调蓄池进水廊道与调蓄池合建，并接顺现状蚂蝗河渠底高程。泵站内设置排涝泵3台，单泵流量1.5m^3/s，启泵水位为山下路与虎形巷合围区域底边标高最低点92.40m。在雨期现状蚂蟥河排水水位较高时启动排涝泵，防止蚂蟥河内排水倒灌入山下路内涝区，同时保证下游排水通畅，缓解对上游排水的顶托作用。

进水廊道：B × H=3500mm × 3000mm；

调蓄池体：L × B=69.0m × 27.3m（非标准矩形），有效水深8m，有效调蓄容积1.3万m^3。

冲洗设施：采用智能喷射器进行冲洗，共设置3组，单组最大功率15kW。

潜污泵设计参数：潜污泵分高低水位运行，其中高水位潜污泵为2用，单泵Q=545m^3/h，H=6.0m，功率15kW；低水位潜污泵为2用，单泵Q=545m^3/h，H=12.5m，功率30kW；满足在24~48小时内将调蓄池排空的需求。

轴流泵设计参数：3用，单泵Q=2.0m^3/s，H=6.0m，功率160kW；土建设计预留远期泵位。

（3）运行工况

1）晴天时，合流污水通过限流闸门直接进入截污主管。

2）降雨初期，流量超过限流管过流能力时，水位开始上升，高于调蓄池的溢流水位时，调蓄池开始进水，随着降雨的进行，调蓄池水位渐渐上升，当水位达到设计水位时，调蓄池初雨收集完成。

3）液动旋转堰门关闭，后期雨水通过下开式堰门溢流进入萍水河。

4）当外江水位发生顶托时，关闭下开式堰门，超标雨水进入排涝泵房，通过排涝泵强排进入萍水河。

5）调蓄池收集完成后，智能喷射器每隔两到三小时启动冲洗15~30min。晴天时，当污水处理厂有富余处理能力时，调蓄池的初期雨水通过潜污泵排入缓冲池廊道再接入污水处理厂处理后达标排放。与此同时，智能喷射器启动搅拌。

6）萍水河水位升高时，蚂蝗河暗渠（山下路段）的排水无法靠重力顺畅排出，启用与调蓄池合建的山下路排涝泵站（6m³/s）进行强排。

5．建成效果

本项目作为海绵城市建设的重要节点工程，对有效消除山下区域内涝积水问题发挥了关键性作用。同时与虎形公园海绵化改造相结合，为市民提供了游憩休闲的好去处（图2-161）。

图2-161　山下路调蓄池地表恢复图

第3章　萍乡海绵城市建设实施保障机制

系统化方案的编制解决了海绵城市建设的科学性问题，但在项目具体实施过程中仍将面临管理、效率、技术、资金等方面的诸多困难（图3-1）。

管理难题。萍乡涉水管理条块分割问题严重。相关部门各自为政，分别对管辖范围内的涉水项目进行管理或组织实施。项目管理与实施的碎片化导致项目间缺乏统筹协调，不能有效衔接，影响项目整体效益的有效发挥。

效率难题。政府部门在传统的涉水项目中往往既当“裁判员”又当“运动员”。角色定位的交叉导致项目建设实际缺乏有效监管。重建设，轻管理；重工程，轻实效。项目建成后的实际效益常常无人问津，综合效率低下。

技术难题。海绵城市是一项全新的城市建设发展理念。萍乡市政府部门、本地设计单位和施工单位均缺乏海绵城市建设经验，相关领域人才与技术储备不足。

资金难题。萍乡海绵城市试点建设项目总投资66.23亿元。对于经济发展滞后、财政实力相对薄弱的中小城市而言，短期内资金压力巨大，资金筹措困难。

图3-1　海绵城市推进实施过程中的四大难题

除上述海绵城市推进实施过程中的管理、效率、技术、资金四大难题外，萍乡自身发展也面临着资源枯竭与去产能双重压力，以及产业与城市转型缺乏方向的现实困境。结合海绵城市推进实施四大难题和城市自身面临的困境，萍乡在试点建设过程中锐意改革、勇于创新，提出了“四个破解+两个转型”的总体策略。

3.1 打破管理藩篱，彰显制度优势，破解体制障碍

针对海绵城市建设实施过程中的涉水管理条块分割严重，项目管理、实施碎片化的问题，萍乡从组织架构、政策体系、部门考核三方面提出了破解思路。

3.1.1 高位推动，高效运作，搭建有力组织架构

习近平总书记提出海绵城市建设的战略构思后，萍乡深刻认识到海绵城市建设是萍乡城市转型发展的重大机遇。国家海绵城市建设试点申报工作启动后，萍乡市委、市政府立即组织全市各相关职能部门召开专题会议，部署试点申报工作，建立了市委、市政府主要领导负责，跨部门协作的高效机制。

在国家部委和江西省委、省政府的关心和帮助下，借助前期建立的高效协作机制，萍乡2015年4月成功入围第一批海绵城市试点城市。萍乡市委、市政府高度重视试点建设工作，组织召开市委常务会议讨论并决定在前期工作协调机制的基础上成立萍乡市海绵城市试点建设工作领导小组和领导小组办公室（简称“海绵办”），统一领导、协调和带动全市海绵城市试点建设工作。建立了“领导小组+海绵办+多部门（1+1+N）”工作体系，包括：一个高规格的领导小组，负责顶层重大事项决策；一个高效率的海绵办，负责具体海绵城市建设管理事务；多部门高效协作，共同推动全市海绵城市建设工作（图3-2）。

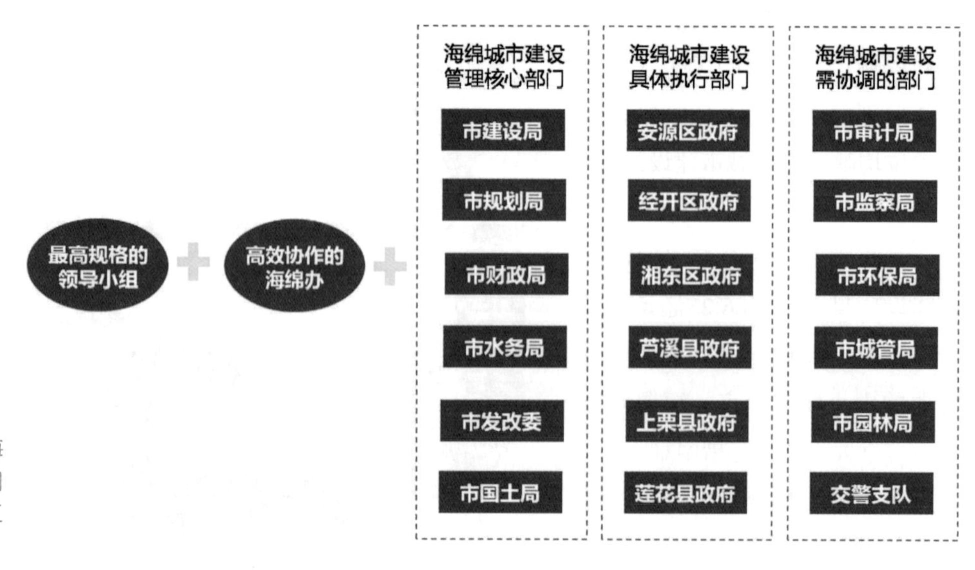

图3-2 领导小组+海绵办+多部门（1+1+N）工作体系

1．最高规格的领导小组

为强化海绵城市建设统筹领导工作，萍乡建立了最高规格的海绵城市试点建设工作领导小组，并通过定期例会与现场办公会的形式将领导小组的工作切实落到了实处。

（1）主官牵头的高规格领导小组

萍乡市成立了以市委书记为组长，市政府市长为第一副组长的“双核心、双组长”的海绵城市试点建设工作领导小组（图3–3）。市委副书记、常务副市长、分管城建工作的副市长、分管水务工作的副市长为副组长，各县区（含萍乡经济技术开发区）县区委书记与县区长、相关职能部门主要负责同志为领导小组成员。最高规格、部门齐备的领导小组的建立，打通了海绵城市试点建设决策部署、协同落实的工作通道。

（2）定期例会保障责任有效落实

海绵城市试点建设工作领导小组定期召开会议，研究海绵城市试点建设过程中的重大事项、协调解决推进实施中存在的主要困难、部署试点建设工作推进的总体安排。三年试点期间，海绵城市试点建设工作领导小组共召开九次领导小组全体会议，全部由市委书记、试点建设工作领导小组组长李小豹书记亲自主持（图3–4）。

萍乡从一开始就认识到海绵城市建设难以一蹴而就，需要分阶段逐步推进。试点初期阶段，领导小组重点研究决策了海绵城市建设组织机构、管理制度和配套政策等问题，为海绵城市试点建设搭建了高效的组织平台、奠定了良好的制度基础；规划设计阶段，为科学统筹海绵城市试点建设工作，领导小组组织研究了海绵专项规划、技术标准等顶层设计工作，为海绵城市试点建设打下来了坚实的技术基础；

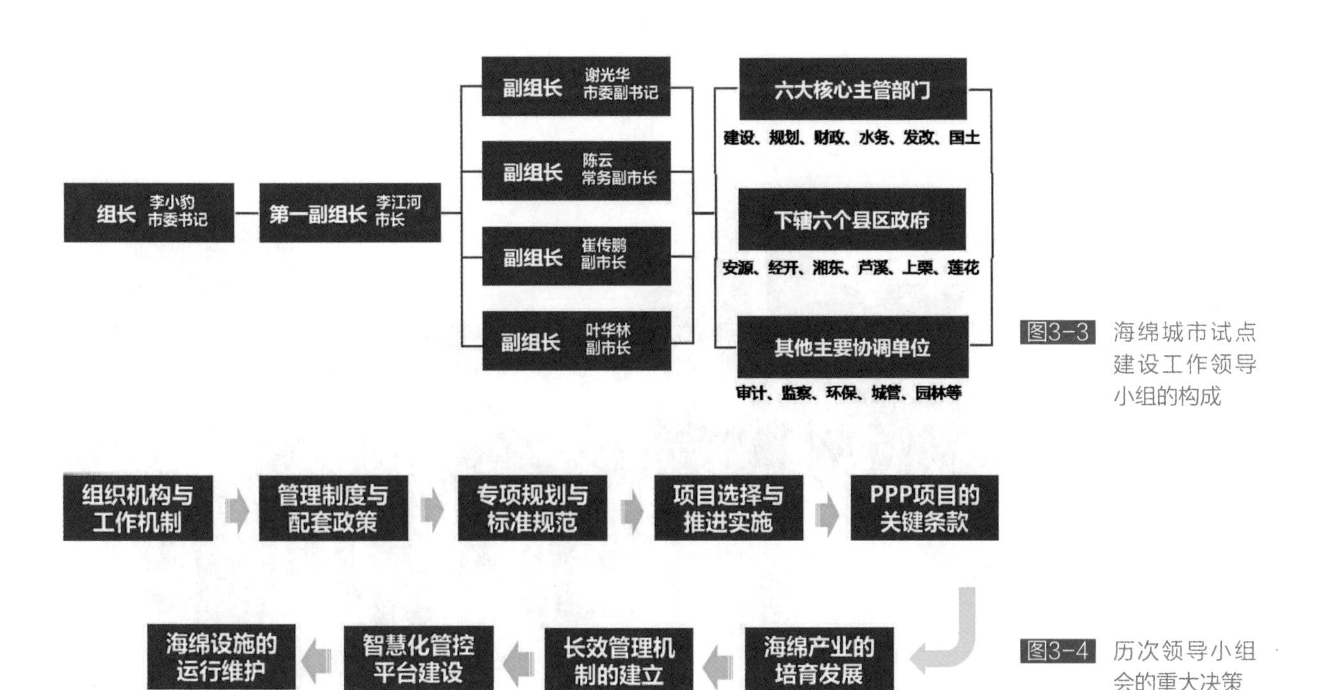

图3–3 海绵城市试点建设工作领导小组的构成

图3–4 历次领导小组会的重大决策

项目具体推进阶段，领导小组研究重心转向项目选择、项目实施推进、PPP项目的关键条款等项目具体实施层面问题，为项目的有效落地和快速推进提供了有力支撑；最后，针对海绵城市建设工作的长效推进，领导小组对海绵产业的培育发展、长效管理机制的建立、智慧化管控平台建设、海绵设施的运行维护等问题进行了深入探讨，确保海绵城市建设工作在全市范围内长效推进。这些涉及海绵城市建设全局工作的重大问题在萍乡市最高规格的组织层面上明确后，海绵城市试点建设工作便有了“指南针”。各级政府和部门相互支持、相互配合，形成强大的向心力和合力，充分发挥了“集中力量办大事”的体制优势，为海绵城市试点建设和长效实施建设提供了强有力的组织保障。

（3）现场办公确保工程进度质量

海绵城市试点建设工作进入施工阶段后，海绵城市试点建设工作领导小组开始实行定期现场办公制度。领导小组组长李小豹书记和第一副组长李江河市长每季度组织一次现场办公会，率领领导小组主要成员巡查项目工地，进行现场办公（图3-5）。

领导小组现场办公会重点监督工程进度、质量，协调解决问题。一方面，对照施工计划检查工程进度与施工质量，督促相关单位加快组织实施，确保工程施工质量；另一方面，协调解决海绵城市建设过程中存在的主要难题和障碍。海绵城市建设过程中涉及大量协调问题，如征地拆迁、施工占道、施工手续办理、军用光缆等地下管线处理等，依靠主管部门与建设单位难以协调解决。对于这些问题，领导小组现场办公会均予以现场协调与部署，确保海绵城市建设工作顺利推进。

图3-5 李小豹书记与李江河市长率领领导小组进行现场办公

2．高效运作的海绵办

在领导小组高位推动试点建设工作的同时，具体的日常海绵城市建设管理工作则需要一个高效、专业的执行实施机构来具体落实，保障试点建设工作的有序推进。萍乡市委、市政府深刻认识到海绵城市试点建设工作的系统性、复杂性和紧迫性，必须集中资源，整合力量，组成高效运作、执行有力的专职机构来确保试点建设工作的顺利推动。

（1）核心领导高规格配置

海绵办的工作职能侧重于协调管理，必须有一位能够统筹协调城市建设方方面面工作的领导来统一调度，保障海绵城市建设工作的顺利推进。因此，萍乡市海绵城市试点建设工作领导小组决定任命市政府分管城建副市长、海绵城市建设试点领导小组副组长为海绵办主任，市建设局局长为海绵办第一副主任，并建立了海绵办主任“半月一调度”、第一副主任“一周一总结”的工作机制。

海绵办各副主任则由建设、财政、规划、水务等部门分管相关业务的领导同志担任，分别负责对应部门的协调工作（图3-6）。例如，海绵办资金管理科的分管副主任由市财政局副局长担任，其不仅本身从事财政工作，具有丰富的资金管理经验和良好的专业水平，而且长期处于财政系统领导岗位，协调财政部门工作便捷顺畅，大大提高了协调工作效率。

（2）工作人员跨部门抽调

海绵城市建设工作涉及建设、规划、水务、财政等多个职能部门，为充分发挥试点建设过程中各部门的协同作用。萍乡市在筹组萍乡市海绵城市试点建设工作领

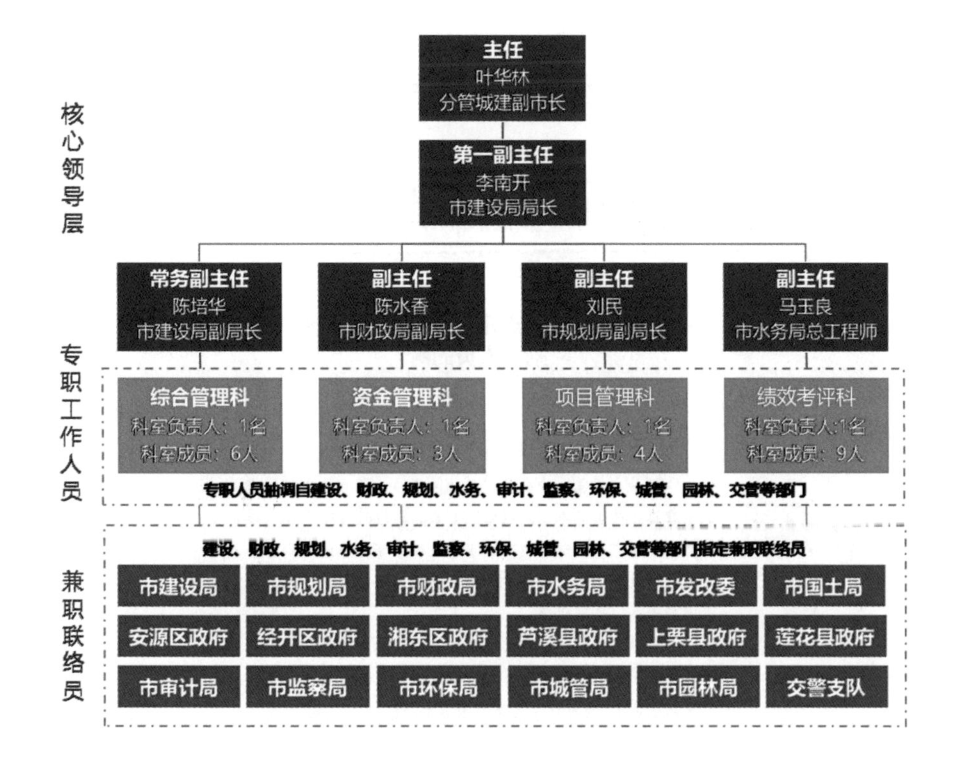

图3-6 萍乡市海绵城市试点建设工作领导小组办公室的构成

导小组办公室时进行了统筹谋划。从建设、财政、规划、水务、审计、城管等部门抽调大量业务骨干组成海绵办综合管理、资金管理、工程管理、绩效管理等工作部门。海绵办各副主任、工作人员与原单位工作脱钩，组成专职的海绵试点建设工作执行机构（图3-7）。同时，制定了海绵办主任办公会和业务工作会等日常工作制度，确保有问题时时有人接、有情况时时有人管。

为了更好分配工作，各司其职，提高工作效率，海绵办下设四个科室：综合管理科、项目管理科、绩效考评科、资金管理科，并制定了各科室的职能细则，明确了各科室的具体工作。

1）综合管理科：负责办公室日常事务，包括会议组织、材料编撰、宣传报道以及对外联络工作；

2）项目管理科：负责组织编制海绵城市相关规划和技术标准、制定试点建设项目管理办法、定期对建设项目进行督查、总结海绵城市项目建设成功经验等；

3）绩效考评科：负责按国家海绵城市绩效考核的总体要求，做好海绵城市绩效评价和考核资料的整理、汇总和归档工作；

4）资金管理科：负责海绵城市专项资金的监督和管理，保障正常办公经费的开支、组织协调PPP建设项目。

（3）高效的部门联动机制

海绵办不仅从建设、规划、水务、财政、审计、发改、城管、园林等相关职能部门抽调了大量业务骨干，同时要求各相关职能部门明确内部各业务科室负责海绵城市联络协调工作的兼职联络专员。要求各部门兼职联络专员能够做到随叫随到，第一时间解决海绵城市推进过程中的各项问题。畅通了海绵办与各职能部门的沟通、协调、落实、执行的工作渠道，在海绵城市规划编制、建设项目行政审批、建设项目资金监管等方面实现了建设各环节、全过程的高效运作。

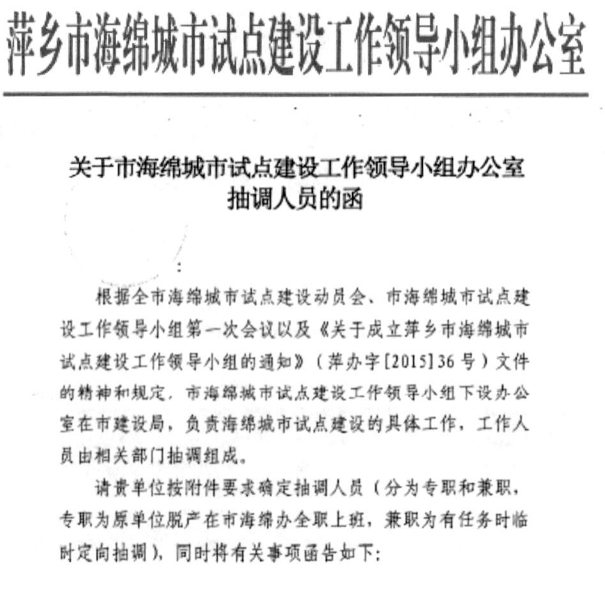

萍乡市海绵城市试点建设工作领导小组办公室

关于市海绵城市试点建设工作领导小组办公室
抽调人员的函

根据全市海绵城市试点建设动员会、市海绵城市试点建设工作领导小组第一次会议以及《关于成立萍乡市海绵城市试点建设工作领导小组的通知》（萍办字[2015]36号）文件的精神和规定，市海绵城市试点建设工作领导小组下设办公室在市建设局，负责海绵城市试点建设的具体工作，工作人员由相关部门抽调组成。

请贵单位按附件要求确定抽调人员（分为专职和兼职，专职为原单位脱产在市海绵办全职上班，兼职为有任务时临时定向抽调），同时将有关事项函告如下：

图3-7 关于市海绵城市试点建设工作领导小组办公室抽调人员的函

同时，萍乡建立了海绵城市试点建设工作协调联动机制，包括协调会议制度、工作例会制度、信息沟通制度、监督检查制度、总结评估制度等工作协调联动机制，形成了职责明确、协调有序、信息畅通、共同参与的工作格局，搭建了以海绵办为主力、各部门协调支持的海绵城市建设的有力架构。

3．长效的专职管理机构

试点期结束后，海绵城市建设工作仍将在全市范围内长期持续推进。对于试点期后的海绵城市建设工作，萍乡市进行了提前谋划布局，现有领导小组与海绵办转为常态化运行，同时设立专职管理机构，强化日常海绵城市建设管理工作。

（1）领导小组与海绵办的常态化运行

根据《市委办公室　市政府办公室关于成立萍乡市海绵城市建设工作领导小组的通知（萍办字〔2018〕15号）》，萍乡市海绵城市试点建设工作领导小组将在试点期结束后正式转为萍乡市海绵城市建设工作领导小组予以保留，负责全市范围内海绵城市建设工作长效推进过程中的统筹协调工作。全市海绵城市建设推广、海绵产业发展过程中的全局性重大问题的决策部署仍由领导小组负责。高规格的领导小组将为海绵建设工作的长期推进提供强有力的支持。

萍乡市海绵城市试点建设工作领导小组办公室在试点期结束后相应转为萍乡市海绵城市建设工作领导小组办公室。试点期结束后，海绵办职能发生部分转变，不再负责具体工程项目的建设，工作侧重点转为海绵城市建设过程中的协调与管理工作。海绵办主要领导仍由各相关职能部门分管领导兼任。每月召开工作例会，审议海绵城市建设管理过程中的重大事项。

（2）设立专职管理机构强化日常监管

2017年10月，萍乡市机构编制委员会正式批复，增加市建设局“负责指导全市海绵城市建设工作，承担城区海绵城市建设管理工作”的职责。同时批准在市建设局设立海绵设施管理处，作为萍乡市海绵城市建设管理的常设机构（图3-8）。海绵设施管理处承接海绵办部分日常管理职能，对已建海绵设施及试点期结束后萍乡市长期海绵城市建设工作进行统筹管控，避免“重建设、轻管理”的现象发生，确保萍乡市海绵城市建设工作持续推进。目前，市海绵设施管理处人员、经费均已到位，机构运行正常。

萍乡市机构编制委员会办公室

萍编办发〔2017〕182号

关于成立萍乡市海绵设施管理处的批复

市建设局：

报来《关于申请成立萍乡市海绵设施管理处的请示》（萍建设字〔2017〕98号）收悉。经研究，批复如下：

一、同意成立萍乡市海绵设施管理处，正科级建制，核定全额拨款事业编制8名，领导职数：正科级1名，副科级1名。

二、主要职能：

（1）负责指导、整合推进全市海绵调蓄设施建设；

（2）承担城区范围内已建成海绵调蓄设施的管理；

（3）负责海绵调蓄设施的日常调度和应急工作；

（4）承办市政府交办的其他事项。

2017年12月28日

—1—

图3-8　萍乡市编办关于成立海绵设施管理处的批复

3.1.2 建章立制，强化落实，构建长效管理机制

萍乡市委、市政府敏锐地认识到海绵城市建设是促进城市转型、实现科学发展的有效途径，是解决城市洪涝灾害、生态环境恶化等城市“沉疴”的良药，同时孕育着巨大的经济新动能、新机遇、新空间，是资源枯竭型城市走出转型困境的一条创新之路。基于这种认识，萍乡市委、市政府将海绵城市理念作为城市建设发展的基本遵循，明确将海绵城市建设纳入城市的各项基本公共政策，制定了一系列海绵城市相关管理机制（图3-9）。其中，《萍乡市海绵城市建设管理规定》通过政府令的形式颁布实施，作为全市海绵城市建设长效管理的政府规范性文件。

萍乡市自2017年开始获得立法权。萍乡市获得立法权后，立即将海绵城市建设管理纳入立法计划，计划出台《萍乡市海绵城市建设管理条例》。目前，立法的相关前期研究工作已启动。

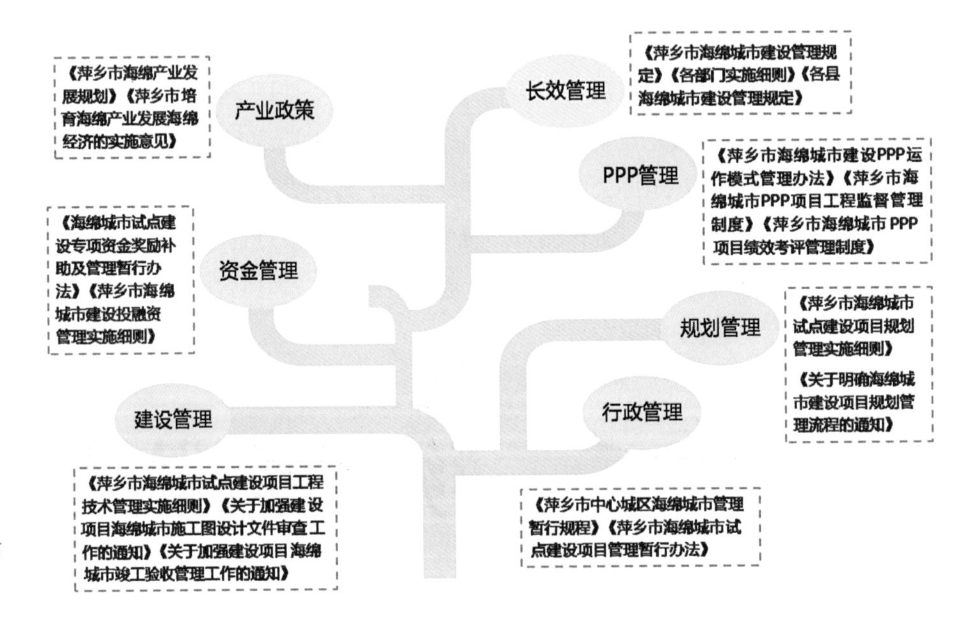

图3-9 萍乡市海绵城市相关政策体系

1．严格的建设项目规划管控

海绵城市是一项全新的理念，原有规划管理体系并未对海绵城市建设提出明确要求。为保证海绵城市建设指标的切实落地，萍乡市从三方面进行探索，逐步建立了一套行之有效的规划管控制度。

（1）海绵城市管理要求融入现有的项目规划管控体系

海绵城市的建设要求作为现有规划管控体系中的一项具体内容，沿用现有规划管理模式，不新增审批环节，契合国家“放管服”管理体制改革的总体要求。

（2）由试点管理模式逐步过渡到常态化规划管控机制

通过试点期规划管控模式的探索，总结试点经验，逐步建立常态化海绵城市规划管控机制，在全市范围内进行推广。

（3）外部技术团队与本地行政审批机构高效协作模式

试点之初，本地行政审批机构缺乏海绵城市领域管理经验，需要依托外部团队强化技术管理。通过三年试点期的学习总结，逐步提升自身技术管理水平，实现独立管理。

试点期内，萍乡市政府出台了《萍乡市中心城区海绵城市管理暂行规程》，制定了萍乡市中心城区海绵城市管理的规范流程。萍乡市规划局、建设局先后出台了《萍乡市海绵城市试点建设项目规划管理实施细则》《关于加强建设项目海绵城市施工图设计文件审查工作的通知》《关于加强建设项目海绵城市竣工验收管理工作的通知》，规范了“两证一书”环节海绵城市相关规划审批要求；明确了施工图审查、施工许可证发放等环节的海绵城市专项审批的具体操作办法；制定了竣工验收管理过程中，海绵城市专项验收的详细流程（图3-10）。

海绵城市建设试点期内，海绵城市技术条件的发放、海绵专项方案审查、施工图专项审查、海绵专项竣工验收等技术工作由海绵办聘请的第三方技术服务团队负责。经过三年试点期的学习与积累，各主管职能部门逐步具备了海绵城市技术管理的基本技能。试点期结束后，海绵城市规划管控的各项技术管理工作将逐步回归，由各职能部门负责（图3-11）。

图3-10 试点期建设项目的管控

图3-11 试点期后建设项目的管控

基于三年试点期规划管控经验，萍乡市政府组织研究并制定了《萍乡市海绵城市建设管理规定》，并以市政府规范性文件的形式予以发布，明确提出将海绵城市建设要求纳入到项目立项、土地出让、“两证一书”、施工图审查、竣工验收等建设项目全生命周期管理过程中，切实保证海绵城市理念全程植入建设项目管理。

为配合《萍乡市海绵城市建设管理规定》的全面执行，建立统一的海绵城市建设管理工作标准，萍乡市各部门先后出台了部门实施细则。同时，组织编制了《萍乡市海绵城市建设设计文件编制说明和审查要点》，用于规范建设项目设计单位在方案设计、初步设计、施工图设计各阶段落实海绵城市指标的具体设计要求，指导各级发改、规划、国土、建设等行政审批单位在建设项目各阶段审查工作中落实海绵城市建设目标和技术指标，明确海绵城市专项审查结论作为项目发改立项、规划“一书两证”、施工许可等行政审批的必备条件。全覆盖、全闭合的行政管理机制的建立为在城市建设发展过程中落实海绵城市目标和要求提供了长效的制度保障。

2．高效的海绵城市建设管理

海绵城市试点建设周期短、任务重。按照传统的建设项目审批模式，多部门串联审批，耗时较长。为加快试点建设进度，需创新建设管理模式，提高建设项目审批效率。

萍乡海绵城市试点建设项目涉及不同管理部门。按照现行的条块管理模式，工程建设需要发改、规划、建设、水务、环保、城管、园林等十多个部门分别审批。如按传统审批方式，前期审批环节将耗费将近8个月的时间，对于海绵城市试点工作是无论如何都难以承受的时间成本。为节省建设项目审批时间，同时确保建设项目依法依规办理各项审批手续，必须打破条块管理、串联审批的现行体制，创新管理体制，提高海绵城市试点建设工作效率。

为加强试点建设项目管理、提高试点建设工作效率，萍乡市先后出台了《萍乡市海绵城市试点建设项目管理暂行办法》《萍乡市海绵城市试点建设项目工程技术管理实施细则》等管理文件，形成了一套系统完整的项目审批管理流程，从以下两方面提高了项目审批效率。

（1）分散审批变打包审批

萍乡市海绵城市试点建设项目采用打包审批的方式，五个PPP项目不予分割，统一报建。打包审批不仅有效节省了审批时间，通时也减少了建设单位报审工作量，契合国家“放管服”的管理体制改革思想。

（2）串联审批变并联审批

相关职能部门集中并联审批，核发五个项目包“一书两证”、施工、环评等行政许可。在这种机制的保障下，海绵城市建设项目从设计审查到核发立项，市发改部门只用了5个工作日。从项目的报建到核发“一书两证”、用地批复、施工许可，规划、国土、建设等主管部门只用了10个工作日，极大提高了行政审批时效，节约了大量审批时间。

根据试点期项目建设管理的成功经验，萍乡计划将“打包审批”与“并联审批”的高效模式进行全面推广，在全市后续海绵城市与基础设施建设项目中沿用这种模式，提高建设管理效率。

3. 长效的海绵设施运维管理

三年试点期内，萍乡建设了大量海绵城市设施。海绵设施功效的有效发挥有赖于完善的运营维护管理。目前，海绵城市试点建设项目已全面完工，转入运维阶段。为提高运营管理水平，萍乡经过认真研究，提出了一整套海绵设施运维管理的具体操作办法。

（1）运行维护管理职责划分

海绵设施相对分散，涉及住宅小区、公共建筑、公园绿地、市政道路等多种项目类型。海绵设施的运行维护工作与物业、业主、环卫、园林等不同责任主体的日常保洁、绿化养护工作存在一定重叠。为避免后续运行维护过程中，不同责任主体相互扯皮，必须对海绵设施运行维护职责进行清晰划分。《萍乡市海绵城市建设管理规定》《萍乡市海绵城市建设施工、验收及维护导则》提出了明确海绵设施运维管理的责任单位和具体要求。

按照《萍乡市海绵城市建设管理规定》《萍乡市海绵城市建设施工、验收及维护导则》运维管理的总体要求，具有明确业主、物业管理单位、维护管养单位的项目，海绵设施竣工验收后，移交给相应单位负责日常维护工作。如住宅小区项目，海绵设施维护与小区内原有绿化养护、保洁工作存在交叉关系。海绵设施建成后，由海绵设施管理处负责对小区物业管理人员进行海绵设施维护管理培训，并将海绵设施移交小区物业管理单位负责日常维护工作。当海绵设施出现功能型故障时，小区物业可将相关问题提交至海绵设施管理处。海绵设施管理处核实后，交由对应责任单位进行处理。对于大型调蓄池、闸泵站、分洪隧洞等新建关键性基础设施，则由PPP项目公司或建设单位负责日常运营维护。

（2）智慧化监控与运维监管

萍乡设立了海绵设施管理处负责对海绵设施的长期运行维护进行监管。为提高运营维护工作的信息化管理水平，萍乡市建立了一体化信息管理平台和智慧化设施调度平台，布设了大量监测设备、摄像头、自控设施。借助管理平台，海绵设施管理处可及时发现海绵设施存在的问题，并派遣相应责任单位进行巡查、检修。同时，根据气象预报数据和雨量实时监测数据，按照防洪、防涝预案，及时发布设施调度指令。如暴雨来临前，提前对萍水湖、玉湖等调蓄水体水位进行预降，腾空关键节点调蓄池；暴雨来临时，根据河道运行水位与易涝点积水情况监测数据的变化，及时开启强排泵站，保障各类排涝除险设施的功效有效发挥。

（3）运维管理中的公众参与

海绵设施高度分散，定期巡查周期较长。海绵设施出现问题后，社会公众往往是第一发现人。海绵设施的运行维护必须按照共同缔造理念，鼓励公众参与。萍乡设立了海绵设施运行维护状况举报热线。海绵设施竣工验收后，海绵设施管理处将在设施附近张贴举报热线电话，并对附近居民进行宣传。当公众发现局部内涝积水点、透水铺装堵塞、海绵设施中植物死亡、垃圾清理不及时等问题时，可通过热线电话进行举报。海绵设施管理处核实后，根据问题类型，委派责任单位及时进行处理。

3.1.3 权责明确，奖惩分明，融入政府考核体系

1．清晰明确的责任边界

海绵城市建设是一项复杂的系统工程，建设管理全过程涉及规划、建设、财政、发改、国土等多个管理部门。海绵城市建设的成败有赖于多部门的协同配合。权责不清必然导致各部门间相互推诿，无法有效凝聚各部门力量形成高效推动海绵城市建设的合力。因此，必须通过规范性文件将海绵城市建设过程中各部门的责任予以明确。

（1）管理职责总体划分

《萍乡市海绵城市建设管理规定》明确了海绵城市建设的相关责任单位，清晰划定了各部门在海绵城市建设管理过程中的主要职责，并在责任部门工作流程中明确了海绵城市建设管理的具体工作要求。市建设行政主管部门负责统筹协调、组织推进全市海绵城市建设管理工作。市规划、财政、水务、发改、国土等部门按照各自职责，做好海绵城市建设管理的相关工作。各县（区）人民政府统筹本区域内海绵城市建设管理工作。

（2）建设部门主要职责

建设行政主管部门负责统筹协调、组织推进全市海绵城市建设管理工作。在办理《建筑工程施工许可证》时，应审查海绵城市建设技术指标落实情况。未按规定落实的，不予核发《建筑工程施工许可证》。在建设项目施工过程中，应对建设项目的海绵城市建设工程质量进行监督管理，并将海绵城市工程建设情况纳入工程质量监督报告。建设项目竣工验收时，建设单位应组织海绵城市建设专项验收。未组织海绵城市建设专项验收或者验收不合格的，不得投入使用，不予竣工验收备案。

（3）规划部门主要职责

规划行政主管部门应在城乡规划体系中落实海绵城市建设专项规划空间管控内容，在编制的城市控制性详细规划中应分解落实海绵城市建设目标和技术指标。规划行政主管部门在确定国有土地出让或者划拨的用地规划指标时，应将城市控制性详细规划中确定的海绵城市建设目标和技术指标纳入《规划设计条件通知书》。规划行政主管部门在审查建设项目规划设计方案时，应当组织建设项目的海绵城市建设专项方案审查。未经审查或者审查不合格的，规划行政主管部门原则上不予办理《建设工程规划许可证》。

（4）财政部门主要职责

财政部门负责萍乡市海绵城市建设领域投融资管理工作。推动投融资体制改

革，鼓励社会各类投资主体对海绵城市建设进行投资，形成多元化投资结构，提高海绵城市投资建设的管理水平和经营效率。监督各区县、各部门海绵资金的使用，并制定相应的监督管理办法。协助海绵城市PPP项目招标相关工作，配合管理海绵城市PPP公司资金运作及使用情况。

（5）水务部门主要职责

按照萍乡市水系规划和蓝线规划相关要求，负责全市河流、湖泊生态岸线建设、修复与管理工作。按照城市防洪要求，负责防洪工程建设与维护。监督萍乡市主城区沿河截污干管的建设与运维工作，定期巡查，及时发现截污系统存在的问题，责成相关责任单位进行整改。

（6）发改部门主要职责

发展改革部门批复政府投资建设项目可行性研究报告和初步设计时，应根据城市控制性详细规划中确定的海绵城市建设目标和技术指标对投资项目进行审查。未经审查或者审查不合格的，发展改革部门原则上不予立项。

（7）国土部门主要职责

国土资源行政主管部门应当依据规划行政主管部门《规划设计条件通知书》确定的海绵城市建设目标和技术指标，在实施土地出让或者划拨时，将其纳入规划条件。未纳入的，不得实施土地的招拍挂或者划拨。

（8）县（区）政府主要职责

各县（区）人民政府应当编制海绵城市建设专项规划，建立海绵城市建设技术体系，并根据本辖区海绵城市建设专项规划要求制定年度建设计划，确保建设计划落实。加强本辖区内建设项目的海绵城市建设规划管控工作，确保海绵城市指标有效落实。

2. 奖惩分明的考核体系

为保障各部门及县区有效落实海绵城市建设要求，必须建立奖惩分明的考核体系。萍乡市委、市政府高度重视海绵城市考核工作，将海绵城市建设工作的推进、执行情况纳入了对各部门及县区的考核体系。各主要相关职能部门也分别结合部门自身情况，将海绵城市建设管理工作纳入部门内部的考核体系。

（1）县（区）考核

《萍乡市海绵城市建设管理规定》明确提出市政府将海绵城市建设情况纳入对各县（区）人民政府、萍乡经济技术开发区管委会、武功山风景名胜区管委会、市政府各有关部门的年度考评体系，由市建设行政主管部门和市考核考评部门共同负责考核工作。

萍乡市委办公室、市政府办公室在《关于认真做好2016年度市县科学发展综合考核评价工作的通知（萍办字〔2016〕52号）》“生态文明建设”考核板块中增设了“海绵城市建设与成效”，分值为2分，主要负责人为海绵办主任，责任部门为海绵办。在2017年度、2018年度科学发展综合考核评价工作中，将“海绵城市建设与成效”分值由2分增加至13分，主要负责人增加了两位市领导，并将“海绵城市建设与成效”划定为重点考核单项。

（2）部门考核

按照市委、市政府和市绩效办的统一要求，萍乡市各海绵城市建设相关职能部门分别制定并呈报了部门考核工作方案。按照工作方案进行了年度考核，并将考核结果向全市通报。

萍乡市建设局制定了《萍乡市建设局2017年度绩效管理工作方案（萍建设字〔2017〕212号）》，将推进海绵城市建设列为5项重点工作之一，在建设局绩效管理评价中占25分。由建管科负责在施工许可证发放、竣工验收备案等环节落实海绵城市建设要求。

萍乡市规划局制定了《萍乡市规划局2017年度绩效管理工作方案（萍规字〔2017〕40号）》，将推进海绵城市建设管理纳入在城管局绩效管理评价体系中，占15分。由编制科负责将海绵城市技术要求作为编制规划或出具规划设计条件的强制性指标；由各规划分局负责将海绵城市专项方案审查作为总平面设计方案规划审查的前置要求，将海绵城市作为规划审批、验收必须核实的内容。

萍乡市水务局制定了《萍乡市水务局2017年度绩效管理工作方案（萍水字〔2017〕82号）》，将推进海绵城市建设列为10项重点工作之一，在水务局绩效管理评价中占7分。由水务局建管科负责完成水体岸线生态修复工作，监督管理沿河排口改造工程，监督管理污水再生利用工作，监督管理防洪排涝基础设施建设工程。

萍乡市财政局制定了《萍乡市财政局2017年度绩效管理工作方案（萍财办〔2018〕6号）》，海绵城市建设资金管理相关内容在财政局绩效管理评价中占8分，由经建科负责高效、安全拨付海绵城市建设资金；由评审中心负责及时完成海绵城市项目财政预算评审。

萍乡市发改委制定了《萍乡市发展和改革委员会2017年度绩效管理工作方案（萍发改办字〔2017〕639号）》，将推进海绵城市建设纳入绩效管理评价中，占4分。由产业科负责加快出台萍乡市海绵产业发展海绵产业经济的实施意见。

萍乡市工信委制定了《萍乡市工业和信息化委员会2017年度绩效管理工作方案（萍工信字〔2017〕101号）》，将推进海绵产业发展纳入绩效管理评价中，占5分。由经济运行科、国防工业科负责起草、编制《萍乡市海绵产业发展规划（2018~2022年）》，扶持海绵产业相关企业。

（3）奖惩措施

目前，2016年度、2017年度市县科学发展综合考核评价工作已完成。市海绵办负责了“海绵城市建设与成效”子项考核工作，考核采用日常考核与年终观摩相结合、部门考核与市领导考核相结合、数据考核与现场考核相结合的方式。因海绵城市建设进展顺利、效果突出，市委、市政府决定，授予安源区2016年度“项目建设”先进县区荣誉称号，并给予30万元奖励（图3–12）。

中国共产党萍乡市委员会

萍字〔2017〕46号

中共萍乡市委　萍乡市人民政府
关于表彰2016年度县区科学发展
综合考核评价先进县区的通报

各县区委、县区人民政府，市委各部门，市直各单位，市各人民团体，中央、省驻萍各单位：

2016年，围绕市委、市政府提出的“年年有变化、三年大变样、五年新跨越”总体要求，全市上下树立进位赶超、争先

合考核评价综合先进县区”荣誉称号；授予安源区2016年度“项目建设”先进县区荣誉称号；授予湘东区2016年度“城乡环境卫生综合整治”先进县区荣誉称号；授予芦溪县、萍乡经济技术开发区2016年度“产业集群建设”先进县区荣誉称号；授予武功山风景名胜区2016年度“旅游开发与建设”先进县区荣誉称号。

希望受到表彰的先进县区珍惜荣誉，开拓进取，再创佳绩。各地各部门要以先进县区为榜样，奋发有为，扎实工作，为推动全市经济社会持续健康较快发展做出新的更大贡献！

图3-12　2016年县区考核结果通报

3.2　探索模式创新，转变政府角色，破解效率问题

针对传统建设模式下，政府身兼多重角色、工程实效低下的问题，萍乡积极采用PPP模式，并在PPP项目推进实施过程中进行了大量有益探索。

3.2.1　政企合作，互利共赢，构建良性生产关系

1．明确的主体地位，严控项目的总体方向

在海绵城市PPP项目中，政府与企业属合作关系，但彼此的诉求有所不同。政府方代表公众利益，强调项目的社会效益；企业目标在于实现利润的最大化，强调项目的经济效益。政府与企业建立平衡关系，实现互利共赢的同时，政府方必须明确自身的主体地位，严控项目的总体方向，避免偏离PPP项目建设初衷。

（1）设立高标准的准入门槛

在PPP项目设立之初，政府方需要充分结合项目特点和建设需要，设立高标准的准入门槛。萍乡海绵城市PPP项目中，萍乡对设计单位、施工单位均提出了严格的准入门槛。如设计单位需要具备工程设计综合甲级资质，具有丰富的海绵城市与大型市政基础设施设计业绩，同时对设计负责人及设计团队成员提出了明确的职称与执业资格要求。

（2）严守工程建设总体目标

为确保海绵城市建设达到预期效果，萍乡始终坚持工程建设的总体目标不放松。对于海绵城市实施过程中的细节问题，PPP项目公司具有一定自主性。但无论采取何种设计或施工方案，排水分区尺度的总体目标不得变更。在无法达到工程建设目标的情况下，政府坚决行使一票否决权，及时提出整改要求，确保工程建设总体目标的实现。

（3）坚持设计方案的系统性

海绵城市建设实施过程中，由于场地条件的复杂性、相关利益群体的多样性，

经常遇到种种实施困难，设计变更往往在所难免。局部的设计变更是允许的，但必须确保总体方案的系统性，避免出现工程碎片化问题。施工过程中涉及方案重大调整的设计变更，除需设计单位同意外，必须重新报送市海绵办第三方技术审查单位重新审查。未经技术审查单位的审查同意的变更不予批准。

2．合理的权责分配，专业的人做专业的事

在传统的市政基础设施项目中，政府方常常既当“裁判员”，又做“运动员”。海绵城市建设项目必须摒弃这种模式，强调专业的人做专业事，政府侧重于监督管理，项目的具体运作实施则交由专业单位负责。

（1）政府方的角色

海绵城市PPP项目中，政府方重点负责项目的监督管理与协调协助工作。

监督管理方面，政府方重点需要关注总体技术把控、工程监督、资金监管。考虑政府部门中，海绵城市专业技术人才稀缺，试点期萍乡海绵城市项目总体技术把控工作交由第三方技术团队负责。工程监督重点包括：工程进度计划、工程建设质量、安全生产与文明施工三方面。资金监管重点包括：全过程跟踪审计、资金使用计划、资金划拨等。

协调协助方面，政府方需要负责协助PPP项目公司办理各项工程建设的前期审批手续，协调用地、群众关系，解决施工过程中遇到的各种障碍与阻力。如西门包位于老城区，建筑密度高，空间局促，泵站、调蓄池等大型基础设施建设过程中出现了大量占地纠纷，单纯依靠项目公司力量难以解决，将严重影响海绵城市建设的整体进度。萍乡市副市长、海绵办主任叶华林同志和海绵办第一副主任李南开同志多次赴现场协调，并委派专职人员跟踪处理，经过不断努力最终帮助项目公司解决了用地问题，确保了工程能够继续顺利推进实施，按期完成了工程建设任务。

（2）社会资本方的角色

海绵城市是一项复杂的系统工程，单一企业往往难以胜任设计、投资、施工及运营各阶段所有工作。因此，萍乡海绵城市PPP项目招标条件中，允许投资人进行联合体投标，但对联合体不同类型成员单位都提出了高标准的准入门槛。确保设计、投资、施工及运营各环节都只有最优质的企业能够入围。社会资本方为了提高投标竞争力，往往也会选择不同领域内的优质企业组成联合体共同投标。实践检验证明，萍乡老城区海绵城市五个项目包最终中标联合体的构成中，设计单位为市政领域顶级的设计院，施工单位均为大型央企施工企业，真正做到专业的人做专业事。

社会资本方负责项目合作期内的设计、投资、施工及运营等一系列工作。社会资本方必须根据国家、江西省及萍乡市有关政策规定，做好设计质量、工程质量、安全、进度、投资控制等工作并承担全部责任，确保项目按时、保质竣工并正常运营。

3．高效的监管模式，政府不越位、不失位

为构建政府和企业间良性的生产关系，必须确保海绵城市PPP项目建设管理过程中政府不越位、不失位，实现对项目的高效、规范、有序监管。

（1）政府的监管管理权

萍乡市政府通过了《萍乡市政府投资建设项目监督管理办法》《萍乡市海绵城市试点建设工作领导小组办公室PPP项目工程监督管理制度》《萍乡市海绵城市试点建设工作领导小组办公室PPP项目包资金监督管理制度》，从制度上规范了海绵城市建设PPP项目的监督管理模式，明确了政府在监督管理过程中的主要职责。上述文件规定的政府监管职责以外的企业正常经营事项，政府方不得干涉。

（2）企业的自主经营权

海绵城市建设PPP项目公司作为独立的企业法人拥有日常经营活动的自主权。如除PPP合同约定的政府提名人员以外的其他工作人员的任命权、工作人员的日常管理、满足设计标准要求的材料与设备的采购等事项均为企业的自主经营范畴，政府方不得干涉。如政府方工作人员无故干涉上述企业具有自主权的经营事项，项目公司可向市海绵办进行投诉。海绵办查实后，将立即制止相关违规行为，情节严重的，依法移交纪委与司法机关处理。

4．有效的激励机制，降低全寿命周期成本

为有效降低海绵城市建设全寿命周期成本，萍乡市大力推行了海绵城市PPP模式。边界条件清晰、绩效考核方案切实可行的项目优先采用PPP模式。同时，萍乡创新提出了设计费计费模式的优化探索，有效提高了设计单位从性价比最优的角度优化设计方案的积极性，有效节省了工程投资。

（1）推广PPP模式，激励企业降低全寿命周期成本

创新建设投资模式是降低海绵城市建设项目全生命周期成本的有效途径。以PPP机制引入社会资本，由社会资本负责项目的设计、投融资、建设运营、维护。PPP模式实行按效付费，在保障工程实施效果的前提下，PPP项目公司不再追求单个阶段成本最小化，而会主动优化设计、施工、运营方案，通过资源的有效配置、风险的合理分配，采用市场化运作方式，争取获得全生命周期最低成本。以萍乡老城区万龙湾项目包PPP项目为例。为解决万龙湾的洪涝灾害问题，原设计方案是对五丰河建设路口至五丰河口河道进行拓宽。河道拓宽涉及河道沿线大量建筑征拆问题。征地拆迁不仅会大幅增加工程总投资，而且存在较大的工程延期风险。PPP项目公司主动对工程现场进行了详细踏勘，深入研究测算后，提出了优化方案，取消了五丰河拓宽计划，改为沿与五丰河平行的公园路修建排水箱涵，分流五丰河水，降低五丰河行洪压力，确保五丰河防洪标准达到目标要求。方案优化后，因大幅降低了征地拆迁费用，工程总投资节省了2682万元，工期缩短了7个月以上。

（2）创新设计费计费，激发设计单位优化设计方案

萍乡海绵城市建设在设计招标时，改变设计费取费与工程投资挂钩的传统方式，通过评估和论证采用包干价的方式确定总的设计费。传统的设计费计费模式下，设计单位往往倾向于通过增加工程投资，以获取高额的设计费。萍乡创新的设

计费包干价模式，有效规避了设计单位过度设计、人为提高工程投资的风险，激发了设计单位在技术可行的基础上对项目和投资进行优化的积极性，有效减少了工程投资。以萍乡市老城区御景园小区为例，早期设计方案中，小区内部布设了大量雨水模块，不仅投资较高，而且后续运行维护复杂。为了降低工程投资、减少运行维护费用，设计单位在后续的深化设计过程中，结合小区内场地地形设计了大量雨水花园和景观水体，实现了雨水的自然蓄滞，取代了原雨水模块方案。按照新的设计方案，工程投资由原来的885.58万元降至778.41万元，降低了13%。

3.2.2 绩效考核，按效付费，建立科学考核体系

1．科学打包，形成清晰项目边界

科学打包，确保项目具有清晰的边界条件，是PPP项目绩效考核的重要前提。萍乡PPP项目打包基本遵从河流水系的自然流域划分与管网系统排水分区。每个PPP项目都有清晰的考核边界。有效避免了后续绩效考核过程中，各相关方责任不清，互相推诿等问题。

新城区以目标为导向，侧重于通过规划管控手段，确保新建项目严格落实海绵城市建设要求。新建项目海绵城市建设主体为项目开发商或建设单位。由于大量新建项目与改造项目并存，涉及不同责任主体与实施单位，难以严格划分责任边界，同时改造项目相对较少，且较为分散，不便按汇水分区或排水分区打包并进行绩效考核，因此由政府直接投资建设。

老城区以问题为导向，重点在于完善城市基础设施，解决城市突出的内涝问题与水环境问题。基于大排水系统的总体构架，按照城市排水分区、竖向特征、功能特征、问题特征、建设条件等因素，划分项目片区。老城区共分为万龙湾、蚂蟥河、西门、白源河四个项目片区。各项目片区水文单元与排水系统均相对独立，责任边界清晰。四个项目片区均独立打包，采用PPP模式推进实施。各项目片区均按照自身排水系统布局，布设了液位计、流量计、TSS仪，基于实测数据对项目片区海绵城市建设成效进行考核（图3–13）。

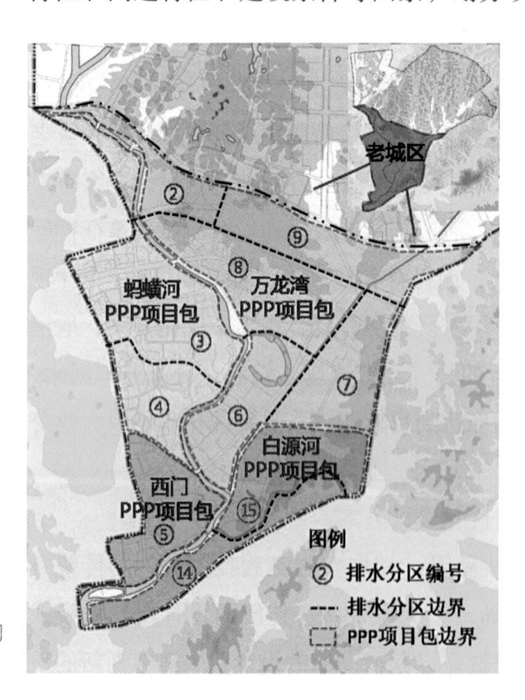

图3–13 PPP项目包的划分

除上述老城区万龙湾、蚂蟥河、西门、白源河四个项目片区以外，萍乡市将城区污水干管提升改造工程独立打包为萍乡市城区河道综合治理PPP项目。城区污水干管上下游贯通，为独立且连贯的管网系统，如分段打

包委托不同责任主体推进实施，容易出现工程间衔接不佳，责任单位间互相推诿扯皮的问题。因此，将城区污水干管提升改造工程统一打包为一个PPP项目包，统一设计、建设、运维，并整体进行绩效考核。

2. 严格考核，建立绩效考核体系

为加强海绵城市PPP项目绩效考核工作，萍乡市出台了《萍乡市海绵城市试点建设工作领导小组办公室PPP项目绩效考核管理制度》，提出了详细的绩效考核方案。

（1）考核的组织方式

海绵城市建设试点期内，海绵办负责组织PPP项目绩效考核；试点期结束后，海绵设施管理处负责组织PPP项目绩效考核。为保证海绵城市建设项目的绩效考核公平、公正、全面、合理，海绵城市绩效考核组抽调规划、建设、环保、财政、水利、城管等部门人员组成。海绵城市PPP项目绩效考核分建设期考核与运营期考核。建设期考核侧重工程建设的进度和质量，运营期考核侧重工程建设的实际成效。绩效考核工作采取现场考核与日常监测相结合的方式。现场考核分数由考核组按照评分细则现场巡查确定；日常监测分数则依据在线监测设备与人工采样监测结果确定。考核结束后，考核组编写书面绩效考核报告，提交萍乡市海绵城市建设工作领导小组审议，并向社会公布，接受公众监督。领导小组审议通过后，作为按效付费的依据。萍乡市财政局根据PPP项目合同的约定和绩效考核结果向PPP项目公司支付相应服务费。

（2）建设期考核要点

建设期绩效考核要求为项目通过竣工验收。建设期绩效考核的重点包括：建设工期、工程质量和安全生产三方面（表3-1）。

萍乡市海绵城市建设期绩效考核指标　表3-1

指标类别	考核依据
工程质量	按照《萍乡市海绵城市建设施工、竣工验收技术导则》《城镇道路工程施工与质量验收规范》CJJ 1—2008《园林绿化工程施工及验收规范》CJJ 82—2012《给水排水管道工程施工及验收规范》GB 50268—2008对工程建设质量进行现场检查
建设工期	按照市海绵办批复的工程进度计划，进行现场检查
安全生产	按照《建筑施工安全检查标准》JGJ 59—2011进行现场检查

1）建设工期

海绵城市试点建设项目面临国家绩效考核，有严格的工期约束。萍乡在试点建设之初，对每一个试点建设项目都设定竣工验收时限，制定了合理的工程进度计划。工程建设进度是否满足项目工期总体安排，是建设期考核的一项关键内容。

2）工程质量

保障试点建设项目工期的同时，不能牺牲工程建设质量。每一个项目都以打造样板、塑造精品为目标，严格控制施工建设中的每个环节，把好质量大关。海绵办、质监站定期组织进行联合检查，检查施工监理单位出具的监理记录和阶段性监理报告，确保项目建设过程中严格按图施工、不偷工减料，及时发现工程建设过程中存在的质量问题，提出整改要求，反馈PPP项目公司进行对照整改。同时开通群众监督举报热线电话，接受社会公众对项目建设的反馈意见。

3）安全生产

定期对各海绵城市建设项目安全生产情况进行逐一排查，发现问题立即指出，现场整改。

（3）运营期考核要点

运营期绩效考核重点关注资产有效性、财务健康性、系统安全性、社会满意度四方面内容（表3-2）。

萍乡市海绵城市运营期绩效考核指标 表3-2

指标	考核内容	权重
资产有效性	项目公司的管理体系。考核项目设施的运营管理、日常维护	70%
财务健康性	对运营的成本开支、收入、关键财务指标等进行监控，保障项目的正常运行	10%
系统安全性	针对该项目安全隐患，加强监管，保障项目安全可靠运行，避免重大安全事故发生	10%
社会满意度	针对社会资本与公众、政府部门等的关系，考核社会对该项目的满意程度，接受公开监督，提升社会效益	10%

1）功能有效性

重点评估海绵设施日常运行维护状况及综合环境效益。绩效考核采用实时在线监测、定期监测和日常巡查相结合的方式（图3-14）。萍乡在老城区各内涝点安装了液位计和摄像头，实时监控是否发生内涝，每发生一次内涝问题，按照约定扣除相应绩效考核得分；在排水主干管检查井内布设流量计，评估径流控制效果；河道考核断面每月人工采样一次，评估河道水质达标情况。此外，海绵设施管理处定期组织对海绵设施进行现场巡查，重点检查设施是否正常运行、植被存活情况、海绵设施及管线堵塞情况等。根据现场巡查发现的问题，按照评分标准扣除相应绩效考核得分。

2）财务健康性

海绵设施管理处定期组织对PPP项目公司运营成本开支、收入、关键财务指标进行检查，重点评估各项财务指标的合理性与合规性。

3）系统安全性

海绵设施管理处定期组织对关键海绵设施进行安全生产评估，及时发现海绵设施运维管理中存在的各项安全隐患，并扣除相应绩效考核得分。

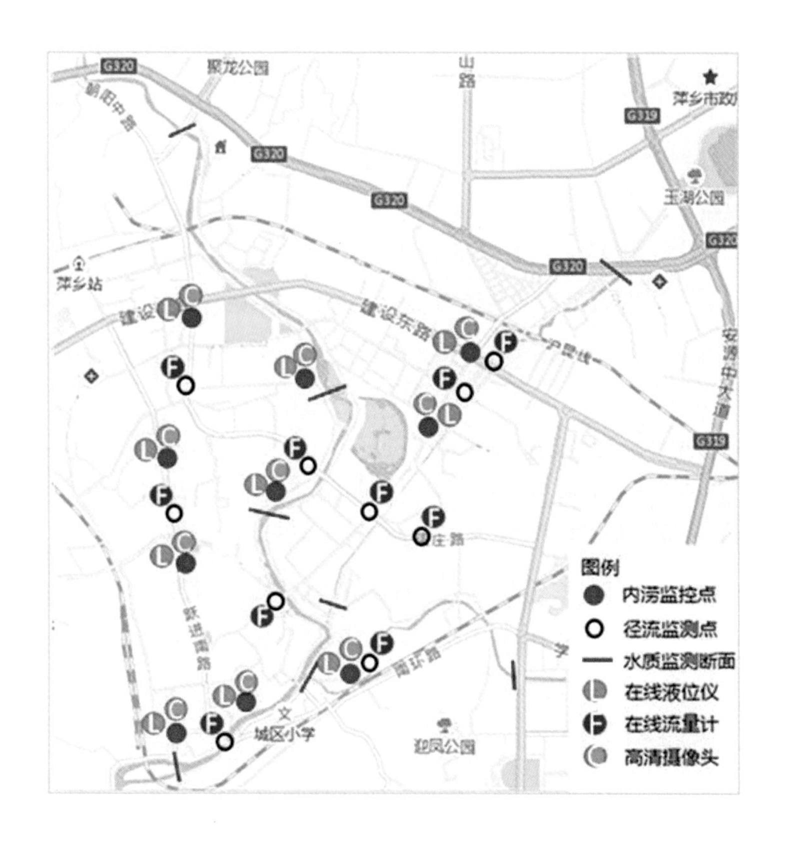

图3-14　运营期绩效考核监测设备与监测断面的布设

4）社会满意度

海绵设施管理处定期组织问卷调查，了解各海绵设施相关单位及群众对于设施运行情况的满意度，作为绩效考核社会满意度子项评分依据。

3．按效付费，买效果而非买工程

萍乡市海绵城市PPP项目采用"按效付费"模式。项目公司负责项目的设计、投资、施工和运营工作。政府方通过购买服务的方式支付项目公司服务费。

（1）服务费的计算

服务费包括可用性服务费和运营维护服务费。项目可用性服务费支付前提为项目竣工验收合格。可用性服务费基本金额由审计机关认定的通过竣工验收的项目总投资、工程费用下浮率、收益率计算确定，其中工程费用下浮率、收益率由采购响应文件中的报价确定。运营维护费基本金额由采购响应文件中的报价确定，运营维护服务费支付以绩效考核评分为基础。

每年政府付费金额按照式3-1执行：

$$\text{每年政府付费金额}=\left[F\times(1-r)+E-\text{政府方投入资本金}\right]\times\frac{i\times(1+i)^8}{(1+i)^8-1}\times 35\%\times p$$
$$+\left[F\times(1-r)+E-\text{政府方投入资本金}\right]\times\frac{i\times(1+i)^8}{(1+i)^8-1}\times 65\%+p\times c\times M \qquad (3\text{-}1)$$

式中F——审计机关认定的通过竣工验收的项目总投资中的工程费用部分，单位：万元；

E——审计机关认定的通过竣工验收的项目总投资中除工程费用以外的其他费用，单位：万元；

r——工程费用下浮率；

i——收益率；

p——绩效考核系数，当年度绩效考核分数＜50，p=0；当50≤年度绩效考核分数＜60，p=0.6；当60≤年度绩效考核分数＜70，p=0.7；当70≤年度绩效考核分数＜80，p=0.8；当80≤年度绩效考核分数＜90，p=0.9；当90≤年度绩效考核分数≤100，p=1；

c——运营维护服务费调整系数；

M——运营维护服务费基本金额，由采购响应文件中的报价确定。

（2）服务费的调整

运营维护服务费可根据运营期间的通货膨胀情况进行调整，乙方在运营期开始后，每年可向甲方递交一次调价申请。调整系数按式3-2计算：

当$CPI_{n-2}<1.03$时，$c=1$；

当$CPI_{n-2}\geq 1.03$时，$c=CPI_{n-2}$ （3-2）

式中CPI_{n-2}——第$n-1$年由萍乡市统计局编制的《萍乡统计年鉴》中公布的“居民消费价格同比指数”中第$n-2$年对第$n-3$年的百分比指数。

通过绩效考核、按效付费机制，可有效地将海绵城市试点建设目标考核的压力和承担的部分风险转移给PPP项目公司，激励项目公司在设计、施工、运维过程中优化设计方案，提高工程建设质量和维护管理水平。

3.3 强化揽才引智，注重顶层设计，破解技术难题

针对海绵城市试点建设过程中的技术难题，萍乡加强顶层设计，组织编制了一系列专项规划与标准规范；同时引入外部特聘专家及第三方技术团队强化技术保障与本地人才的培养，形成了不同阶段多层次的技术保障体系。

3.3.1 揽才引智，强化合作，培育本地专业人才

海绵城市建设专业性和综合性较强。试点建设之初，萍乡本地政府机构和设计单位相关专业人才极度匮乏。海绵城市如何设计、怎样建、如何管都缺乏经验。萍乡深刻认识到为了提升本地技术力量，需要在试点期内引入更为专业的技术团队进行引导，让海绵城市技术种子在萍乡扎根发芽。基于上述思考，萍乡海绵城市建设的技术保障体系采用“引进来，促提升，走出去”三步走策略。

1．聘顾问，邀请顶级专家作为政府特聘顾问

为加强萍乡海绵城市试点建设技术路线与关键技术环节的总体把控，萍乡市政府邀请了五位行业内的顶级专家作为政府海绵城市建设特聘顾问，并发放了聘

书。特聘顾问均来自住建部海绵城市建设技术指导专家委员会，在业内具有专业权威性。萍乡海绵城市试点建设之初，市政府便邀请特聘顾问对萍乡的情况进行整体“把脉”，明确总体的技术思路。试点建设过程中，如遇具有争议的重大技术问题，市政府也将根据专业领域，提请不同的特聘顾问审议，协助进行技术决策。

2. 引进来，聘请专业的第三方技术服务团队

萍乡通过公开招标的方式聘请了专业的第三方技术服务团队与本地设计院共同提供三年试点期的全过程技术服务。技术服务工作主要包括以下五方面内容：①海绵城市建设顶层设计。制定海绵城市试点建设的指标体系、技术路线、总体方案等核心技术内容；②海绵城市技术条件拟定。协助市海绵办制定并发放各新建、改建、扩建项目的海绵城市建设技术条件；③海绵城市设计技术审查。包括海绵城市专项设计方案审查和施工图审查两部分，作为试点期规划管控的重要前置条件；④海绵城市建设动态评估。根据萍乡市海绵城市项目建设推进的具体情况，在保证整体达到海绵城市建设要求的前提下，提出动态调整优化方案。⑤全过程技术支撑与服务。全程参与海绵城市建设的规划、设计、施工、验收各环节技术管理工作，为海绵办各项重大技术决策提供必要的意见建议。

3. 走出去，强化本地海绵城市专业人才培养

在充分利用第三方技术服务团队技术保障的同时，萍乡始终高度重视本地海绵城市技术人才的培养工作。积极组织技术服务团队与本地设计单位、相关政府管理部门进行技术交流。具体项目规划设计过程中，鼓励技术服务团队与本地设计单位进行全方位的技术合作，做好“传、帮、带”工作。三年试点期中，萍乡培育了一大批本地海绵城市专业技术人才。本地设计院已可独立承担各阶段海绵城市规划设计工作，为试点期结束后海绵城市建设深入持续推进提供了有效的技术依托。

3.3.2 顶层设计，全面立标，构建科学技术体系

1. 系统化的顶层设计

入围海绵城市建设试点后，萍乡清晰地认识到海绵城市建设不可盲目开展。一方面，海绵城市是全新的城市建设发展理念，萍乡缺乏海绵城市建设的技术储备与相关经验；另一方面，长期困扰萍乡的洪涝灾害是复杂的流域性问题，必须真正找准病因，制定系统化的综合治理方案。因此，萍乡在试点建设之初，围绕海绵城市建设开展了大量顶层设计工作。

（1）专项规划与系统化方案

萍乡首先组织编制了《萍乡市海绵城市专项规划》。《萍乡市海绵城市专项规划》系统、全面地分析了城市的水安全、水环境、水生态、水资源等方面的问题，综合评估了萍乡海绵城市建设的本底条件，参照住房和城乡建设部《海绵城市建设绩效评价与考核办法（试行）》，提出海绵城市建设的总体目标与具体指标。在此

基础上提出了萍乡海绵城市建的总体技术路线。保护山、水、林、田、湖、草自然生态空间格局。老城区以问题为导向，重点解决突出的内涝问题；新城区以目标为导向，科学制定规划建设管控的目标及指标体系。

海绵城市建设工作是一项复杂的多目标融合的系统性工程，涉及大量工程建设项目。为确保工程有序衔接，发挥综合效益，在《萍乡市海绵城市专项规划》的基础上，针对试点区海绵城市试点建设工作，萍乡市编制了《萍乡市海绵城市试点建设系统化方案》，按照源头减排、过程控制、系统治理的思路制定系统化的工程体系，加强多目标融合，统筹发挥绿色基础设施和灰色基础设施的协同作用，确保综合效益最大化。

三年海绵城市建设试点期内，萍乡始终严格贯彻落实《萍乡市海绵城市专项规划》、《萍乡市海绵城市试点建设系统化方案》提出的总体要求和关键技术路线。实践检验证明，萍乡坚持系统化顶层设计，并严格按照规划进行落实的工作思路是正确的。“上截—中蓄—下排”的大排水体系构建完成后，老城区的内涝问题彻底解决了。新城建设开发过程中，预留的萍水湖、玉湖、翠湖、聚龙公园等大型绿色生态空间综合效益已经显现，不仅充分发挥了雨洪蓄滞作用，同时大幅提升了区域的环境品质与城市品位。

（2）海绵要求纳入法定规划

为确保试点期结束后，海绵城市理念能够深入贯彻到城市的长期发展过程中，在市委、市政府的强力推动下，萍乡将海绵城市建设相关要求全面纳入了萍乡市城乡空间总体规划（多规合一）、城市总体规划和控制性详细规划等法定规划（图3–15）。

全域尺度上，结合萍乡城乡空间总体规划（多规合一）编制，萍乡建立了多维度的海绵城市空间管控体系，划定了生态控制线和城镇开发边界，明确了禁建区和限建区。其中市域生态控制线1394.12km^2，占市域面积36.39%；禁建区1855km^2，占市域面积48.42%；限建区1626km^2，占市域面积42.44%。强化全域管控，建立“山、水、林、田、湖、草”空间管制格局，构建全域尺度海绵体。

中心城区尺度上，结合萍乡城市总体规划修编，统筹考虑河湖水域、绿地系统与生态功能单元的整体性、协调性、安全性和景观生态要求，划定蓝线、绿线与生态涵养区，利用自然肌理，保护河流、湖泊、塘堰、滩涂等自然蓄滞空间，奠定中心城区海绵城市格局的本底基础。

项目地块尺度上，萍乡市组织对

市域尺度
萍乡城乡空间总体规划(多规合一)
划定市域三区五线，强化全域管控，建立“山、水、林、田、湖、草”空间管制格局，构建全域尺度海绵体

中心城区尺度
萍乡城市总体规划修编
划定蓝线、绿线与生态涵养区，保护河流、湖泊、滩涂等自然蓄滞空间，奠定中心城区海绵城市格局本底基础

地块尺度
萍乡各分区控制性详细规划
主城区控规进行调整，将年径流总量控制率、径流污染削减率等海绵城市相关控制指标纳入了控制性详细规划

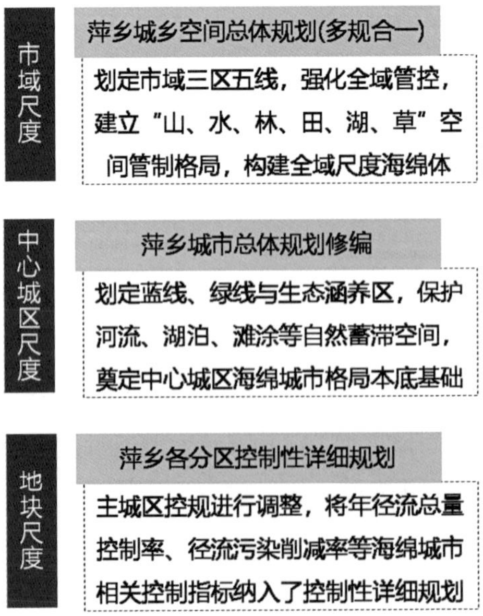

图3–15 海绵城市建设要求在各层级规划中的落实

主城区控制性详细规划进行了调整，将年径流总量控制率、径流污染削减率等海绵城市相关控制指标纳入了控制性详细规划。海绵城市指标纳入控制性详细规划后，将具备法定效力。地块出让时，海绵城市控制指标将作为核心规划条件纳入规划管控体系严格落实。

2．属地化的规范标准

萍乡市在海绵城市规划、设计、施工、验收等各个环节进行全方位的标准制定，解决海绵城市建设项目在试点过程中无规划引导、无技术参数、建设后竣工验收无标准的问题。

（1）全方位的标准体系

海绵城市是一项全新的城市建设发展理念。在试点建设之初，萍乡本地设计、施工、管理单位均缺乏相关经验。为保障海绵城市试点建设工作顺利推进，萍乡市组织编制了《萍乡市海绵城市规划设计导则》《萍乡市海绵城市建设标准图集》《萍乡市海绵城市建设植物选型技术导则》《萍乡海绵城市设计文件编制内容与审查要点》《萍乡市海绵城市建设施工、验收及维护导则》等一系列标准规范，作为萍乡市海绵城市建设过程中的重要技术依据。上述标准规范，涵盖了海绵城市规划、设计、施工、验收全过程的各个环节，确保海绵城市建设过程中的每个环节都有标准可循。

三年试点建设期间，萍乡在海绵城市建设过程中进行了大量探索性尝试，积累了许多经验。同时，根据已建海绵设施的实测监测数据，萍乡对海绵设施进行了系统化梳理、总结，提出了许多设计优化的建议。结合海绵城市试点建设实践经验，萍乡对《萍乡市海绵城市规划设计导则》《萍乡市海绵城市建设标准图集》《萍乡市海绵城市建设植物选型技术导则》等标准规范进行了修订。修订后的标准规范更好地契合了萍乡本地实际，对本地海绵城市设计、施工、运维具有重要的指导意义。

（2）本地化的设计参数

萍乡海绵城市设施设计面临的首要难题是土壤改良问题。萍乡地区土壤多为红壤，以本地土壤作为海绵设施基质存在以下问题：①土壤渗透性差，雨水下渗缓慢；②酸度大，不利于植物生长；③结构差，红壤持肥持水能力低。

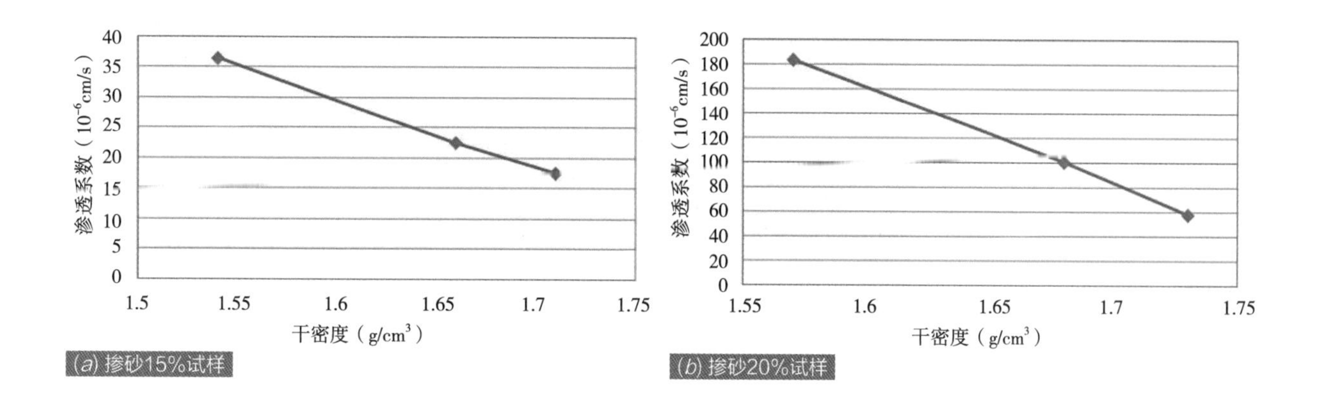

图3-16 不同掺砂比下土样渗透系数测试结果

针对土壤渗透性差的问题，萍乡对不同掺砂比的种植土在不同压实度下的渗透性能进行了测试。重点测定渗透系数，实测不同深度蓄水层渗完时间，绘制了本地土样在不同压实度和掺砂比条件下的渗透系数曲线，作为本地海绵设施优化设计的依据（图3-16）。

针对土壤持水持肥能力低的问题，萍乡组织研究了在掺砂的同时加入一定量的有机肥或有机基质，协调土壤的通气透水与保水保肥能力。萍乡进行了大量土壤改良探索，提出了适用于不同类型海绵设施的多种田园土、砂、腐殖土（或草炭）、木屑配置比例。

针对红壤酸度大的问题，萍乡制定了采用石灰进行土壤改良的具体方法。为避免石灰长期施入导致土壤板结的问题，萍乡提出了详细的石灰施入量、施入时间及草木灰的配合施加的具体要求。

（3）标准化的施工工艺

海绵城市涉及专业领域多，施工环境复杂，施工单位缺乏相关经验。如何优质高效的完成海绵城市建设任务是施工单位面临的重大挑战。为确保海绵城市施工质量，萍乡市建立了标准化的海绵设施施工工艺。

施工工艺与施工方案制定过程中，萍乡大量采用了先进的BIM技术，充分利用BIM技术参数化、可视化、协同性等优势，提升项目精细化管理水平（图3-17）。通过施工动画、三维模型及Naviswork虚拟漫游技术进行可视化技术交底，全方位观看，便于理解，提高交底效率。根据三维模型精确计算海绵城市建设施工每分段

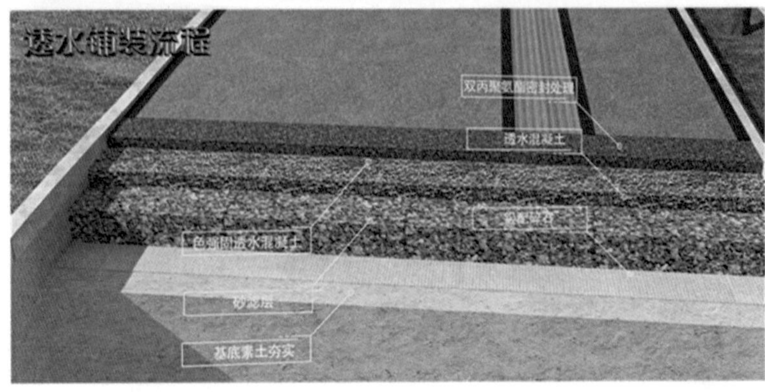

图3-17 利用BIM技术精细化指导透水混凝土施工

所需各类材料，确保精确采购，并按需卸料堆放，避免二次转运，并为结算工程量审核提供可靠依据。同时完善的BIM模型在运维阶段可继续使用，为设备、管道维护及检修提供数字化、可视化保障。

3．智慧化的管理平台

为加强海绵城市建设的科学管理，萍乡先后建设了一体化信息管理平台和智慧化设施调度平台。在试点建设初期，萍乡首先建设了一体化信息管理平台，主要作用在于加强海绵城市的本底监测及海绵城市建设效果的定量化评估，同时建立一张图的可视化管理系统，作为海绵城市建设管理的重要平台。在试点建设后期，随着大量海绵设施的陆续完工，设施综合调度管理工作逐步提上日程。萍乡市组织建设了海绵设施智慧化调度平台。一体化信息管理平台与海绵设施智慧化调度平台二者衔接、互补，共同构成了萍乡海绵城市建设的智慧化管理平台。

（1）一体化信息管理平台

萍乡市基于海绵城市建设与考核信息化管理的实际需要，综合运用在线监测、地理信息系统、数学模型等先进技术，以海绵城市建设效果为核心，以详细的过程数据为支撑，建立了可评估、可追溯的海绵城市一体化信息管理平台（图3-18）。

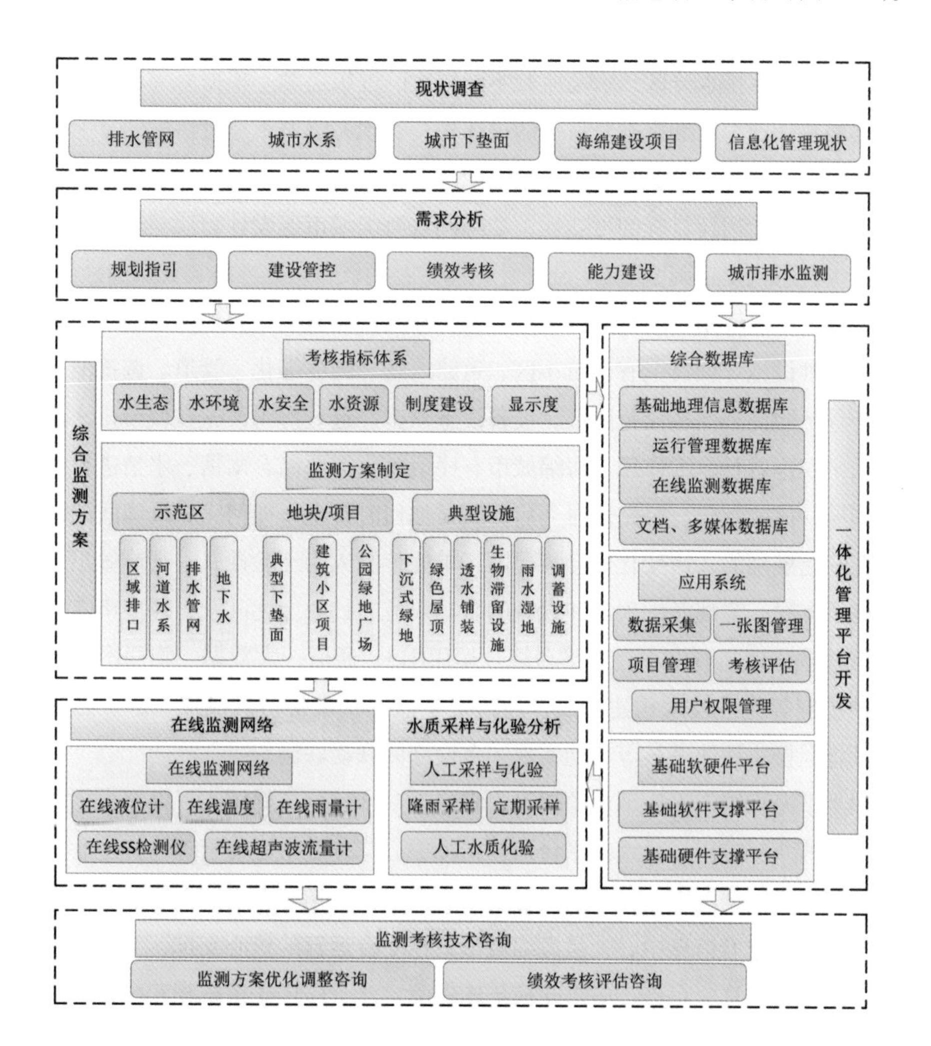

图3-18 一体化信息管理平台总体技术路线图

1）多指标同步、软硬一体的在线监测网络。

综合监测体系分为“示范区-地块/项目-设施”三个层级，在源头设施、排水管网、受纳水体、排水分区排口等要素选择适宜的监测点，安装在线雨量计、在线液位计、在线超声波流量计、在线SS检测仪等设备，为海绵城市建设效果的定量化绩效评价与考核提供长期在线监测数据和计算依据，同时为设施运行情况的应急管理决策提供参考。

2）分级管控、按效评估的可视化工作平台。

以海绵城市建设效果考核评估为核心，以详细的过程数据为支撑，以一张图为基础，充分考虑海绵城市建设过程中一张图可视化展示、项目过程管理、考核评估动态计算等管控需求，实现海绵城市建设全过程考核指标评估结果的可视化、全方位与动态化展示，实现海绵城市建设管理与考核的一体化管控。海绵城市一体化管控平台通过分区、地块和低影响设施三个部分的划分实现不同层次的信息关联和分级显示，对示范区整体、项目或地块、设施运行进行考核评估，支撑海绵城市试点建设综合管理，作为考核评估必不可少的数据采集、分析与展示平台。

3）逐级追溯、动态更新指标模拟计算引擎。

基于监测数据分析，对关键指标年径流总量控制率、城市面源污染控制进行源头设施、地块、排水分区、示范区域不同层次的逐级追溯。根据海绵城市建设配套项目进展及计划，反推指标及目标的可达性，实现海绵城市建设目标的自上而下分解与自下而上统计。根据海绵城市建设配套项目进展、计划及监测数据分析，反推海绵城市建设指标及目标的可达性，动态调整海绵城市建设计划。

（2）智慧化设施调度平台

海绵城市建设是一项庞大的系统工程，涉及自然与人工、地上与地下、绿色和灰色等多种设施。项目上有建筑小区、道路广场、园林绿化、管道、调蓄池、污水处理厂等不同类型。建设范围广，设备设施众多。这些海绵设施在城市排水防涝安全体系中发挥着各自的作用。海绵城市有序运转，需要结合雨情、水情进行海绵设施的调度，比如闸门、泵站何时开启，调蓄池何时排空，如何完成设施间的联合调度。在缺乏准确的水情变化信息情况下，单凭传统人为经验模式，很难做出合理高效的调度方案，实现海绵项目和设施的联动效应。针对上述问题，萍乡市建设了海绵城市智慧化设施调度平台。平台综合运用GIS、通信、大数据、物联网、云计算及自动控制等先进技术构建而成。通过设施监控、设备仿真模拟、多设施联合调度、设施巡检、评估考核等功能实现了多设施的联动联调。

萍乡市海绵城市设施平台的建设内容包括一个运营指挥中心、一个数据中心和软件平台的八个应用子系统，平台运营指挥中心与萍乡市城市管理指挥中心共用一个，起到承载数据汇聚、日常运营管理、决策分析、指挥调度四大职能。数据中心部署在萍乡市政府信息中心，是海绵城市管控平台运营的核心支撑，为海绵城市各应用系统提供计算、存储、信息交换传输保障。八个应用子系统相互配合，进行数据接收处理、运营管理和日常运营维护，确保汛期合理高效调度，能全方面优化方案调度结果以及预测下一步调度步骤。本平台利用信息化手段来完成设备在线监控，设备运营维护，实现多设备联合调度、智慧决策，从而提升综合管理能力，提升萍乡市海绵城市的运行效力。

平台整体管控设施主要是五丰河、萍水河流域的水利设施，实现单个设备的远程控制，多泵站、多调蓄池及其他排水设施的联合调度以及设备、人员的统一安排与调度；以GIS、通信、物联网、大数据、云计算及自动控制等技术为基础，建设符合萍乡特色的设施管控平台。通过设施运行状态综合监测和综合调控，构建“上截，中蓄，下排”的大排水系统智慧调度平台；建成海绵设施实时运行状态监测平台，为海绵设施运行和绩效评估提供依据，全面提升海绵城市的整体运行效率和综合管理水平，解决城市防洪防涝灾害问题。利用信息化手段分析城市动态洪水风险，完成设备在线监控、设备运营维护等服务，全面提升萍乡城区防洪排涝现代化、科学化管理能力，促进区域经济社会可持续发展。

1）主要内容

本平台依托相关标准与规范，采用层次化设计方法进行应用系统设计，使管控平台管理单位在社会治理、设施整体管控等方面的工作更加精准、高效和规范，达到智慧化管控海绵设备，减少后期海绵基础设施运营成本的目标。管控平台构建调度模型，根据实时气象条件、液位监测数据、流量监测数据结合调度模型进行模拟运算，针对输出的调度方案进行集体会商分析，形成最终调度方案。以此调度方案为依据，调度引擎自动执行调度算法，分别对萍水湖进口闸、出口闸，赤山隧道闸，玉湖出口闸、五丰河至鹅湖闸，五丰河河口闸，五丰河河口泵站、鹅湖闸、鹅湖泵站进行整体联动调度。同时设施自控依据为设施内的液位。降雨或雨停时，设施内液位达到设计液位时，与液位联动的设备（电控闸门、回转式格栅、潜水泵等设备）自动按工况运行。平台中八个应用子系统相互配合，互相协作，使得本平台能完美呈现整个萍乡市排水系统的运营，设备养护管理状况，方便运营人员查询系统信息。

八个应用子系统是智慧监控系统、智慧调度系统、智慧运维系统、移动巡检系统、大屏运营管理系统、基础运行支撑系统、大数据管理系统、数据交换系统。智慧监控系统实现海绵设施的一张图管理、数据采集、设施实时监控、异常预警、仿真展示等功能；智慧调度系统实现单个设备的远程控制，多泵站、多调蓄池及其他排水设施的联合调度，以及设备、人员的统一安排与调度。

智慧运维系统实现设备的设备画像、设备运维养护、巡检计划管理、在线巡检；移动巡检系统主要实现日常巡检、问题上报、工单接收处理、任务处置、设备运行工况展示等功能；大屏运营管理系统实现大屏指挥运营功能，展示模式自定义，工作模式自由切换，统计维度自由切换，多屏联动，业务情况动态展示等功能；基础运行支撑系统是平台运行的基础保障，构建了平台基础框架，实现了基础权限管理、设备仿真基础平台、地理空间信息共享与服务、基础配置管理等功能。

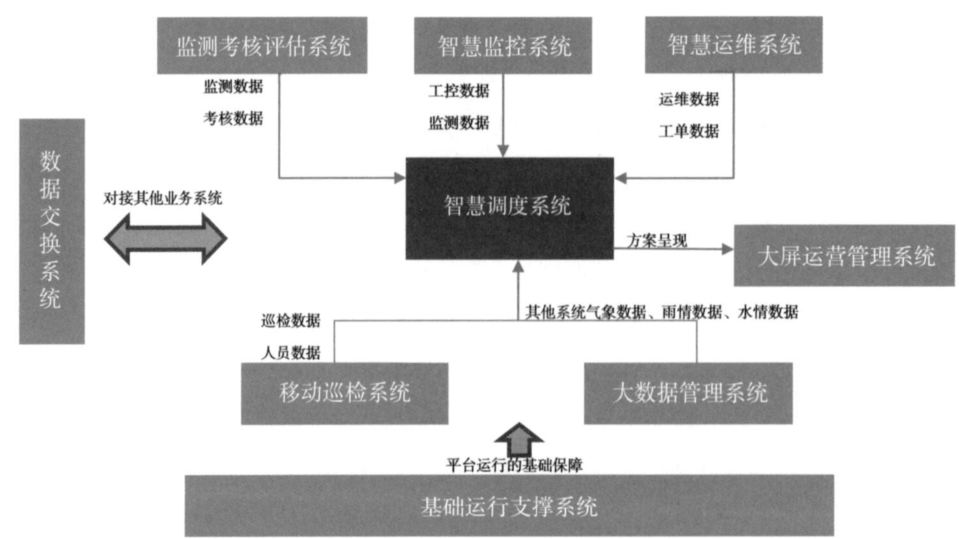

图3-19 管控平台子系统运行关系

大数据管理系统实现数据采集、数据处理、数据存储、数据分析计算、数据建模，为整个平台的运行提供数据服务；数据交换系统负责与其他业务系统进行对接，整合其他委办局数据到管控平台，提供统一的数据访问接口服务，方便以后与其他系统进行对接等功能。管控平台子系统运行关系如图3-19所示。

其中智慧调度系统智慧调度是整个海绵城市运行的智能大脑和决策系统，通过汇总气象、水位、流量、设备实时运行数据等相关涉水数据，做出最优的调度策略。建立具有高可靠性、高可用性、高灵活性、高安全性的整体调度机制，从而提高海绵城市综合管理效力。基于调度模型，依据气象数据、水雨情信息，分析计算出内涝监测点，内涝分级预警图等内容，利用 GIS 平台，提供可视化的信息查询、检索等功能服务。智慧调度系统包括如下功能：

①单体设施调度

泵站、调蓄池等设施通过本地控制柜 PLC 可完成本体设施调度，通过平台可对单体设施调度策略进行远程设置，单体设施主要是城区调蓄池、泵站等水利设施，这些设施在解决城市内涝环节起着重要作用，需要按照调度规则对这些设施进行合理的调度。

②多设施联合调度

是排水设施的整体动态调度，根据海绵城市各个设施间的上下游、串并联，以及当前的水位、流量等条件进行联合调度；

③调度跟踪管理

平台实时显示当前已执行调度方案及调度结果，以及接下来的调度步骤，在紧急情况下可通过系统进行人工调度；

④调度方案优化

通过监测调度方案执行后的结果数据，与调度方案的预期结果进行对比分析，自动给出调度方案优化建议；

⑤排水模型集成

通过集成排水模型模拟不同调度策略在多种降雨情况下的排水整体状况，最终形成不同降雨状况下的最优调度模型；

⑥内涝点及雨量分析管理

通过模型分析，提供并更新城区内涝区域，实时全面掌握城区涝清信息；提供城区面雨量分析，结合获取到的实时降雨信息以及历史降雨信息，对城区进行面雨量计算，可通过表格、图形查询任意时段内面雨量统计信息。

2）平台亮点

本管控平台是依据萍乡市水文地质资料而设计建立的完全统一的调度平台，服务于各个不同部门工作人员方便其协调管理操作，能够有效掌握实时水情变化。平台信息完全可视化，极大的提高了对萍乡市后续设施建设的决策准确性，同时能够更好的掌握事件的发展，使得管理者能够在灾害发生前获知运行的异常状态，减小了发生大灾大难的可能性。管控平台运用萍乡市历史数据资料，以及实时监控资料，其基于大数据的智慧调度模型能够在在防洪安全的基础下，充分挖掘雨洪资源化潜力，做出合理高效的调度方案实现海绵项目和设施的集群效应，实现水资源的最优利用。此外，水利设施的维护有着设备种类多，运营效率底，工作量大等主要问题，通过本平台能够实现设备的定期养护，故障上报，日志管理，促进萍乡市海绵城市的科学管理和可持续发展。

3.4 拓宽筹资渠道，规范资金监管，破解资金压力

萍乡海绵城市试点建设项目总投资64.63亿元，相对于本地财政收入而言，短期内资金压力巨大。萍乡多方筹资，同时加强资金管理，提高资金使用效率，有效破解了资金压力。

3.4.1 三管齐下，拓展资金筹措渠道

面对海绵城市建设所需的大额资金，萍乡市坚持“对上”、“对内”、“对外”三管齐下，多渠道拓宽项目资金渠道。

1．对上，积极争取资金

2015，萍乡市成功入围国家首批海绵城市建设试点城市。三年试点期间，萍乡市累计获得财政部海绵城市试点专项资金12亿元。

2．对内，统筹整合资金

对内，统筹整合发改、城建、环保、水务等各条线和各级县、区政府资金，积极争取各类政策性银行、商业银行贷款，投入海绵城市建设。为加强海绵城市建设资金保障，市发改委、市财政局、市建设局联合出台了《萍乡市海绵城市项目收费体系》，提出从污水处理费、城市基础设施配套费、公园经营设施收费、物业服务费、国有土

地使用权出让收入等环节提取海绵城市专项资金的办法和海绵城市设施建设、运维的政府补贴标准。

3．对外，采取PPP模式

萍乡市鼓励社会资本参与海绵城市投资建设和运营管理，通过对项目包的系统化设计，合理确定投资规模。老城区5个海绵城市PPP项目总投资19.66亿元，累计吸引社会投资16.24亿元，合作期10年（建设期2年，运营期8年）。在运营期内，财政部门根据项目工程竣工验收结果和运营维护绩效考核结果，每年向项目公司支付服务费用。

3.4.2 规范监管，提高资金使用效率

海绵城市试点建设投资规模大，且涉及大量中央资金的使用。为提高资金使用效率，规范资金用途，萍乡海绵城市试点建设过程中，制定了严格的资金管理与监督要求。

1．规范专项奖补资金的使用与管理

为加强海绵城市试点建设专项资金管理，提高资金使用效益，萍乡市制定了《萍乡市海绵城市试点建设专项资金奖励补助及管理暂行办法》，规定由市海绵城市试点建设工作领导小组负责审批管理，市海绵办负责专项资金的计划使用、拨付等具体工作。

专项资金原则上用于《萍乡市海绵城市试点建设项目管理暂行办法》确定的萍乡市城区范围内实施低影响开发的新建、改建、扩建工程项目的补助，重点用于试点建设项目的补助和支出。

对实行奖励补助的市级海绵城市试点建设项目，由市海绵办编制年度海绵城市项目实施计划，报市海绵城市试点建设工作领导小组审核同意后，向市财政提出用款计划，按市政府投资建设项目监督管理办法相关规定，实行国库集中支付。对县区的补助资金，由市海绵办对其海绵体改造投资额进行核实，提出补助意见报市海绵城市试点建设工作领导小组审批。

萍乡市专项资金严格执行专款专用，任何单位或个人不得套取、截留、挪用专项资金。不得将专项资金用于偿还既有债务，平衡本级财政预算。

2．规范PPP项目包资金监督与管理

萍乡市制定了《萍乡市海绵城市试点建设工作领导小组办公室PPP项目包资金监督管理制度》，监督管理内容根据PPP项目合同、合资经营协议、公司章程等确定。具体监督管理工作由市海绵办资金管理科牵头组织实施，相关科室配合。

PPP项目公司按工程进度要求，制定每年的资金总体收支计划。资金总体收支计划以工程进度计划和预算等为依据，按每项费用投入的时间分项进行计算。据此总体统筹项目资金及月度资金使用计划，提高资金的使用效率，并报送市海绵办资金管理科核定。

市海绵办综合科负责协助PPP项目公司做好工程预算评审。PPP项目公司编制每个单项工程预算报市海绵办，由市海绵办聘请造价咨询机构进行审核，各PPP项目公司以审核结果作为进度款拨付依据。

PPP项目公司严格按照预算组织施工，如工程建设费用确需超过预算，必须由施工单位会同设计单位提出意见，交PPP公司和市海绵办综合科、项目管理科等审核决定。

PPP项目公司按月向市海绵办资金管理科报送财务报表、银行对账单等相关资料，以便于市海绵办全面了解项目资金使用情况及工程进度情况。

PPP公司项目在组织工程验收后，联系市海绵办资金管理科、市审计局等部门对工程建设资金、投资使用情况进行结算审计。

市海绵办负责监督PPP项目公司支付参建设计、监理、施工等单位资金拨付及使用情况。市政府委派的兼任PPP项目公司的财务副总经理负责PPP项目公司及项目施工单位资金的支付审批。

市海绵办协调市财政局、市审计局等部门定期对PPP项目公司项目资金使用情况进行监督检查，建立资金管理责任追究制度，对违规使用项目资金的予以收回。

所有项目资金实行法人负责制。市海绵办协调市财政、监察、审计等部门对项目资金使用实行事前、事中、事后的全过程监督。对因工作不力、管理不严、出现任意变更项目和资金用途，挤占、挪用、滞留、贪污资金等行为，按照有关法律法规对单位负责人、项目负责人及相关人员依法进行处理。

3.5　抓住试点契机，发展海绵产业，促进产业转型

萍乡市委、市政府敏锐地认识到随着海绵城市理念在全国范围内的推广，海绵产业蕴藏着巨大的经济新动能。为培育壮大海绵产业，鼓励发展海绵经济，紧抓新一轮海绵城市建设契机，充分激发市场参与的活力，推动产业转型升级，萍乡市先后制定出台了《萍乡市海绵产业发展规划》《萍乡市培育海绵产业发展海绵经济的实施意见》《支持海绵城市建设的若干税收措施》等一系列海绵产业培育政策与具体措施。

3.5.1　规划海绵产业，鼓励海绵领域创新创业

《萍乡市海绵产业发展规划》从发展战略的高度，强调营造海绵产业发展的良好环境，为海绵产业发展提供了政策保障、组织保障和资金保障，提出五大主攻方向：一要围绕海绵城市发展主要方向，加快转型升级，发展本土龙头企业，提升海绵产业板块的核心实力，强化产业发展的引领力；二要大力引导中小企业向海绵板块靠拢，不断完善发展产业链，强化产业发展的支撑力；三要基于原有产业园区资源，大力建设产业发展平台，强化产业发展的集群力；四要加快推进产业创新体系和产业标准化体系建设，强化产业发展的创新驱动力；五要大力提升海绵产业的品

牌影响力，构建“核心示范—周边带动—广泛辐射”的产业发展推广新格局，强化产业发展的辐射力。

萍乡市通过税收减免、专项科研经费补贴等形式扶持海绵城市领域的创新创业项目。萍乡市国税局出台了《支持海绵城市建设的若干税收措施（萍国税发〔2015〕61号）》，2016年以来全市合计为14户海绵产业企业减免税额达829.76万元。萍乡市科技专项经费重点支持海绵城市领域创新企业。以萍乡市本地海绵城市企业格丰科技材料有限公司为例，萍乡市在2015年第二批科技专项经费、2016年第四批科技专项经费、2017年第一批省级科技计划项目、2016年省级人才发展专项资金中均对格丰科技予以专项资金补贴，累计补贴金额达450万元。

3.5.2 组建海绵集团，输出萍乡海绵建设经验

结合萍乡海绵城市试点建设机遇，为抢占海绵产业和海绵经济发展先机，充分发挥国有资本的聚合和放大效应，推动萍乡海绵产业和海绵经济实现跨越式发展。萍乡市出台了《江西海绵城市建设发展投资集团公司组建方案》，强调本地海绵产业相关优势资源的整合，打造一个集规划、设计、研发、产品、投资、施工、监理、运营全产业链条于一体的大型海绵产业集团（图3-20~图3-21）。利用萍乡海绵城市试点建设契机，深入总结、吸收萍乡海绵城市试点建设经验，加强宣传推广，快速形成集团品牌知名度与影响力，逐步拓展、积极参与江西省其他地市乃至

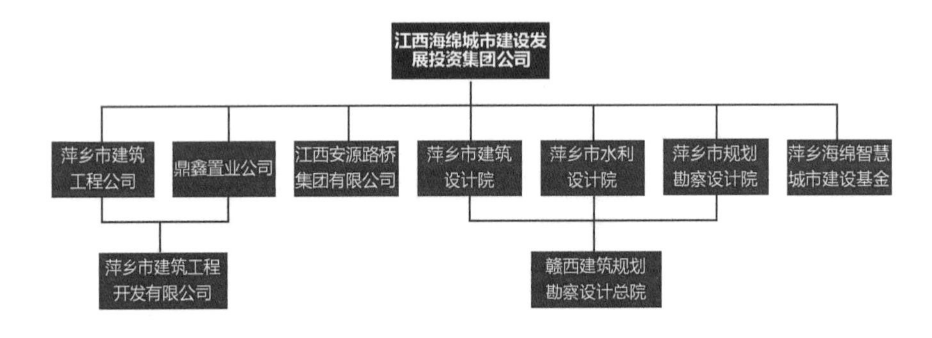

图3-20 江西海绵城市建设发展投资集团公司的构成

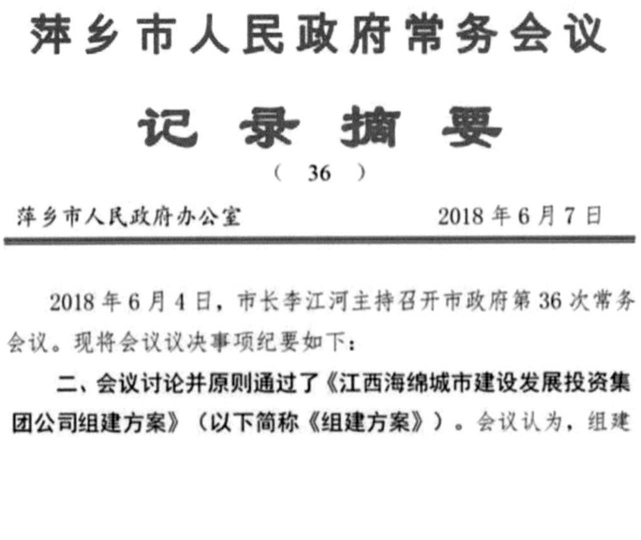

萍乡市人民政府常务会议

记录摘要

（36）

萍乡市人民政府办公室　　2018年6月7日

2018年6月4日，市长李江河主持召开市政府第36次常务会议。现将会议议决事项纪要如下：

二、会议讨论并原则通过了《江西海绵城市建设发展投资集团公司组建方案》（以下简称《组建方案》）。会议认为，组建

图3-21 江西海绵城市建设发展投资集团公司组建方案

全国其他省份的海绵城市建设项目。

江西海绵城市建设发展投资集团公司组建工作分两步走。第一步：组建注册资本金为2亿元的江西海绵城市建设发展投资集团公司。将市建筑工程公司、鼎鑫置业公司、江西安源路桥集团有限公司、市建筑设计院、市水利水电勘察设计院、市规划勘察设计院及组建成立后的萍乡海绵智慧城市建设基金等纳入集团公司，形成合伙人制管理的集团公司。第二步：待事业单位分类改制完成后，将改制后的市建筑设计院、市水利设计院、市规划勘察设计院等整合为赣西建筑规划勘察设计总院，将市建筑工程公司、鼎鑫置业公司整合为萍乡市建筑工程开发有限公司，与安源路桥集团有限公司共同纳入江西海绵城市建设发展投资集团公司管理。目前，江西海绵城市建设发展投资集团公司第一步筹组工作已全面完成。

3.5.3 设立海绵基金，加强产业发展资金保障

为加强本地海绵产业发展的资金保障，萍乡市出台了《萍乡海绵智慧城市建设基金设立方案》，制定了详细的基金筹组方案。江西省海绵城市建设发展投资集团有限公司拟发起设立规模为100亿元的萍乡海绵智慧城市建设基金。萍乡海绵智慧城市建设基金第一期拟发行10亿元规模，主要依托萍乡市海绵城市试点建设经验，专项投资于海绵城市建设项目和智慧城市建设项目。

基金组织形式为有限合伙制。基金参与主体分为普通合伙人（双GP）、优先级有限合伙人（优先级LP）、劣后级有限合伙人（劣后级LP），普通合伙人负责基金的日常经营管理及投资事务，有限合伙人负责拟募集银行资金，担任基金的优先级有限合伙人；萍乡市城投公司担任基金的劣后级有限合伙人。劣后级有限合伙人为优先级合伙人的退出提供优先偿付保证。基金规模100亿元，优先级资金与劣后级资金的出资比例为4：1。基金出资采取认缴制。LP通过签署合伙协议承诺认缴出资金额。当项目有用款需求时，基金管理人向LP发出认缴出资通知书，LP根据该通知履行实缴出资义务（图3–22）。

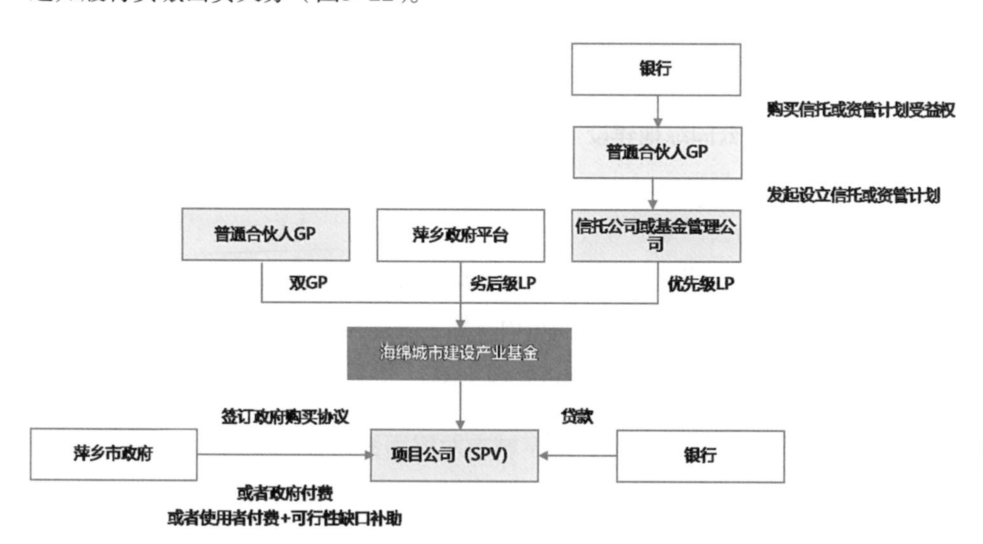

图3–22 萍乡海绵智慧城市建设基金交易结构

基金投资项目由萍乡市城投公司物色并推荐，由基金管理人派遣专业团队会同萍乡市城投公司相关人员组成项目小组，进行尽职调查、投资价值分析、价格谈判、提交投决会审议及投资协议签署等事宜。第一期基金10亿元全部投资于萍乡纳入省级及以上PPP项目库且符合财政部92号文有关规定的海绵智慧城市相关项目。后续基金视项目和国家政策，可投资于海绵智慧城市相关产品企业，亦可依托萍乡市海绵城市试点建设经验，进军全省海绵城市PPP项目。

3.6 践行绿色发展，提高发展质量，实现城市转型

在资源枯竭与去产能的双重压力下，萍乡传统的资源依赖性发展路径难以为继，探寻一条全新的城市发展道路是萍乡面临的核心战略问题。海绵城市试点建设给萍乡带来了转型发展的重大机遇。萍乡坚定了依托海绵城市建设，推动城市转型，走绿色发展与创新发展之路的决心。

3.6.1 扩大生态产品供给，改善城市人居环境

海绵城市建设是推动供给侧改革的有效途径。通过自然生态空间保护、河湖水系与公园绿地等公共空间的建设与改造，可有效扩大优质生态产品的供给，改善城市人居环境，提升城市品位。

1．市域自然生态空间的保护

海绵城市推崇城市与“山、水、林、田、湖、草”自然生态空间组成生命共同体。对自然生态空间的保护和有序利用是海绵城市建设的核心要求。在市域层面上，萍乡结合多规合一，建立了多维度的海绵城市空间管控体系，划定了生态控制线和城镇开发边界，明确了禁建区和限建区，建立“山、水、林、田、湖、草”空间管制格局，构建全域尺度海绵体（图3-23）。通过多规合一的法定性要求，严格控制城市建设开发的边界，保护山林、河流、湖泊、湿地、基本农田等重要的生态功能单元，统筹协调好城市发展与自然生态空间保护之间的关系，实现城市与自然的和谐共生。

2．河湖水系与公园绿地建设

针对萍乡市中心城区自然生态空间不足的问题，萍乡在海绵城市试点建设过程中加强了河湖水系与公园绿地等公共空间的建设与改造。先后建成了玉湖公园、鹅湖公园、萍水湖湿地公园、翠湖湿地公园、聚龙公园、萍实公园、金螺峰公园、横龙公园等一批高品质的城市公园。城市内自然生态空间大幅增加。城区大部分区域居民步行1~1.5km即可达到最近的城市公园（图3-24~图3-25）。

3.6.2 践行绿色发展理念，提高城市发展质量

萍乡老城区的无序扩展与高强度开发带来的种种“后遗症”日益凸显，萍乡深

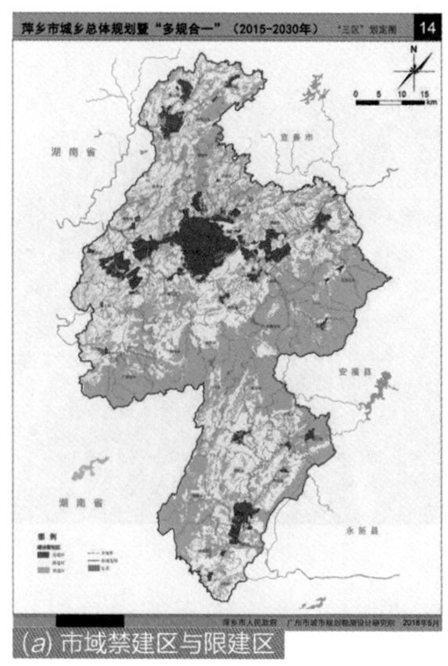

(a) 市域禁建区与限建区

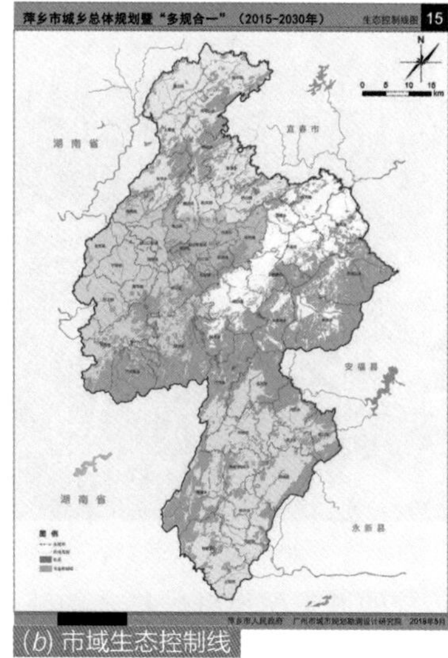

(b) 市域生态控制线

图3-23 萍乡市“多规合一”中三区五线的划定

图3-24 萍乡市新城区大型湖泊湿地与公园绿地

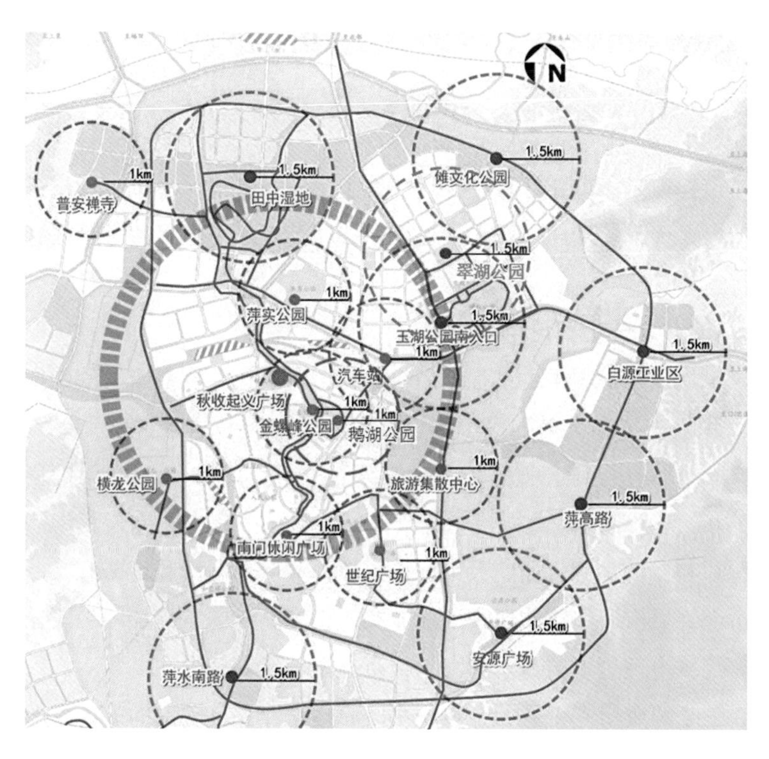

图3-25 萍乡市海绵城市建设试点区湖泊湿地与公园绿地分布情况

图3-26 五陂海绵小镇建设效果图

切认识到传统的城市建设开发模式的弊端。同时，萍乡作为全国首批资源枯竭城市，城市转型势在必行。海绵城市试点建设是萍乡转型发展的重大战略契机。

为探寻一条可行的城市绿色发展与创新发展之路，结合海绵城市试点建设，萍乡市在全国率先启动海绵小镇建设，作为城市转型的试验田。海绵小镇选址于安源区五陂镇，为城市近期拓展的重点区域之一。五陂海绵小镇总占地面积5.35km^2，其中核心区规划面积约1.5km^2，规划建设总投资68.83亿元。在五陂海绵小镇建设区域内，着力打造“七个一”：一个海绵产业总部基地；一个海绵产业的创新创业基地；一个海绵城市咨询服务平台；一个海绵产业的信息平台和互联网销售平台；一个海绵技术、产品的展示馆；一个全国海绵城市建设培训基地；一个全国海绵产业的永久性论坛。致力把海绵小镇建成海绵城市建设学习、培训、参观、体验的全要素展示窗口，提供规划、设计、研发、施工、运维、投资的全方位解决方案的“中央厨房”，形成海绵产业全链条的集散中心（图3-26）。

3.6.3 坚持以人为本理念，共同缔造美丽萍乡

海绵城市建设是一项贴近百姓身边的民生工程。海绵城市试点建设过程中，萍乡始终坚持以人为本的理念，积极倡导公众参与，形成了海绵萍乡共同缔造的良好社会氛围。

1．深入宣传，营造舆论氛围

海绵城市建设是一项民生工程。而将这项功在当代、利在千秋的民生工程转化为广大市民积极支持和参与的民心工程，需要市政府和建设者广泛宣传、听求民意、发动广大市民参与到这项宏大的民生工程中，形成海绵城市建设的良好社会氛围（图3-27）。萍乡市通过电视台专题节目、萍乡日报专栏等方式制作播放海绵城市建设专题片和专栏文章，让广大市民了解海绵城市的内涵和重要意义。同时，建设了萍乡市海绵城市展示馆，通过展板、实体模型和专题宣传片等手段让广大市民生动体验海绵城市理念，亲身了解海绵城市规划、建设情况。

例如，位于萍乡市老城区的金典城小区原本是萍乡市确定的第一批海绵城市改

图3-27　海绵城市宣传活动

造小区项目，但由于大部分居民对海绵城市都不了解，而且担心工程建设影响日常生活和出行，试点建设之初反对的声音很多。面对民众的反对，萍乡市积极调整策略，优先在公共项目、单位家属院内开展海绵城市改造，打造了以市国土资源局家属小区为代表的一批优质海绵城市改造项目。老旧小区的居民看到已完成的政府小区周边环境焕然一新，切实感受到海绵城市建设的好处，又自发组织起来，集体向市政府提出申请，要求市政府尽快对金典城小区等老旧居民小区进行海绵化改造。

2．广听民意，优化设计方案

海绵城市建设工程分布在城市的每一个角落，贴近百姓生活。工程建设的顺利实施，离不开百姓的支持。萍乡在海绵城市试点建设过程中，将满足人民的意愿作为建设的基本要求，将“人民满意不满意”作为建设的基本标准。在居住小区海绵化改造开工前，市海绵办组织项目公司和技术设计人员将改造方案带到改造现场与居民开展座谈，广泛听取民意，共同优化方案，切实解决居民诉求，这些改造设计既实现了海绵城市的建设目标与意图，又融合了民众的意愿与智慧。

以鹅湖公园项目为例，在公园海绵化改造过程中，针对原公园市民跳舞、健身场所少等问题，萍乡市海绵办充分倾听市民呼声，结合公园海绵改造，新建跳舞广场、健身广场等休闲游憩空间，满足市民要求，让海绵改造后的公园和广场更具人气和活力（图3-28）。

3．优化组织，减少施工扰民

施工现场五公开。海绵城市建设项目现场落实“五公开”：项目建设内容公开、项目建设单位与负责人公开、项目建设工期公开、文明施工要求公开、联系方式公开。主动接受市民监督。

图3-28 鹅湖公园改造项目市民座谈会

合理控制工期。施工单位进场前需做好各项施工准备工作，确保进场后材料、机械、人员及时到位。设计人员驻场服务，施工现场一旦出现设计内容难以落实的情况，立即安排设计人员修改优化设计方案，边调整，边施工，高效快速解决问题。优化施工组织，尽量缩短施工时间。如小区改造限定工期不超过2个月。

优化施工时段。充分考虑施工对居民生活的影响，避免夜间和午休时段施工，中考、高考前1个月不得施工，将施工的扰民影响控制在最低限度。

4．共同管理，强化日常维护

海绵城市设施高度分散，日常运营维护与管理难度大。特别是住宅小区项目，工程建成后的运营管理有赖于社区物业与居民共同参与。海绵城市设施竣工后，海绵办组织对社区物业与居民进行宣讲，介绍海绵设施日常维护过程中的注意事项，倡导社区居民自觉爱护海绵设施。同时，设立海绵设施故障与问题举报热线。小区居民发现海绵设施存在明显故障或养护不佳时，可随时进行举报。市海绵设施管理处查实后，安排责任单位及时进行处理。

第4章　萍乡海绵城市试点建设成效

通过三年海绵城市试点建设，萍乡的城市内涝顽疾有效消除，城市人居环境与城市品位极大提升，初步实现了“保障水安全、涵养水资源、恢复水生态、改善水环境、复兴水文化”，构建河畅岸绿、人水和谐、具有江南丘陵地区特色海绵城市的建设目标。萍乡借助海绵城市建设契机，大力发展海绵产业，产业转型和城市转型成效凸显，激活了城市发展的新动能，推动城市从高速发展向高质量发展的转变。

4.1　打造海绵萍乡，重构城市人水和谐关系

依据《第一批海绵城市试点绩效评价指标》，萍乡市委、市政府组织全市各部门及相关单位对过去三年海绵城市试点建设工作进行了全面回顾和总结，从水安全、水环境、水生态、水资源四方面对试点建设成效进行了详细评估，主要指标评估结果如表4-1所示。

海绵城市主要指标完成情况　　表4-1

类别	编号	分项指标	三部委批复指标	指标完成情况
水安全	1	防洪标准	萍水河干流50年一遇，支流20年一遇	萍水河干流50年一遇，支流20年一遇
	2	防洪堤达标率	100%	100%
	3	内涝防治	30年一遇	30年一遇
水环境	1	地表水水质达标率	水质达标率100%	水质达标率100%
	2	初雨污染控制	TSS削减率50%	TSS削减率51%

续表

类别	编号	分项指标	三部委批复指标	指标完成情况
水生态	1	年径流总量控制率	75%	76%
	2	生态岸线恢复	生态岸线率75%	生态岸线率79%
	3	天然水域面积保持	水面率6.56%	新增水面97ha，水面率达6.58%
水资源	1	雨水资源利用率	12%	12.2%

4.1.1 解决城市的内涝顽疾

内涝问题是长久以来困扰萍乡的一项顽疾，海绵城市试点建设前几乎每年都会发生多次不同程度的内涝。三年试点期内，萍乡坚持系统化思维，遵循“源头减排—过程控制—系统治理”的总体思路，在全流域尺度构建了“上截—中蓄—下排”的大排水系统，彻底解决了城市的内涝顽疾。

1．模型模拟结果

萍乡应用丹麦DHI的城市内涝模拟软件MIKE FLOOD建立了研究区域30年一遇情景下现状及规划排水管网模型、城市二维地表模型及城市内涝耦合模型。

模型模拟结果显示，海绵城市试点建设前，30年一遇暴雨情景下，城区内大量路段积水深度超过15cm，最大积水深度超过1m，达到内涝标准（图4-1）。

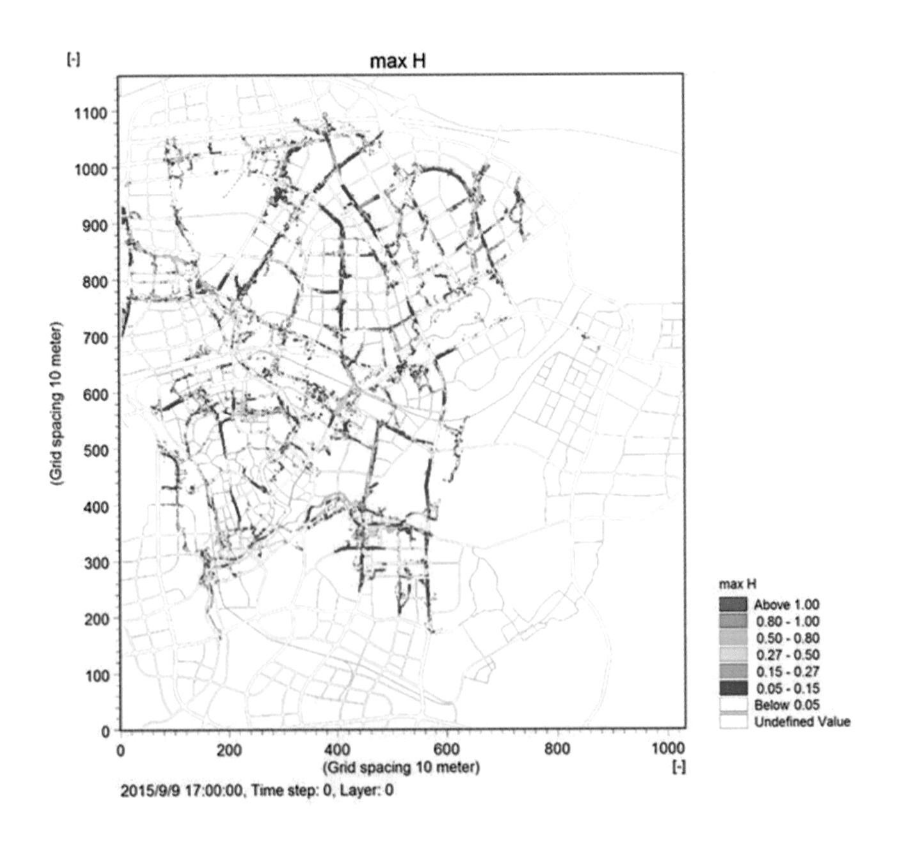

图4-1 试点建设前30年一遇情景下积水深度模拟

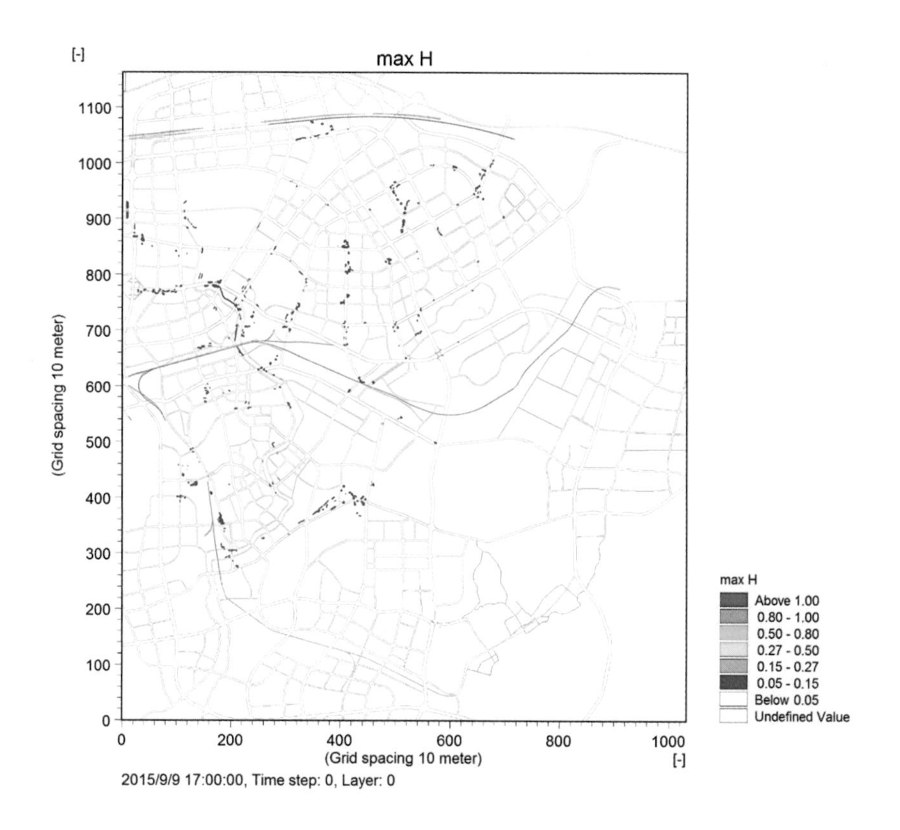

图4-2　试点建设后30年一遇情景下积水深度模拟

海绵城市试点建设项目完成后，三十年一遇暴雨情景下局部积水的积水深度均未超过15cm，未达内涝标准，试点区内涝积水点全面消除（图4-2）。

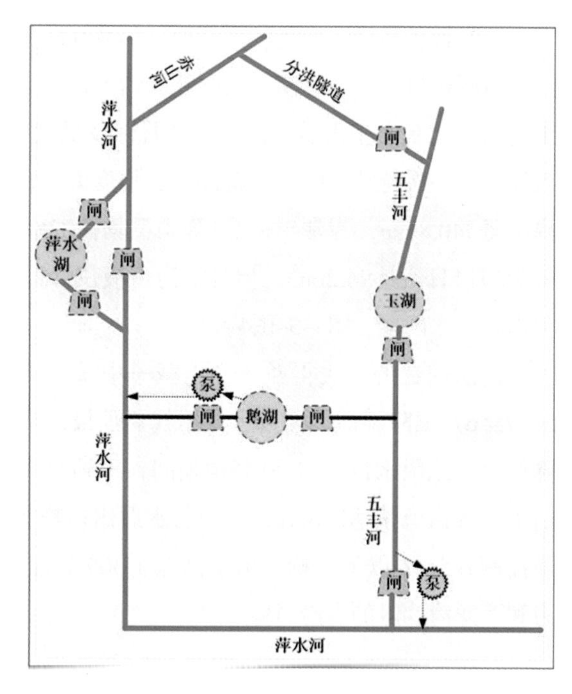

图4-3　试点区河网概化图

为研究下游城区段行洪安全，采用MIKE11软件中的HD（水动力学模块）非恒定流进行计算，即运用水动力学模块分析规划河道不同方案下的各控制断面水位。模型采用SO（控制构筑物模块）对闸堰、桥梁进行模拟，有建筑物的断面均按实际结构物的位置和形式来处理，通过计算结构物过流能力，将其与水动力矩阵方程耦合。在非恒定流水位计算的基础上，先用试算法计算出下游桥梁壅高值，再以回水水面线法向上游推算时将桥涵的壅高加进去再继续向上游推算。水利计算主要依据河道水系规划方案所规划的河道、水闸、泵站规模及调度方式，通过水系概化、水库

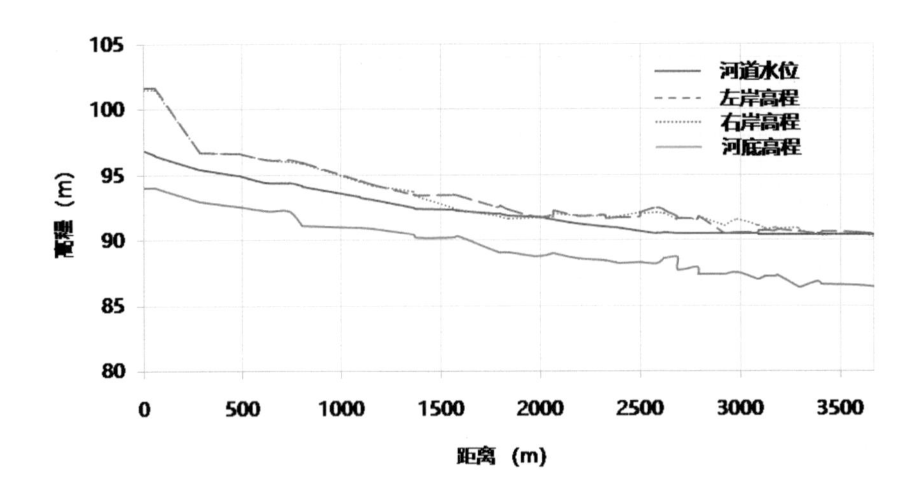

图4-4 上截-中蓄-下排系统构建完成后五丰河30年一遇洪水水面线

调洪演算及非恒定流演算方法，得到各设计标准下设计流量和最高水位（图4-3）。

模拟结果显示，上游分洪隧道截洪和中游玉湖调蓄可以有效降低洪水水位，缓解下游洪水压力，同时配合下游五丰河与鹅湖连通工程、鹅湖排涝闸泵站（规模60m^3/s）、五丰河排涝闸泵站（规模15m^3/s）等关键节点工程，可有效确保30年一遇情景下，五丰河不漫堤（图4-4）。

2．实际监测数据

为掌握各易涝点内涝积水情况，萍乡在各历史内涝点附近检查井内安装了液位计，对降雨过程中各易涝点实时积水情况进行全程监控。自2017年以来，萍乡市历史内涝点无一发生内涝。以近18个月萍乡最大一场暴雨为例。2017年6月，湘赣地区经历了一次持续时间长、范围广、强度大的连续性暴雨天气，萍乡市主城区累计降雨量540.8mm，为常年来6月降雨量均值238.0mm的2.3倍，其中日降雨量最大的一天6月1日，达94.2mm，但各易涝点液位计监测数据始终未超过警戒线，均未发生内涝积水问题（图4-5~图4-9）。

内涝问题的解决得益于“上截—中蓄—下排”大排水系统作用的有效发挥。2017年6月强降雨前，萍乡市根据气象预报，按照预案，提前将萍水湖、玉湖水位降低至了汛限水位。6月强降雨期间，玉湖始终发挥着重要的调蓄作用。玉湖蓄水前出口峰值流量达25m^3/s，玉湖蓄水后出口峰值流量始终未超过17m^3/s，大部分时段控制在5m^3/s以下。峰值流量削减了30%以上，大大降低了下游五丰河的行洪压力和万龙湾片区的内涝风险。

4.1.2 扭转水质的恶化趋势

萍乡水环境质量总体良好，建成区河流无黑臭水体，大部分水体为Ⅲ类-Ⅳ类水质。海绵城市试点建设以来，得益于合流制排水系统溢流污染的控制与面源污染负荷的削减，城市主要河湖水系水质呈好转趋势。

(*a*) 2016年7月8日降雨79.8mm，万龙湾片区公园路与建设东路十字路口

(*b*) 2017年6月1日降雨94mm，万龙湾片区公园路与建设东路十字路口

(*c*) 2016年7月16日洪灾现场

(*d*) 2018年7月16日玛莉亚台风后

图4-5　万龙湾片区公园路与建设东路十字路口历史积水点对比情况

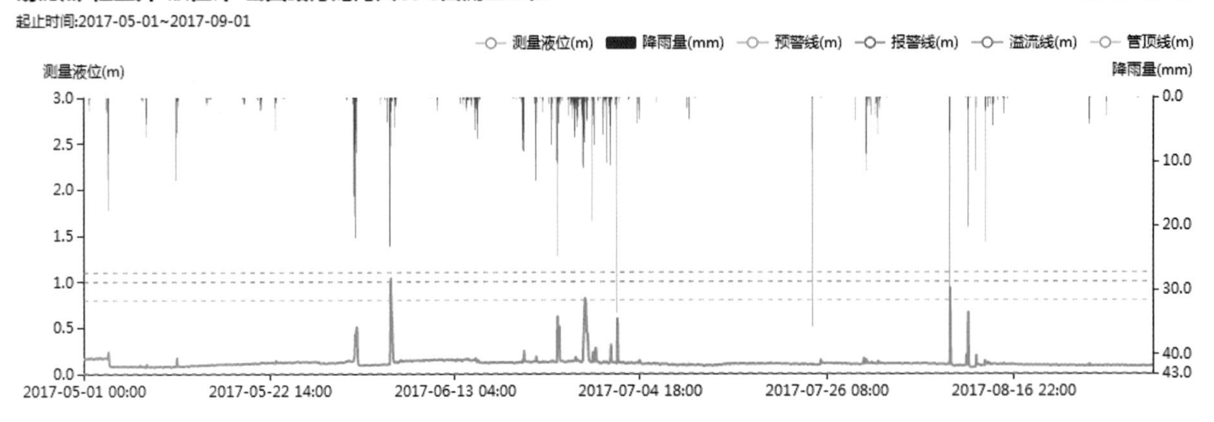

图4-6 万龙湾易涝区2017年汛期液位监控数据

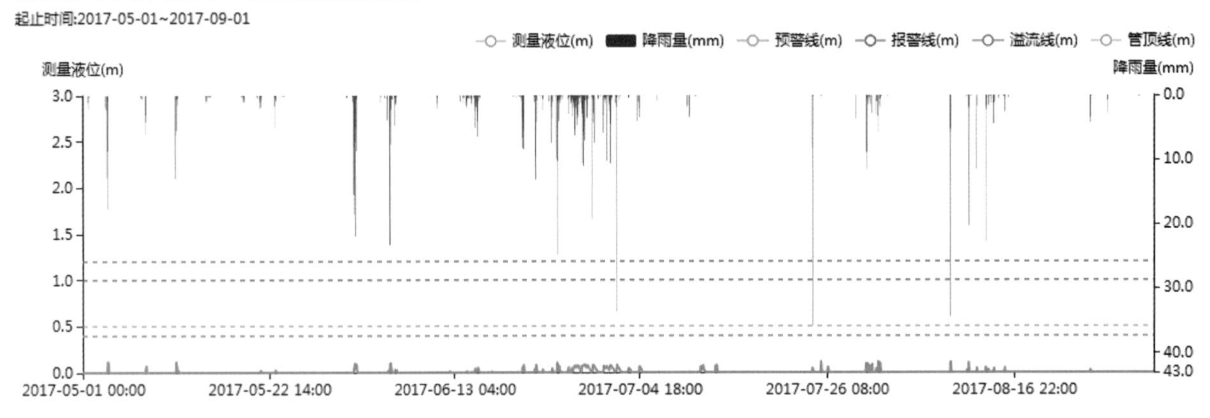

图4-7 蚂蝗河易涝区2017年汛期液位监控数据

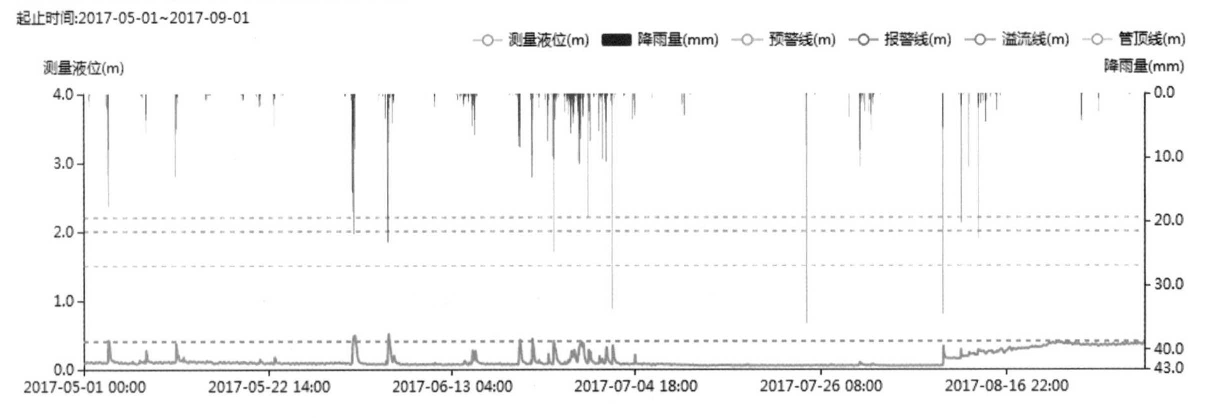

图4-8 西门易涝区2017年汛期液位监控数据

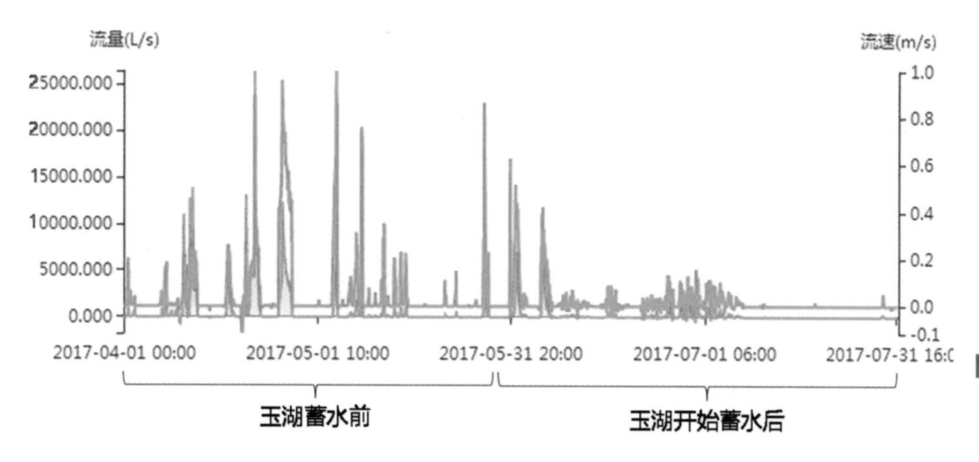

图4-9 玉湖出口2017年汛期流量监控数据

1．河流水质变化

根据萍乡市地表水功能区划，试点区内萍水河为工业用水区，其他水体未纳入水功能区，目前均可达到地表水环境质量标准Ⅲ类水标准。海绵城市试点建设以来，萍水河水质呈持续好转趋势。试点区内萍水湖附近三田断面和试点区下游出境南坑断面2015~2017年环保部门水质监测数据显示，萍水河化学需氧量、氨氮、总磷等指标均有不同程度下降（图4–10~图4–12）。南坑断面化学需氧量2017年均值比2015年均值下降了20%，氨氮2017年均值比2015年均值下降了58%，总磷2017年均值比2015年下降了40%；三田断面化学需氧量2017年均值比2015年均值下降了25%，氨氮2017年均值比2015年均值下降了62%，总磷2017年均值比2015年下降了25%。

2．溢流污染控制

萍乡市老城区排水体制为截流式合流制。海绵城市试点建设过程中，通过源头海绵设施的径流控制、截污干管提升改造、合流制调蓄池的建设，溢流污染问题得

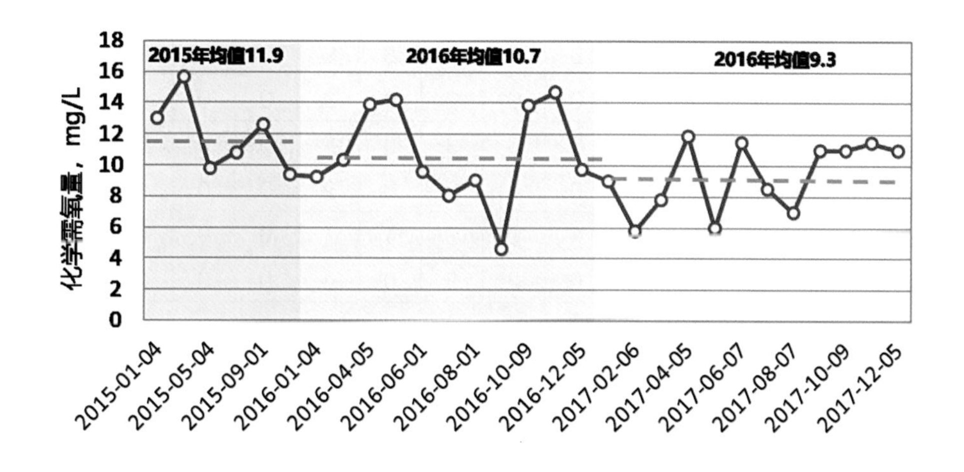

图4–10 萍水2015~2017年化学需氧量逐月变化趋势（三田断面与南坑断面均值）

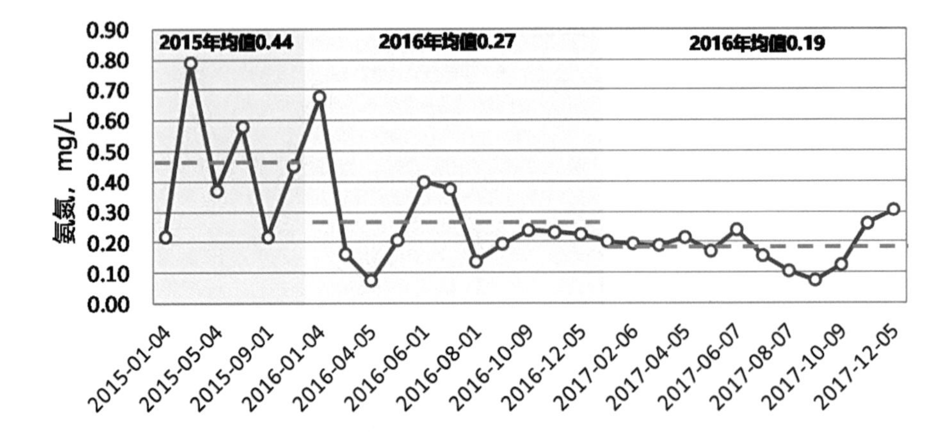

图4-11 萍水2015~2017年氨氮逐月变化趋势（三田断面与南坑断面均值）

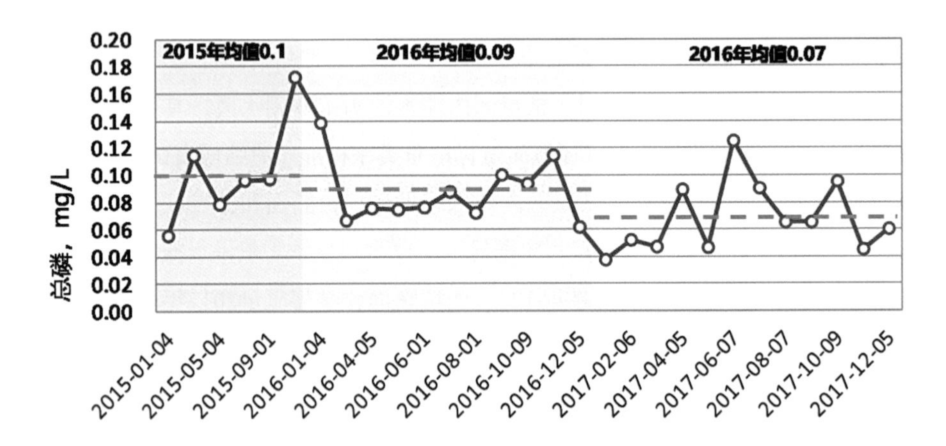

图4-12 萍水2015~2017年总磷逐月变化趋势（三田断面与南坑断面均值）

到了有效控制。采用2016年降雨数据，模拟CSO系统溢流频次。根据模型模拟结果表明，海绵城市试点建设完成后，老城区合流制区域溢流口平水年溢流次数均未超过10次（表4–2）。

溢流次数统计表　　表4-2

月份	1	2	3	4	5	6	7	8	9	10	11	12	合计
1#口	0	0	1	2	0	0	2	0	2	0	0	0	7
2#口	0	0	1	1	0	0	3	0	2	0	0	0	7
3#口	0	0	2	2	0	1	2	0	2	0	0	0	9
4#口	0	0	1	2	1	0	2	1	1	0	0	0	8
5#口	0	0	2	2	0	2	3	0	1	0	0	0	10
6#口	0	0	0	1	1	0	2	0	1	0	0	0	5
7#口	0	0	1	1	0	1	2	0	1	1	0	0	7
8#口	0	0	0	1	1	0	2	1	2	0	0	0	7

续表

月份	1	2	3	4	5	6	7	8	9	10	11	12	合计
9#口	0	0	1	2	0	0	2	1	2	0	0	0	8
10#口	0	0	0	1	1	0	2	0	1	1	0	0	6
11#口	0	0	1	1	1	0	1	0	1	0	0	0	5
12#口	0	0	1	2	0	0	3	1	2	1	0	0	10
13#口	0	0	0	1	0	1	2	1	2	1	0	0	8
14#口	0	0	1	0	1	0	3	0	2	1	0	0	8
15#口	0	0	1	2	0	1	3	0	2	1	0	0	10
16#口	0	0	0	1	1	1	2	0	2	0	0	0	7
17#口	0	0	1	0	0	1	2	1	1	0	0	0	6
18#口	0	0	1	1	1	0	3	1	2	0	0	0	9
19#口	0	0	0	1	1	1	2	1	2	1	0	0	9

为监测合流制管网溢流情况，选择老城区部分入河排口安装流量计，实时监测溢流水量。以五丰河康庄路与公园路交叉口附近河道排口监测数据为例，排口监测起始于2016年7月，监测结果显示2017年溢流污染问题有明显好转。如果采用2016年与2017年同期数据进行对比，2017年7月5日至9月30日溢流污水总量比2016年同期减少了77%（图4–13）。

3．面源污染削减

采用丹麦DHI的MIKE模型模拟分析各排水分区径流污染削减情况。结果显示，海绵城市试点建设完成后，各排水分区径流TSS削减率介于10%~63%之间。试点区总体TSS削减率达到了51%（图4–14）。

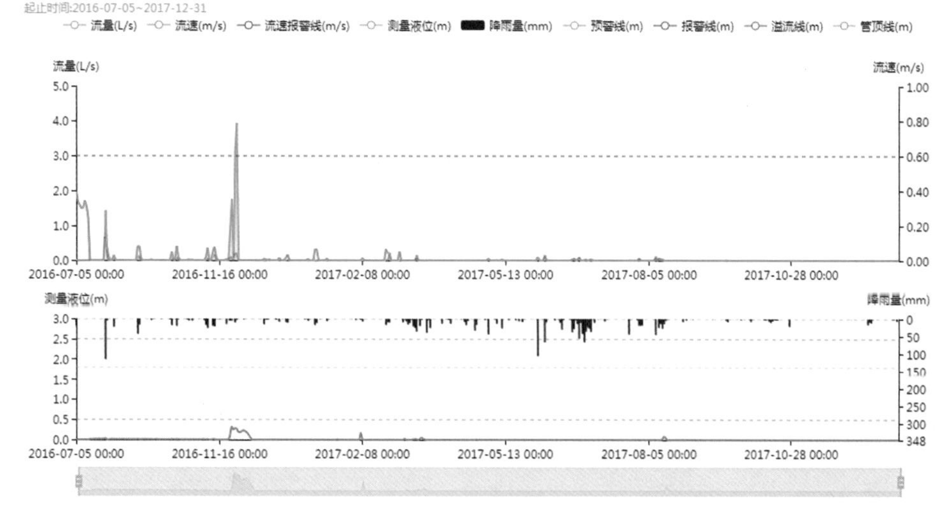

图4–13　2016~2017年合流制管网溢流水量监测数据

以2017年雨季萍乡市建设局地块海绵设施排口TSS监测数据对面源污染削减情况进行分析。结果显示，海绵设施出口SS均值19mg/L，最大值62mg/L。萍乡市雨水径流SS背景值监测数据波动较大，介于75~2000mg/L之间。建设局地块海绵设施对雨水径流TSS控制效果良好（图4-15）。

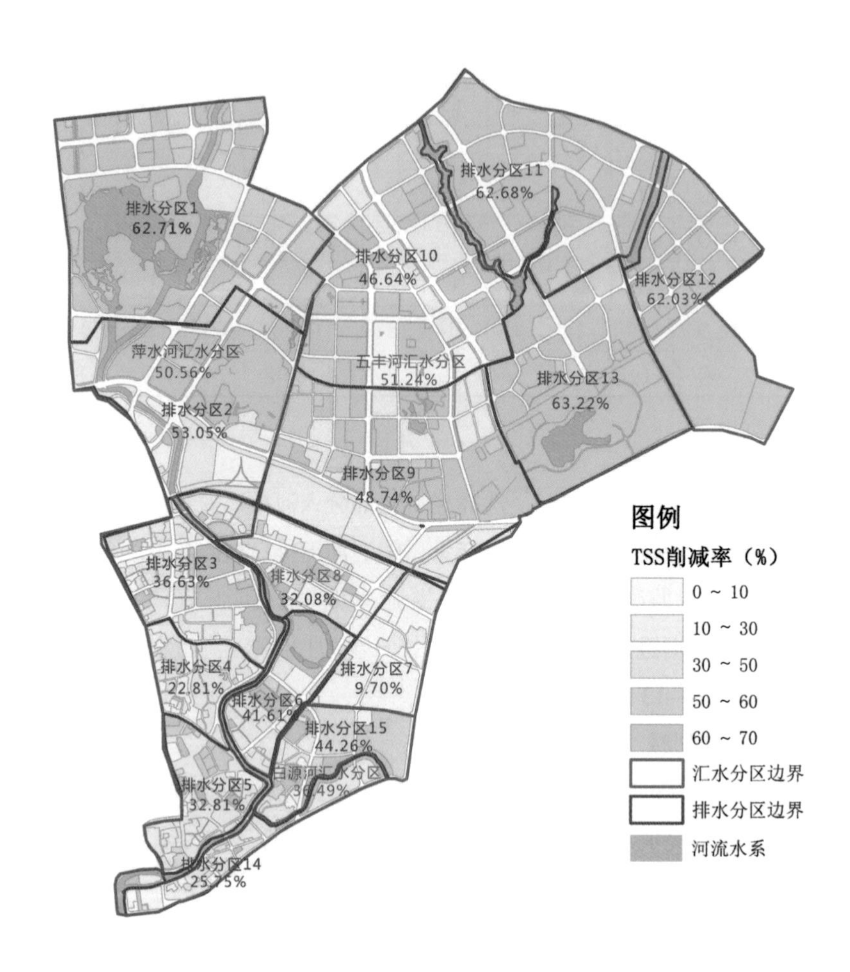

图4-14 海绵城市建设试点区TSS削减率模拟结果

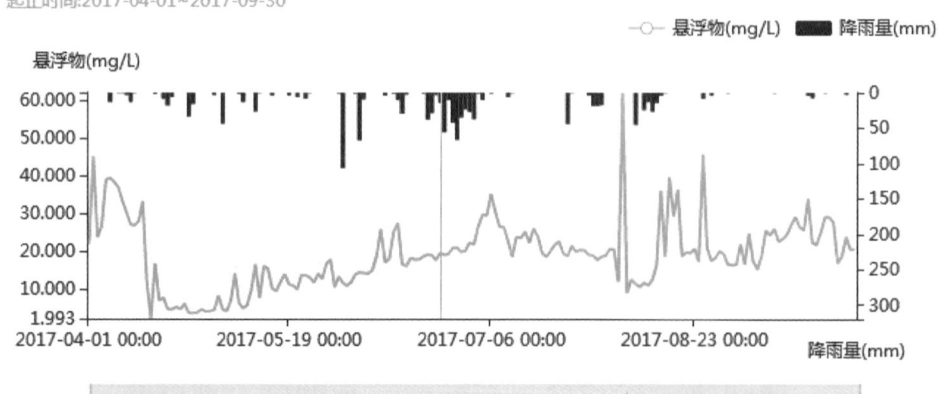

图4-15 建设局地块排口SS监测数据

4.1.3 恢复健康水生态系统

萍乡海绵城市试点建设过程中，城市绿地、水域大幅增加，径流控制效果明显，水生态系统逐步恢复，本地栖息生物种类增多，生物多样性显著增多。

1. 径流控制效果明显

采用丹麦DHI的MIKE模型对各排水分区年径流总量控制率进行模拟分析，结果显示各排水分区年径流总量控制率介于50%~83%之间，试点区总体年径流总量控制率达到了76%（图4–16）。

为评估海绵城市建设对雨水径流的控制效果，萍乡市部分已建海绵设施设有流量计或液位计。选择其中持续监测时间一年以上，数据采集相对完整的地块和排水分区评估实际径流控制效果与年径流总量控制率目标落实情况。

以蚂蝗河片区朝阳南路排水分区为例。分区内为老城区，建筑密度大，地表硬化程度较高，改造前径流系数0.78。试点建设过程中，分区内共开展建设小区与公建

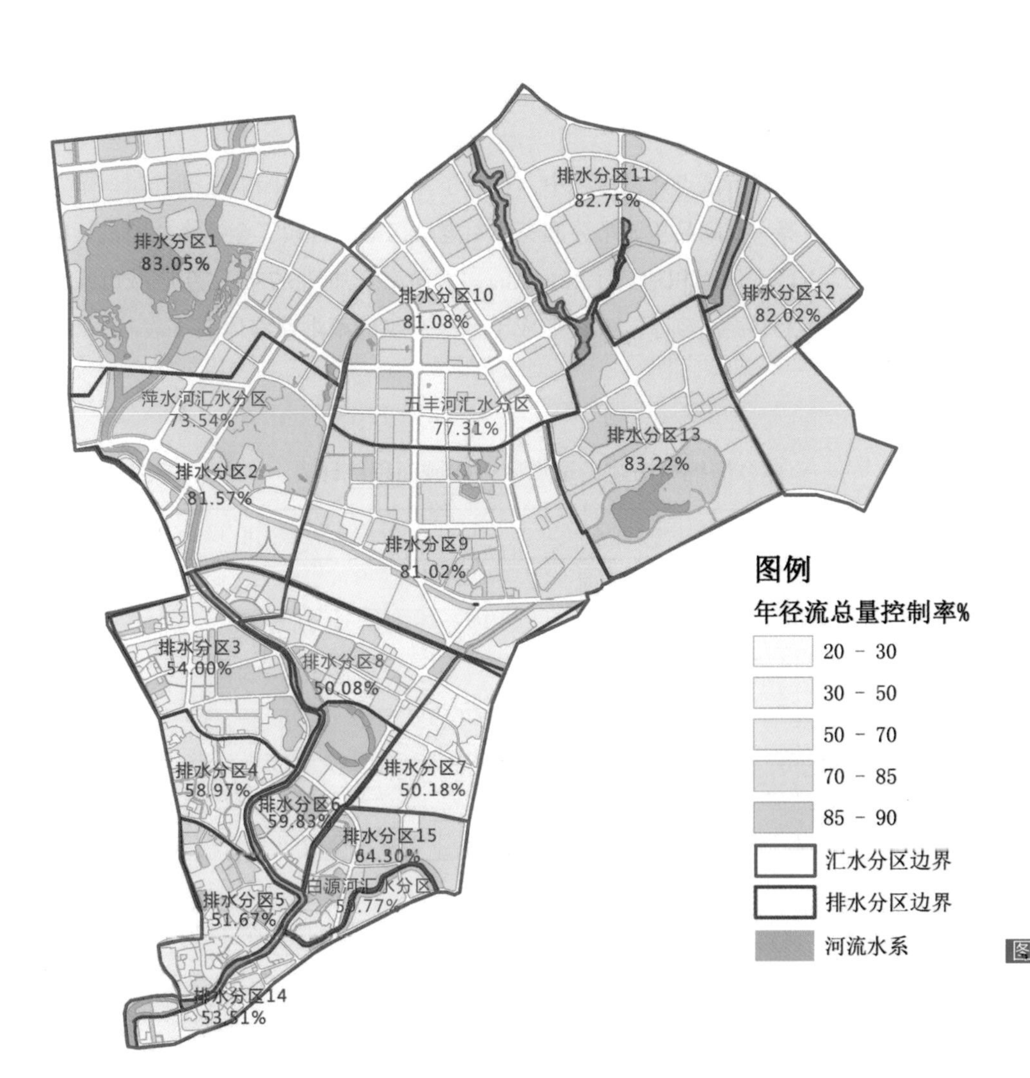

图4–16 海绵城市建设试点区年径流总量控制率模拟结果

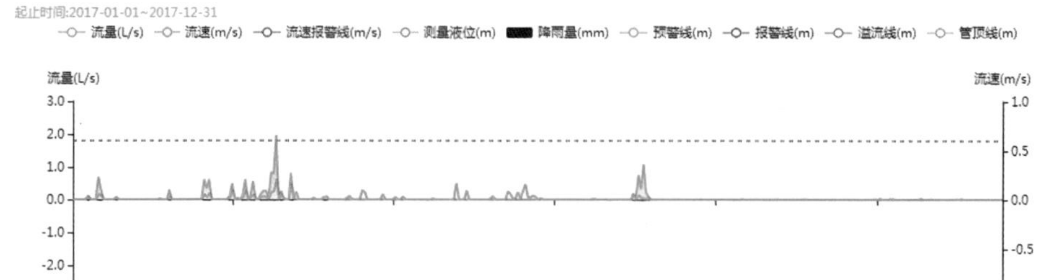

图4-17 排水分区排口流量计监测数据

项目2项、道路项目3项、调蓄设施项目1项。选取2017年1月1日至2017年12月31日期间排水分区总排口流量监测数据，测算地块年径流总量控制率。监测数据显示地块全年累计出流总量7149.76m^3，同期累计降雨量1648.4mm。按照汇水区面积、全年累计降雨量、全年累计出流总量计算年径流总量控制率达到55.5%（图4–17）。

2．绿地水域大幅增加

萍乡市在海绵城市试点建设过程中，打造了萍水湖湿地公园、玉湖公园、聚龙公园、萍实公园等一批高品质城市公园，并对老城区鹅湖公园、金螺峰公园进行了全面整治。试点区水域面积达到了221.81ha，水面率增加到6.73%；新增城市绿地72ha，绿地率由35%提高到了37%，形成了蓝绿交织的雨洪蓄滞体系（表4–3，图4–18~图4–20）。

萍乡海绵城市建设试点区内水域面积统计表　　表4-3

序号	河流	水域面积（hm^2）
1	萍水河	57.6
2	五丰河	8.45
3	白源河	2.9
4	萍水湖	85.35
5	玉湖	22.4
6	翠湖	7.67
7	鹅湖	10.34
8	巴塘水库	16.47
9	其他水体	10.63
合计		221.81

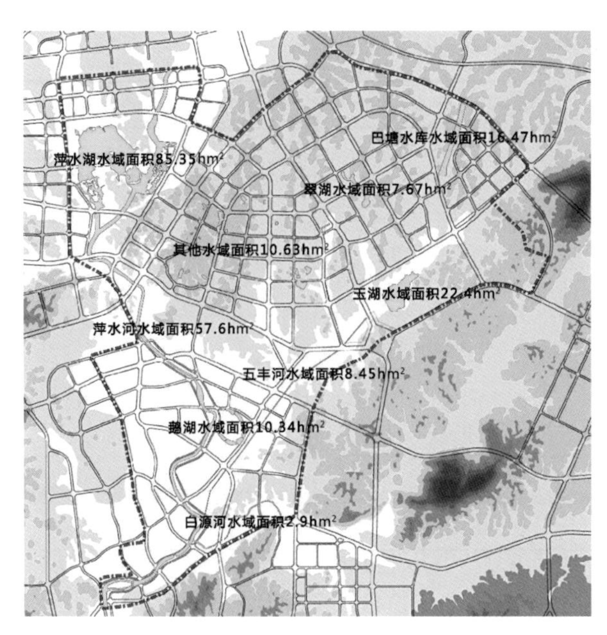

图4-18　海绵城市建设试点区水域分布图

图4-19　萍水湖湿地公园建设前后遥感影像对比图

图4-20　萍水湖湿地公园实景照片

3．河道生态显著改善

海绵城市试点建设期间，萍乡先后启动了萍水湖、玉湖、鹅湖、翠湖、五丰河、白源河、萍水河生态建设工程。不影响行洪安全的河段全面开展了生态化改造工作；出于行洪安全需要，确需保留硬质防洪堤的河段，则采用种植槽栽种蔓藤植物的方式对驳岸进行绿化处理。萍乡海绵城市建设试点区内河湖水系岸线总长度58.76km（两岸），其中生态岸线长度44.86km，生态岸线率76.34%（表4-4）。

海绵示范区内水系生态驳岸统计表　　表4-4

序号	河流湖泊	岸线总长度（km）	生态岸线长度（km）
1	萍水河	20.82	16.16
2	五丰河	14.7	5.46
3	白源河	3.3	3.3
4	萍水湖	8.24	8.24
5	玉湖	2.44	2.44
6	翠湖	1.89	1.89
7	鹅湖	2.72	2.72
8	其他水体	4.65	4.65
合计		58.76	44.86

萍乡一直致力于对河道的生态化研究，萍乡市水务局牵头联合各研究单位及高校对水保植物套管水中栽培技术进行研究，选取萍水河为实验区，通过对迎水硬质岸坡水保植物套管栽培模式进行筛选试验，研究其耐水淹、耐水湿、耐水渍、耐旱、抗瘠等因子，筛选既能适应水域区套管栽培，又能在江河、湖泊进行生态恢复工程应用的植物。同时，萍乡在萍水湖、玉湖、鹅湖、萍水河、五丰河、白源河大量引种苦草、眼子菜等沉水植物。目前，河道、湖泊内沉水植物生长状况良好，自然增长和蔓延速度很快，大大提高了河道自净机能（图4-21~图4-23）。

图4-21 海绵城市试点区生态岸线分布

图4-22　白源河改造后的生态岸线

图4-23　防洪堤保留河段驳岸的生态处理（萍水河）

4.1.4　优化水资源供给结构

1．雨水资源利用

针对萍乡"晴时旱、雨时涝"的问题，海绵城市试点建设期间，萍乡积极开展雨洪资源调蓄利用相关工程，建设雨水桶、雨水模块、调蓄池、调蓄水体等雨水利

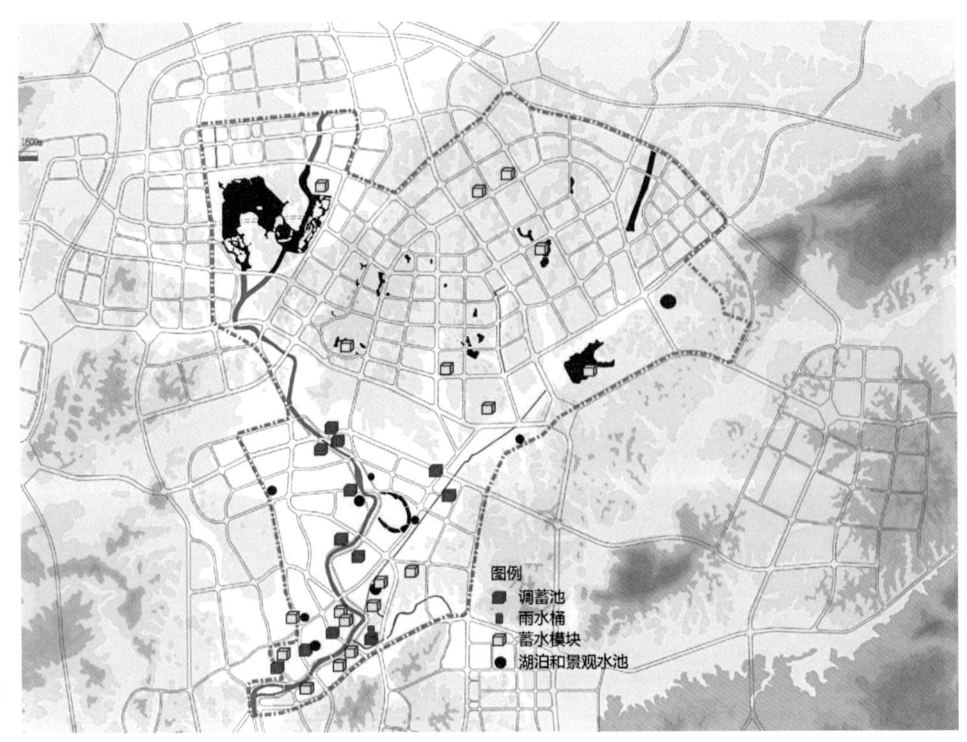

图4-24 雨水利用设施分布图

用设施五十二处。雨水资源广泛利用于市政杂用水、绿化灌溉、景观水体补水等（图4-24）。

（1）市政杂用方面。根据萍乡市城管局2017年用水量数据，萍乡市海绵城市建设试点区内，市政杂用水总用量21.50万m^3，雨季市政杂用水全部采用雨水替代，旱季60%以上采用雨水替代，全年市政杂用水使用雨水资源总量17.20万m^3。

（2）绿化灌溉方面。根据萍乡市城管局2017年用水量数据，萍乡市海绵城市建设试点区内，全年绿化灌溉用水方面雨水使用量2.93万m^3。

（3）景观补水方面。试点区内萍水湖、玉湖、翠湖、鹅湖等景观水体涉及补水问题。按照景观水体水域面积，考虑蒸发渗漏损失，景观水体年最小补水量622.30万m^3，景观水体补水均采用自然汇集的雨水补给。全年景观补水用水方面雨水使用量不低于622.30万m^3。

根据萍乡市多年年平均降水量1597mm计算海绵城市建设试点区内年雨水总量为5267万m^3。萍乡市海绵城市建设试点区全年雨水资源使用量642.43万m^3，雨水资源化利用率为12.2%，达到预定规划目标。

2. 污水再生利用

萍乡市污水再生利用主要集中于工业用水方面。萍乡市华能电厂循环冷却水年用水量493.75万m^3，其中再生水使用量233.4万m^3。萍钢实业股份有限公司年用水量1720.21万m^3，再生水使用量266.94万m^3。

4.2　改善人居环境，提升老百姓生活幸福感

4.2.1　城市人居环境显著提升

1．城市双修成效初见

萍乡市是我国最早的工矿城市之一。萍乡市老城区由于建成年代久远，城市面貌、环境品质、基础设施等方面与新城有较大差距。萍乡市利用海绵城市建设契机，结合国家城市双修的相关要求，对城市基础设施和城市环境进行了全面升级，城市品质显著提升。

（1）生态修复方面

1）河道生态岸线建设

萍乡市先后启动了萍水湖、玉湖、鹅湖、翠湖、萍水河、五丰河、白源河生态建设工程。试点区范围内生态岸线率达76.34%（图4-25）。

2）湖泊、湿地建设

萍乡市在海绵城市试点建设过程中，打造了萍水湖湿地公园、玉湖公园、翠湖公园等一批高品质城市公园，大幅度增加了城市湖泊和湿地面积，新增水域面积达100.96ha（图4-26）。

3）矿山生态修复

萍乡市从1898年就开始大规模开采煤矿，百年来的煤矿开采严重破坏了山体和植被。2016年，随着国家“去产能”，曾被誉为“江南第一大煤矿”的高坑煤矿关停，废弃矿区面积近60km^2。废弃的矿山上矿坑遍布，原有绿化植被几乎荡然无存。

图4-25　萍水河新城区段生态岸线

图4-26 玉湖实景照片

图4-27 生态修复后的安源矿山公园

2015年，萍乡市以海绵城市建设为契机，响应“全域管控”的要求，投入3.3亿元对废弃矿山实施生态修复工程，目前已复绿40km^2。矿山生态修复工程不仅恢复了区域生态环境，也为当地群众的生活带来了实惠。萍乡市利用废弃矿山土地资源以及独特的自然景观，加入休闲旅游元素，在生态修复的基础上把废弃矿区改造成为休闲生态公园，既为当地居民提供了休闲娱乐的去处，又拉动了区域特色种植、生态旅游等产业发展。此外，萍乡市湘东区结合矿山生态修复创建了全市第一家科普基地；萍乡市高坑镇在原矿区建成了一座光伏电站，年均发电3511.9万千瓦时，年均节约标准煤7375.1吨，取得经济效益2180万元（图4–27）。

4）荒山林地改造

萍乡在试点区外开展了一大批自然生态修复工程，包括横龙公园、云程公园、芦洲公园等。例如位于萍乡市试点区西侧的横龙公园，占地面积170ha，是萍乡主城区的西部绿色屏障。在海绵城市建设之前，横龙公园是一块自然丘陵山林地，沟壑纵横，由于长期无人管理，荒草丛生。2015年底，萍乡市结合海绵城市建设，在园内开展了透水沥青路面铺设、绿化提升、景观工程建设等一系列工作，在公园内原生态林地自然景观的基础上，结合园内横龙寺道教文化，打造了集生态涵养、休闲游憩、文化观光多重功能于一体的山地公园（图4–28）。

图4–28　由荒山林地改造而成的横龙公园

（2）城市修补方面

1）“两违”整治

以海绵城市试点建设为契机，萍乡市政府加大决心和力度，严厉打击违法用地、违法建设行为。萍乡市政府组织构筑了“多网格、大巡查、全覆盖”的立体防控体系，大力拆除违法建筑、违规广告牌，全面巡查整治试点区内侵占河道和绿地的现象，确保“两违”零增量。以萍乡市经开区为例，2016年，经开区共计拆除乱搭乱建铁棚88处，拆除违法建筑714处，占地面积约为8万m^2；2017年共拆除违法建筑774处，占地面积约15万m^2。

2）棚户区改造

借助海绵城市试点建设，萍乡老城区大量棚户区得到全新的改造。截至2017年，萍乡市共完成城市棚户区改造41312户，面积约395.8万m^2。萍乡老城区的南正街，改造前地势低洼，危旧房集中成片，配套基础设施落后，居民的居住条件较差，群众对改造的呼声极高。2015年萍乡市政府开始大力推动南正街改造工程。结合海绵城市试点建设，南正街现已完成约6万m^2的老旧城区改造，并在南正街原址上打造了历史文化街区、城市水系景观带和城市绿色休闲大道，做到了还绿于民、还河于民、还路于民（图4–29）。

3）背街小巷“白改黑”

2017年，萍乡启动了背街小巷“白改黑”工程，共计改造了199条小街小巷。结合海绵城市试点建设，背街小巷“白改黑”工程充分融入了海绵城市理念，改造过程中灵活运用了透水铺装、生态树池、下沉式绿地等多种海绵元素，并对雨污水管网系统进行了全面提升，改造雨污水管网8673m。实现全市背街小巷“硬化、亮化、净化、绿化、文化”目标，让市民外出“晴天不沾灰，雨天不湿鞋”，方便居民交通出行（图4–30）。

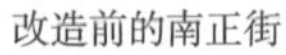

改造前的南正街

建设中的南正街

图4–29 改造前和建设中的南正街

图4-30 结合背街小巷“白改黑”建成的海绵设施

4）市政设施完善

萍乡市原有基础设施建设年代久远，排水管网排水能力不足、淤塞问题突出；城市道路、广场年久失修、破损严重。海绵城市试点建设期间，萍乡市对原有排水设施进行了系统优化，新增了大量雨污水管道、箱涵、调蓄设施及泵站，对原有淤塞破损的管段进行了全面清淤修复。经过市政基础设施提升改造，老城区溢流污染得到了有效控制，新城区逐步实现了雨污分流（图4-31~图4-32）。

图4-31 五丰河-鹅湖连通工程雨水管道

图4-32 秋收起义广场调蓄池

2. 城市品位不断提升

海绵城市建设显著改善了城市的人居环境，城市知名度与品位不断提升，城市居民的归属感增加。

（1）人居环境明显改善

萍乡的海绵城市建设不仅解决了城市洪涝灾害等问题，还带来了显著的综合生态环境效益。通过城市湿地、湖泊、大型山体公园的建设，大幅增加了城市“蓝”、“绿”空间，减少城市热岛效应（图4-33）。中心城区近200条背街小巷改造，改善

图4-33 玉湖公园内建设前后对比照片

了百姓出行的“最后100米”。海绵城市建设与城镇棚户区改造、老旧小区更新有机结合，城市人居环境明显改善。

（2）城市品位稳步提升

随着萍乡海绵城市建设带来的生态巨变，城市品位“水涨船高”，赢得了市民的高度肯定。萍乡湖泊、公园、道路、小区等海绵化改造的完成，不仅解决了城市内涝问题，而且城市品质也得到了大幅提升，独具江南特色的海绵城市正精彩呈现。特别是聚龙公园、鹅湖公园、金螺峰公园、玉湖公园等一系列公园绿地项目，

图4-34　改造后的鹅湖公园

成为老百姓休闲漫步、运动健身、亲近自然的绝佳去处（图4–34）。

4.2.2　老百姓幸福感明显增强

1. 社会公众评价

通过海绵城市建设，萍乡市彻底解决了老城区的内涝积水问题。4大内涝区43个小区的1.2万户、超过4万名居民免受内涝之苦。以万龙湾内涝区为例，该地区人口密集，逢雨必涝，历来是萍乡内涝最严重的区域，如今经过海绵城市建设，该地区彻底消除了内涝积水现象，老百姓的生活品质获得了极大提升。市民冯湘春说："几十年了，每逢雨季，小区里就是一片'汪洋'，老百姓甚至要划皮划艇出行。但今年简直是天壤之别！"。"连续几天的降雨，山口岩水库都在泄洪，而我家楼下居然不积水了，真好！"家住城区五丰河边的市民赖芬日前在朋友圈发的一段留言和照片引起不少人点赞（图4–35）。

萍乡老城区建成年代较早，大量老旧小区硬化面积大、绿地率低，晴天小区内灰土较多、雨天容易积水，居住环境恶劣。海绵城市试点建设过程中，萍乡市将海绵城市建设与城镇棚户区改造、老旧小区更新相结合。对36个老旧小区进行了全面改造，小区环境有了翻天覆地的变化，3万余居民直接受益。广大市民逐渐开始理解、认同海绵城市建设，工程建设实施单位不断收到百姓送来的锦旗；试点区内二十多个原本持观望、怀疑态度的单位和社区，主动申请进行海绵改造；试点区外的单位和社区也向市海绵办提交了近百份海绵改造的申请，社会参与度大大提升（图4–36）。

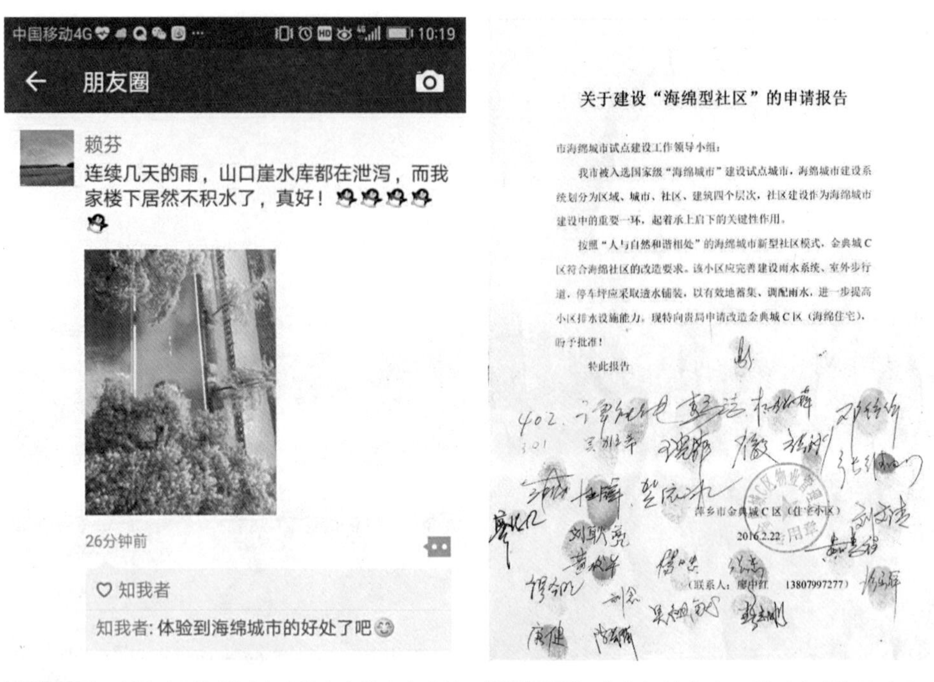

关于建设“海绵型社区”的申请报告

市海绵城市试点建设工作领导小组：

我市被入选国家级“海绵城市”建设试点城市，海绵城市建设系统划分为区域、城市、社区、建筑四个层次，社区建设作为海绵城市建设中的重要一环，起着承上启下的关键性作用。

按照“人与自然和谐相处”的海绵城市新型社区模式，金典城C区符合海绵社区的改造要求。该小区应完善建设雨水系统、室外步行道，停车坪应采取透水铺装，以有效地蓄集、调配雨水，进一步提高小区排水设施能力。现特向贵局申请改造金典城C区（海绵住宅），盼予批准！

特此报告

萍乡市金典城C区（住宅小区）

2016.2.22

（联系人：廖中红 13807997277）

图4-35 市民对于海绵城市建设心声的由衷表达 图4-36 萍乡各住宅小区踊跃申请海绵改造

2．新闻媒体报道

萍乡市海绵城市建设正从“全国试点”走向“全国示范”，受到全国主流媒体的高度关注。新华社、人民日报、经济日报等媒体在头版等重要版面大篇幅报道萍乡海绵城市试点建设成效和经验。中央电视台新闻联播2017年9月24日单条播发了萍乡海绵城市试点情况（图4-37~图4-39）。

人民日报

RENMIN RIBAO

人民网网址：http://www.people.com.cn

2017年7月

8

星期六

人民日报社出版

代号1-1

今日12版

人民日报 每周六出版 第194期 2017年7月8日 星期六 9—10 生态周刊

绿色焦点·“海绵城市”怎么建①

建设海绵城市，江西萍乡从全国试点走向全国示范

“海绵宝宝”长大 “城里看海”变少

生态论苑

让环保守法成为常态

图4-37 2017年7月8人民日报《“海绵宝宝”长大“城里看海”变少》

图4-38　2017年9月24日中央电视台新闻联播江西萍乡：全力打造“海绵城市”

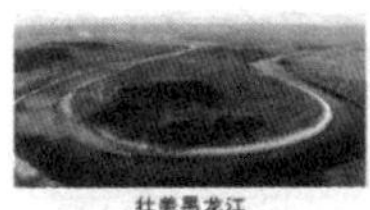
壮美黑龙江

新华每日电讯

新华通讯社出版

2017年8月6日　星期日　丁酉年闰六月十五　今日4版　总第08985期

畲族歌舞颂清风

江西萍乡：今年汛期无内涝

全国海绵城市建设试点见成效

新华社南昌8月4日电（记者李兴文、余贤红）今年主汛期，江西萍乡市出现持续性暴雨天气，但往年一下大雨就“看海”的主城区，今年无一处内涝点。

作为全国海绵城市建设试点城市，2015年以来，萍乡在全城范围内生态治水，初步缓解了当地城市内涝和缺水困局，为老工矿城市“试”出了一条转型之路。

暴雨少积水

今年6月，萍乡主城区平均降雨量达464毫米，为多年均值的2.3倍。

万龙湾地区人口密集，往年是萍乡内涝最严重的区域，今年情况不一样了。“几十年了，每逢雨季，小区就一片‘汪洋’，但今年这种情况没有出现。”市民冯湘春说。

今年6月1日，萍乡降雨94.2毫米，万龙湾平均积水深度不到3厘米。而在去年7月8日，萍乡降雨79.8毫米，万龙湾平均积水深度达0.81米。

五丰河从萍乡城中央穿过，往年一下暴雨，河水就会对城区形成倒灌，五丰河周边的一层楼因此被淹。今年雨量大，河水却没有达到警戒水位。

“连续几天的降雨，山口岩水库都在泄洪，而我家楼下不积水了，真好！”家住城区五丰河边的赖芬此前在朋友圈发的一段留言和照片引起不少人点赞。

萍乡市长李江河说，萍乡属丘陵低洼地带，一直以来内涝是这座“江南煤都”的一个重症。但今年萍乡主城区涝点为“零”，是海绵城市建设，让萍乡主城区防水排涝能力得到有效增强。

让城市像海绵一样

海绵城市怎么建？

试点之初，萍乡在市区规划了近33平方公里的海绵城市建设示范区，确立“小雨不积水、大雨不内涝、水体不黑臭、热岛有缓解”的目标。在取得初步成效基础上，萍乡把试点范围扩至全市城区，要求所有新建工程都按海绵城市建设标准进行。

萍乡利用源头削减、中途传输、末端调蓄等手段全域治涝，在全市为“山水林田湖城”设定生态红线，生态控制区面积占全市面积36.39%。

在新城区科学布局管廊设施建设，萍乡注重控制开发强度，注重绿地系统建设；在老城区以问题为导向，注重修复地下“毛细血管”，增强其雨水渗、蓄等功能。

萍乡还改造道路的绿化分隔带、人行道，建设透水的海绵设施。萍乡市副市长叶华林说，这样做是为了“让水顺畅流起来”，尽可能减少老城区内涝，避免新城形成内涝。

萍乡是资源性、水质性和工程性缺水城市，过去植被破坏严重、水涵养能力弱，在试点中萍乡把水生态改善作为重中之重，突破“以排为主”的传统治水理念。

河湖水系、坑塘湿地是城市天然雨水滞纳净化场地。萍乡市把湿地公园内溪流坑塘、低洼区及千亩湖面等串起来，建设下沉式绿地、渗透型植草沟，组成多个“海绵体系”。

下雨时吸水蓄水，干旱时将水释放，让城市像海绵一样有弹性。数据显示，萍乡市生态涵养区面积占全市面积的44.41%；75%的降雨能够实现就地吸纳和利用，每年可节水256万吨。

搬出去的街坊邻里回来了

在城区的玉湖公园，园内透水砖铺装广场，湖水清澈。而在两年前，这里湖水发臭、路面荒草萋萋。

试点过程中，萍乡注重生态修复，积极发挥城区湖泊的调蓄功能，推动田中湖、玉湖、翠湖形成连片效应，既有效缓解了城市内涝，也为市民打造了休闲娱乐的好场所。

同时，萍乡把海绵城市建设与城镇棚户区和城乡危房改造、老旧小区更新相结合，改善人居环境。目前全市投资3.5亿元，用海绵城市建设标准推进中心城区400余条背街小巷改造，畅通百姓出行“最后一百米”。

今年5月，友谊新村完成海绵化改造，小区面貌焕然一新。“现在小区环境好了，搬出去住的街坊邻里又搬回来了！”74岁的市民戴新年说。

萍乡市委书记李小豹说，实现防涝避旱、雨污分流，进而推动新型城镇化和传统产业转型升级，这是我们建设“海绵城市”的目标。

图4-39　2017年8月6日新华每日电讯头版《江西萍乡：今年汛期无内涝》

4.3　推动产业转型，激活城市发展的新动能

萍乡市委、市政府敏锐认识到随着海绵城市理念在全国范围内的推广，海绵产业蕴藏着巨大的经济新动能。萍乡牢牢抓住海绵城市试点建设机遇，大力推动海绵产业发展。经过近三年的努力，萍乡产业转型与城市转型成效初显。

4.3.1　海绵产业升级壮大

海绵企业发展方面。本地一大批传统的陶瓷、商混、管道等建材企业成功转型，催生了40多家海绵产业相关企业。一批海绵产品研发生产企业正在发展壮大，透水砖、透水混凝土、渗排管等海绵材料不仅满足了本地市场需求，而且远销省内外，2017年产值约20亿元。

海绵产品研发方面。萍乡市本地企业积极参与海绵城市领域技术创新，目前已具备初步的技术积累。《一种复合材料生态陶瓷透水砖的制备方法》等一批海绵城市相关发明专利已获国家专利局初审通过或正式批准（表4-5）。以萍乡龙发实业股份有限公司为例，企业利用本地废砖及废弃陶瓷、煤矸石等废旧物资为原材料，生产生态陶瓷透水砖（图4-40）。自2015年研发成功投产至今，产值已达1.6亿元。龙发实业生态陶瓷透水砖生产技术已达到国内先进水平，受邀参与了行业标准的制定。

海绵规划设计方面。本地萍乡市建筑设计院、萍乡市规划勘察设计院在三年试点期内参与了大量海绵城市设计项目，培养了一批海绵城市设计人才，海绵城市设计水平大幅提升。业务范围已从萍乡本地扩展到了全省乃至全国其他省市。

萍乡海绵城市相关专利 **表4-5**

序号	专利名称	类别
1	一种复合材料生态陶瓷透水砖的制备方法	国家发明
2	一种常规动力一体化污水处理设备	实用新型
3	一种黑臭水体修复治理生态护坡	实用新型
4	一种黑臭水体的底泥钝化系统	实用新型
5	一种黑臭水体修复治理的生态浮岛	实用新型
6	一种黑臭水体修复治理的生态砾石床	实用新型
7	一种黑臭水体修复治理的生物带矩阵	实用新型
8	一种微动力一体化生活污水处理设备	实用新型
9	一种乡镇生活污水人工湿地处理系统	实用新型
10	一种原位处理河道底泥重金属污染的装置	实用新型
11	一种原位治理河道底泥重金属的设备	实用新型
12	一种去除水中COD的多孔臭氧催化剂及其制备方法	国家发明

图4-40 萍乡龙发实业陶瓷透水砖自动生产线及产品

4.3.2　特色小镇初具雏形

萍乡在全国率先启动海绵小镇建设（安源区五陂镇）。五陂海绵小镇已初具雏形。海绵城市创新基地主体工程于2018年4月8日全面竣工。作为海绵小镇产业聚集的载体，位于海绵城市创新基地二楼的萍乡海绵城市“双创”中心，按照“5+1”的运营体系，涵盖了建筑、建材、智慧城市、规划设计、生态环保等所有泛海绵产业的展示区域，并从空间供给、平台支持、技术援助、品牌推广、人员培训、资本对接等方面为入驻企业提供全方位免费优质服务。2018年5月2日，五陂镇召开海绵城市“双创”中心推介会，全国多家企业代表前来洽谈，21家企业申请入驻萍乡海绵城市“双创”中心，进一步提高了海绵小镇影响力，集聚了发展要素，为打造海绵产业高地奠定了基础（图4-41）。

图4-41　萍乡海绵城市“双创”中心

第5章　萍乡海绵城市试点建设经验

海绵城市试点建设过程中，萍乡有效破解了机制、技术、资金、管理等方面诸多难题，推动全市海绵城市建设逐步步入良性发展轨道。结合三年海绵城市试点建设的探索和实践，萍乡总结了“坚持一条主线、践行三项理念、夯实六个支撑”为核心的试点建设经验，形成了独具特色的江南丘陵地区海绵城市建设的萍乡模式（图5–1）。

“全域管控—系统构建—分区治理”的技术路径和“六个全面”的实施策略是萍乡海绵城市建设过程始终坚持的一条主线。“绿色发展观”、“系统建设观”和“以人为本”三项理念是萍乡海绵城市建设的基本遵循和行动指南。组织保障、制度体系、技术支撑、模式创新、海绵产业、城市转型六个实施层面具体策略则是萍乡海绵城市建设工作的科学、高效、有序推进的基本保障。“六个全面”统筹下的“全

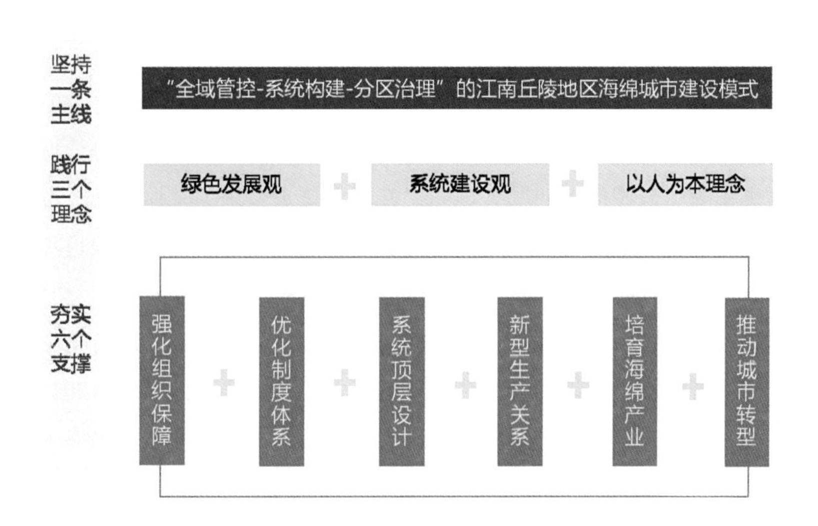

图5–1　海绵城市建设的萍乡模式

域管控—系统构建—分区治理”江南丘陵地区海绵城市建设模式是萍乡经验的核心。“三项理念”和“六个支撑”则构成了成功推进海绵城市建设的四梁八柱。

5.1 坚持一条主线，探索江南丘陵地区海绵城市建设萍乡模式

萍乡海绵城市建设成功的关键在于系统化的治理思路与全方位的建设统筹。“全域管控-系统构建-分区治理”的总体思路和“全流域管控、全方位定标、全过程植入、全域性铺开、全社会参与、全链条跟进”六个全面统筹是萍乡模式的核心精髓。

5.1.1 “全域管控—系统构建—分区治理”的技术路径

萍乡地处湘赣分水岭，为典型的江南丘陵地区，流域范围内大部分为山地、丘陵，平原河谷仅占11%。江南丘陵地区水文特征鲜明。暴雨时，山洪来势迅猛，河道水位暴涨，平原河谷河段漫堤现象时有发生；雨后，山洪消退，河道缺乏补给水源，河道基流量小，旱季近乎干涸。针对这一典型的流域水文特征，萍乡创造性地提出了“全域管控-系统构建-分区治理”的系统性雨洪管理思路。

全域管控：解决丘陵地区洪涝灾害问题，必须摆脱“头痛医头、脚痛医脚”的固化思维，跳脱中心城区的局限约束，加强全域管控，从全市域、全流域的角度保护好山、水、林、田、湖、草生态安全空间格局和自然蓄滞空间，充分发挥自然生态空间的雨洪蓄滞作用，减少暴雨时上游来水给中心城区带来的行洪排涝压力。

系统构建：萍乡海绵城市试点建设过程中，侧重于流域蓄排系统的构建，提出了“上截—中蓄—下排”的系统构建思路。上游建设分洪隧洞，基于河道行洪能力与行洪压力，进行雨洪的优化联合调配。中游布设大型调蓄水体，如萍水湖（调蓄库容300万m^3）、玉湖（调蓄库容50万m^3）。暴雨时，蓄滞雨洪，削减下泄洪峰流量；雨后，逐步开闸放水，补给城市河流。下游城区段易涝区新建雨水箱涵和排涝泵站，确保暴雨径流快速行泄，解决因自身排水系统问题导致的局部内涝。

分区治理：丘陵地区分区地形与径流特征差异较大，不同分区宜采用不同的海绵城市建设策略。新城区以目标为导向，重点在于利用自然肌理，保护河流、湖泊、塘堰、滩涂等自然蓄滞空间，并通过规划管控手段，严格按照海绵城市建设要求逐步推进实施。老城区以问题为导向，基于大排水系统的总体构架，按照城市排水分区、竖向特征、功能特征、问题特征、建设条件等因素，划分项目片区，重点完善城市基础设施，解决城市突出的内涝问题与水环境问题。

实践检验证明，“全域管控-系统构建-分区治理”的总体思路高度契合萍乡本地实际。海绵城市试点建设前，萍乡每年都会发生多次严重内涝。自2017年关键节点工程建设完成后，至今已历经多次暴雨检验，各河流平稳度汛，始终未发生漫堤问题，历史内涝点也无一发生内涝。萍乡“全域管控-系统构建-分区治理”的总

体思路和流域蓄排系统的构建模式可供其他类似洪涝灾害突出的丘陵地区城市借鉴参考。

5.1.2 “六个全面”的海绵城市建设统筹推进实施策略

为保障全市海绵城市建设工作长效有序推进，萍乡市提出了“全流域管控、全方位定标、全过程植入、全域性铺开、全社会参与、全链条跟进”六个全面统筹的海绵城市建设实施战略。

全流域管控。结合多规合一和蓝线绿线管理，从“山、水、林、田、湖、城”等六个维度进行全域管控，充分利用自然肌理，保护河流、湖泊、塘堰、滩涂、山体等自然蓄滞空间作用。

全方位定标。在海绵城市规划、设计、施工、验收等各个环节进行全方位的标准制定，解决海绵城市建设项目在试点过程中无规划引导、无技术参数、无施工规范、无验收标准的问题。

全过程植入。全市所有新建、改建、扩建工程项目都必须按照海绵城市相关要求进行建设，从规划、立项、建设等全过程对项目建设实施有效监管，确保海绵城市理念能够得到有效落实。

全域性铺开。萍乡市在海绵城市建设过程中，将原32.98km^{2}的海绵城市建设试点区扩展到全市地域范围，非试点区域的各县区全部按照试点区域的建设标准和技术规范开展海绵城市建设工作。

全社会参与。项目建设由政府主体变为社会主体。通过设立补助资金，把小区项目下放给社区和单位，政府只负责道路、广场、湿地等大型项目建设，有力促进了社区和单位的建设热情。

全链条跟进。海绵产业链条从透水砖、透水混凝土等海绵产品生产，向规划设计、新技术与新材料研发、海绵城市建设投资、海绵设施运营维护管理等全产业链延伸。

“六个全面”的海绵城市建设统筹实施战略为海绵城市建设乃至中国城市建设发展提供了全新的、系统的建设实施战略和建设模式。

5.2 践行三项理念，树立海绵城市建设的基本遵循和行动指南

5.2.1 树立绿色发展观，处理好发展与保护之间的关系

党的十八大以来，国家高度重视生态文明建设，习近平总书记指出：“绿色发展方式是发展观的一场深刻革命。要正确处理经济发展和生态环境保护的关系，像保护眼睛一样保护生态环境，像对待生命一样对待生态环境。”传统无序的过度开发给萍乡带来了种种后遗症。萍乡深刻领会加强生态文明建设的重大意义，将绿色发展观作为城市建设发展的根本遵循。

1．加强干部教育，增强生态文明与绿色发展理念

落实绿色发展观，首先必须加强教育，加深党员干部对于生态文明与绿色发展理念的认识。萍乡市委全面梳理了习近平总书记和十九大报告关于生态文明建设的重要论述，利用学习十九大精神的契机，组织全市党员干部进行了深刻的学习与讨论。同时，萍乡市市委党校将海绵城市、生态文明建设相关内容纳入了全市党政干部培训的常设课程，打造出了《基于生态文明构建下的海绵城市建设——以萍乡市为例》等精品课程，并报请评比全国干部教育培训好课程。通过一系列宣传教育活动，生态文明与绿色发展理念在全市党员干部中已经深入人心。将绿色发展观融入城市建设发展管理的每一个环节已经成为一种自觉行为。

2．践行两山理念，保护山水林田湖草生命共同体

按照习近平总书记“山、水、林、田、湖、草生命共同体”指导思想，萍乡结合多规合一，在市域尺度上，划定了“三区五线”（三区即禁建区、限建区、适建区，五线即生态控制线、永久基本农田控制先、城镇开发边界、城镇建设用地边界和重点项目建设控制线），构建市域自然生态空间保护格局和大海绵系统骨架。通过多规合一的法定性要求，严格控制城市建设开发的边界，保护山林、河流、湖泊、湿地、基本农田等重要的生态功能单元，统筹协调好城市发展与自然生态保护之间的关系，尊重自然、顺应自然、保护自然，实现城市与自然的和谐共生。

3．优化城市布局，构建蓝绿交织的雨洪蓄滞空间

在中心城区层面，结合城市总体规划修编，划定河湖水系蓝线、绿线和生态廊道，充分发挥自然肌理，保护河流、湖泊、塘堰、滩涂等自然蓄滞空间作用。优化城市公园、绿地、广场等开放空间布局，按照大中小结合、点线面结合的原则，形成了各类生态空间布置均匀、蓝绿网络结构合理、生态环境优美、山水特征明显、城乡关系协调的城市绿色生态空间系统。在城市开发建设过程中节约空间资源，不盲目扩大城市建设范围，不随意改变城市空间格局，做到适度开发、布局合理、集约高效，力求改变过往城市建设过分挤压生态空间的状况，变“自然适应人”为“人适应自然”。

4．推动生态建设，修复过度开发的自然生态空间

萍乡“以煤立市、以煤兴市”，经过百余年大规模资源开采，城市不仅面临资源枯竭的窘境，同时也遗留了大量生态环境问题。大量废弃的矿山上矿坑遍布，原有绿化植被几乎荡然无存。萍乡结合海绵城市建设和城市双修，全面开展了矿山生态修复、废弃林地改造、河湖水系与湿地生态系统修复等一系列的环境修复整治工作，如高坑煤矿废弃矿区改为生态休闲公园与光伏电站、聚龙公园与横龙公园废弃林地改为高品质森林公园、新建萍水湖湿地公园和翠湖湿地公园、改造玉湖公园与鹅湖公园、开展萍水河与五丰河生态修复。大规模的生态修复与建设工作有效解决了资源过度开发带来的种种生态环境问题，遏制了生态环境的持续恶化趋势。

5.2.2 强调系统建设观，构建系统化海绵城市建设体系

海绵城市建设是一项复杂的系统工程，与单一工程项目相比，在目标设定、方案设计、工程实施、建设管理等方面都具有高度的复杂性。为充分发挥海绵城市建设综合效益，必须树立系统建设观，系统化推进海绵城市建设工作。

1．变“头痛医头”为“五水兼顾”，强调建设目标的综合性

在海绵城市试点建设过程中，萍乡很好的克服了海绵城市建设就是治理局部排水防涝问题的“头痛医头、脚痛医脚”的片面认识，把提高水安全、改善水环境、恢复水生态、涵养水资源、复兴水文化的相关要求有机融入海绵城市建设总体要求中。在建设独具江南特色的海绵萍乡的总体目标引领下，萍乡提出了涵盖防涝、防洪、河湖水质、径流与径流污染控制、生态岸线修复、天然水域保护、雨水利用等一系列多角度、多层次的海绵城市建设具体指标要求。老城区以问题为导向，重点解决历史内涝点突出的洪涝灾害问题；新城区以目标为导向，优先保护区域自然生态本底，合理控制开发强度。海绵城市建设总体方案的制定必须充分考虑多目标融合与优化，确保工程体系与建设目标相匹配，实现综合效益的最大化。

2．变“末端治理”为“系统构建”，注重设计方案的系统性

萍乡的洪涝灾害问题由来已久。在海绵城市试点建设前，萍乡也开展过大量内涝整治的专项工程。以往解决城市防洪防涝等各类问题时，萍乡往往仅着眼于改善与问题直接相关的终端排水系统，而忽视了整个流域水文循环的系统性，收效甚微。萍乡的洪涝灾害问题是山洪与内涝相互交杂的复杂的流域性问题。局部的治理工程无法从根本上彻底解决萍乡的洪涝灾害。海绵城市试点建设过程中，萍乡从全流域的尺度对洪涝灾害的成因与特征进行了深入分析，跳出了以往内涝治理思维的局限性，创造性的提出了“上截—中蓄—下排”的流域雨洪蓄排体系，有效解决了五丰河漫堤、萍水河顶托、局部洼地排水不畅等问题，彻底根治了困扰萍乡已久的内涝顽疾。

3．变“碎片建设”为“分区打包”，确保工程实施的整体性

萍乡市海绵城市试点建设项目共计167项，涉及建筑与小区类、道路与广场类、公园与绿地类、水系整治与生态修复类、内涝治理类、管网建设类、防洪工程类、监测管控平台与规划标准制定等8种类型。项目数量多、类型杂、分布广。如果采取传统的单个项目分别委托设计、施工的方式，极易出现“碎片建设”问题，各项目之间不能有效衔接，审批协调效率低下，责任相互推诿，成效难以定量考核。

为规避传统建设模式弊端，确保工程建设实施的整体性。萍乡依托自然流域将试点区划分为萍水河、五丰河和白源河三个汇水分区；在汇水分区划分的基础上按照排水管网布局和排水口分布，将试点区进一步划分为15个排水分区。综合考虑汇水分区、排水分区及行政区划，萍乡将167项萍乡市海绵城市试点建设项目划分为6个项目包，其中老城区4个项目包、新城区2个项目包。老城区4个项目包以解决突

出的内涝问题为重点，绩效考核边界清晰，采用PPP模式推进实施。新城区2个项目包因涉及大量新建与在建项目，侧重于通过规划管控手段落实海绵城市建设要求，改造项目则采用政府直接投资、委托建设模式。各项目包注重内部项目的有机衔接，统一规划、设计、建设、运维、考核，确保项目实施的整体性。

5.2.3 坚持以人为本，把为民造福的事情真正办好办实

党的十八大以来,以习近平总书记为核心的党中央坚持以民为本、以人为本执政理念。习近平总书记提出：“要以造福人民为最大政绩，把为人民造福的事情真正办好办实”。海绵城市建设是贴近百姓身边的民生项目，要始终坚持以造福人民为海绵城市建设的根本目标、以人民为推动海绵城市建设的重要依托、以群众口碑为评判项目成败的重要标准。

1．以民生福祉为海绵城市建设的根本目标

以人为本，就必须坚持民生优先。海绵城市试点建设前，萍乡洪涝灾害问题突出，老城区四大内涝区每年都会发生多次内涝，周边百姓饱受内涝之苦。萍乡大力推动海绵城市试点建设的初心就是解决长期困扰老百姓的洪涝灾害问题。在海绵城市试点建设项目安排方面，萍乡把老城区内涝整治作为重点项目和民生工程优先安排。萍乡老城区大量小区建成年代久远，路面破损、管网堵塞、停车位不足等问题突出。萍乡在海绵城市试点建设之初，对老城区老旧小区进行了全面走访，深入了解小区存在的主要问题和民生诉求，筛选了一批优先进行海绵改造的老旧小区。经过三年海绵城市试点建设，长期困扰萍乡的洪涝灾害问题得到有效解决，内涝区附近数万名群众免受内涝之苦。大量老旧小区旧貌换新颜，环境品质显著改观，小区居民获得感与幸福感大幅提升。萍乡百姓愈加深刻的认识到海绵城市建设是一项实实在在的惠民工程。

2．以人民为推动海绵城市建设的重要依托

萍乡在海绵城市试点建设过程中始终坚持共同缔造理念，积极倡导公众参与。海绵城市试点建设项目贴近百姓身边，项目的顺利推动离不开百姓的支持。

在项目设计阶段，萍乡要求建设单位与设计单位深入社区，认真倾听百姓声音，鼓励社区居民共同出谋划策。居民长期生活在小区内，对于小区存在的问题认识更为深刻，对于小区该怎样改造也常有许多思考。倾听百姓声音，一方面可以让设计更接地气；另一方面，融合了百姓诉求的改造方案在实施过程中也更易获得百姓的支持。

在项目建设阶段，小区居民也是最好的“监理员”。工程建设质量关系居民长期的生活环境。施工现场公布有举报电话，居民发现施工中存在的工程质量问题和文明施工问题可随时举报。

在项目运行维护阶段，海绵设施需要社区居民共同爱护。海绵设施出现问题时，社区居民也往往是第一发现人。海绵设施管理处设有热线电话，及时受理百姓

反映的问题。

海绵城市建设项目设计、施工、运维的每一个阶段都与百姓息息相关，离不开百姓的支持。扎实深入的群众工作，也是萍乡海绵城市试点建设顺利推动的关键秘诀之一。

3. 以群众口碑为评判项目成败的重要标准

萍乡始终坚持以群众的满意度作为评判项目成败的重要标准。住宅小区类海绵城市项目竣工验收过程中，海绵办会邀请社区居民和小区物业共同参与项目验收。对于居民提出的整改意见，经专家核实后，建设单位需认真遵照整改。居民意见较多，群众满意度差的项目不得通过竣工验收。项目进入运维阶段后，海绵设施管理处会定期组织海绵设施运行情况绩效考核，群众满意度作为一项重要的考核因子纳入考核指标。运行维护不到位，群众满意度低，将直接影响考核成绩和运行服务费的拨付比例。

5.3 夯实六个支撑，保障海绵建设工作科学、高效、有序推进

5.3.1 加强组织保障，用好集中力量办大事的组织优势

萍乡成功推动海绵城市试点建设的核心经验在于充分用好了集中力量办大事的制度优势。三年试点期内，萍乡建立了一套高效协调、统筹推进的海绵城市建设工作机制，整合了全市各条块力量，充分调度和利用好了各项资源，有效保障海绵城市试点建设工作的顺利推进。

1. 高位推动，成立主官牵头的海绵领导小组

萍乡在三年试点期内完成了167项海绵城市试点建设项目，投资66.23亿元。对于中小城市而言，从项目体量、工程投资、深远影响等多重角度，海绵城市试点建设无疑是城市建设发展史上的大项目。如果不能建立强有力的组织保障，有效调度和利用好全市各项资源，海绵城市试点建设工作必然面对重重困难。

萍乡建立了由市委书记和市长双主官牵头、全市各部门协同参与的高效工作机制。成立了囊括市委书记、市长、各区县主官、各部门一把手的海绵城市试点建设工作领导小组。制定了严格的领导小组定期工作协调会、现场办公会等工作制度，避免领导小组流于形式，确保领导小组能够真正发挥强有力的协调推动作用。

萍乡三年海绵城市试点建设的顺利、高效推动充分体现了集中力量办大事的制度优势。海绵城市试点建设过程中遇到任何困难，首先由责任单位的一把手负责限期解决，解决不力的由分管副市长、市长、市委书记出面协调。强有力的制度保障下，萍乡海绵城市试点建设过程中的重重困难和阻力被有效克服，海绵城市理念真正在萍乡落地生根。

2. 部门协同，建立高效统筹协调的组织架构

萍乡市涉水管理条块分割严重，海绵城市建设涉及建设、水务、城管、园林、

规划、财政等多个部门。传统建设管理模式下，建设、水务、城管、园林分别牵头组织实施各自管辖范围内的涉水项目，部门间缺乏充分统筹协调，工程项目间不能有效衔接。

萍乡市在筹组萍乡市海绵城市试点建设工作领导小组办公室时进行了统筹谋划。从建设、财政、规划、水务、审计、城管等部门抽调大量业务骨干组成海绵办综合管理、资金管理、工程管理、绩效管理等工作部门。同时要求各相关职能部门明确内部各业务科室负责海绵城市联络协调工作的兼职联络专员。各部门兼职联络专员要能够做到随叫随到，第一时间解决海绵城市推进过程中的各项问题。畅通了海绵办与各职能部门的沟通、协调、落实、执行的工作渠道，在海绵城市规划编制、建设项目行政审批、建设项目资金监管等方面实现了建设各环节、全过程的高效运作，形成了职责明确、协调有序、信息畅通、共同参与的工作格局，搭建了以海绵办为主力、各部门协调支持的海绵城市建设的有力架构。

3．专职机构，负责海绵设施的长效运维管理

为确保三年试点期结束后，海绵城市建设管理工作能够得到长期有效推进，萍乡市编办批准设立了海绵设施管理处，作为萍乡市海绵城市建设管理的常设机构，承接海绵办部分日常管理职能，对已建海绵设施及试点期结束后海绵城市建设工作进行统筹管理，避免“重建设、轻管理”的现象发生，确保海绵城市建设工作持续推进。

5.3.2 强化制度建设，建立海绵城市建设制度保障体系

海绵城市理念真正融入城市建设发展的全过程有赖于完善的制度体系。试点建设过程中，萍乡建立了一套涵盖规划管控、项目管理、资金管理、PPP管理等要素在内的行之有效的制度体系。

1．严格管控，强化城市建设各环节全过程管理

为强化海绵城市建设各环节全过程管理，萍乡市政府制定了萍乡市中心城区海绵城市建设管理的规范性流程。萍乡市规划局、建设局先后出台了《萍乡市海绵城市试点建设项目规划管理实施细则》《关于加强建设项目海绵城市施工图设计文件审查工作的通知》《关于加强建设项目海绵城市竣工验收管理工作的通知》，明确了“两证一书”发放、施工图审查、竣工验收管理等项目建设全过程各环节海绵城市建设管理的具体要求，确保各类建设项目有效落实海绵城市建设要求。

2．奖惩分明，海绵城市建设纳入政府绩效考核

海绵城建设管理涉及规划、建设、财政、发改、国土等多个管理部门。海绵城市建设的成败有赖于多部门的协同配合。权责不清必然导致各部门间相互推诿，无法有效凝聚各部门力量形成高效推动海绵城市建设的合力。萍乡通过规范性文件将海绵城市建设过程中各部门的责任予以明确。同时，为保障各部门及县区有效落实海绵城市建设要求，萍乡将海绵城市建设工作的推进、执行情况纳入了对各部门及县区的考核体系，建立了奖惩分明的考核制度，激发各部门及县区全力推动海绵城

市建设工作的积极性。

3．长效机制，确保海绵城市建设工作长期推进

萍乡在认真总结试点期海绵城市建设管理经验的基础上，出台了《萍乡市海绵城市建设管理规定》作为长效管理机制，明确提出全市所有新建、改建、扩建工程项目都必须按照海绵城市相关要求进行建设，在规划、立项、土地、建设等全过程对项目建设实施有效监管，确保海绵城市理念能够全市范围内得到长效落实。

5.3.3　注重顶层设计，统筹谋划海绵城市建设科学路径

萍乡在海绵城市试点建设过程中，高度重视顶层设计工作。海绵城市建设是一项综合的复杂系统工程，管理问题、工程问题、技术问题相互交杂，同时关系萍乡城市战略转型的发展大计，因此必须以全局视角对海绵城市系统建设的各方面、各层次、各种要素进行统筹考虑，把握好宏观战略方向、找到一条科学系统的技术路径，确保海绵城市建设综合效益的最大化。

1．规划引领，建立系统化的海绵城市建设规划体系

为确保海绵城市建设技术路线的科学性和系统性，萍乡组织编制了《萍乡市海绵城市专项规划》和《萍乡市海绵城市试点建设系统化方案》，加强多目标融合，按照源头减排、过程控制、系统治理的思路制定系统化的工程体系。同时，将海绵城市建设相关要求全面纳入了萍乡市城乡空间总体规划（多规合一）、城市总体规划和控制性详细规划等法定规划，确保试点期结束后，海绵城市理念能够深入贯彻到城市的长期发展过程中。

2．全面建标，形成属地化的海绵城市建设标准体系

海绵城市试点建设之初萍乡即聘请专业的技术团队编制了《萍乡市海绵城市规划设计导则》《萍乡市海绵城市建设标准图集》《萍乡市海绵城市建设施工、验收及维护导则》《萍乡市海绵城市建设植物选型技术导则》等一系列标准规范。随着试点工作的深入开展和海绵设施监测数据的不断积累，萍乡市组织专业人员对本地海绵设施的设计参数和植物配置进行了深入总结和优化提升，对已编的各项标准规范进行了全面修订，形成了一系列属地化特征鲜明、适宜萍乡本地特点的标准体系，为萍乡海绵城市建设工作的长效、科学推进奠定了良好的基础。

5.3.4　创新建设模式，构建政企合作良性新型生产关系

萍乡海绵城市试点建设项目投资64.23亿元，是城市建设发展史上少有的大项目。为保障海绵城市试点建设工作顺利推进，必须通过模式创新，整合好各种资源要素，提高资源配置与利用效率。三年试点期内，萍乡积极探索PPP模式，总结了许多有益经验。

1．多方筹资，整合资源，凝聚各部门合力

萍乡市坚持“对上”“对内”“对外”三管齐下，多渠道拓宽项目资金渠道。对

上，积极争取中央及省级资金支持。对内，积极统筹发改、城建、环保、水务等各条线资金，整合各类涉水相关工程资金，统一调度使用。通过设立补助资金，把小区项目下放给社区和单位，政府只负责道路、广场、湿地等大型项目建设，有力调动了社区和单位的建设热情，形成了广泛参与的火热局面。对外，采取PPP模式，鼓励社会资本参与海绵城市投资建设和运营管理。通过“对上”“对内”“对外”三条渠道，萍乡有效凝聚了各部门力量，整合了本地各项资源，调动了社会资本的积极参与，为萍乡海绵城市试点建设提供了有力的资金保障。

2. 创新模式，引资引智，专业人做专业事

对于萍乡而言，海绵城市试点建设既缺资金也缺技术。萍乡积极探索PPP模式，一方面，希望通过PPP模式平滑政府投资，缓解短期资金压力；另一方面，由于本地设计单位和施工单位缺少海绵城市建设相关经验，希望引入外部专业企业进入萍乡，共同参与海绵城市建设。

为招徕业内优质企业积极参与萍乡海绵城市PPP项目投标，萍乡成功组织了“萍乡市海绵城市基础设施建设项目推介会”，吸引239家企业近600人参会,国内相关领域大型企业集团几乎全数到场。为确保最终入围企业能够真正胜任项目建设任务，萍乡提出了严格的准入门槛，提出了明确的资质和业绩要求，并对重点意向企业进行了详细考察。经过严格的筛选，萍乡与最优秀、最专业的设计院和PPP投资公司建立了长期合作关系。通过政府与社会资本的合作，相互取长补短，发挥政府公共机构和民营机构各自的优势，弥补对方身上的不足。PPP公司承担项目合作期内的设计、投融资、建设及运营、管理、维护等一系列工作，对工程质量、安全、进度、投资控制等负责并承担全部责任，确保项目按时、保质竣工并正常运营，确保建设后区域整体满足国家批复的海绵城市建设要求。PPP模式的成功运用为萍乡引入了资金和专业人才，为海绵城市试点建设的顺利推动做出了巨大贡献。

3. 有效监管，合理放权，有所为有所不为

PPP模式下，政府角色从“运动员”兼“裁判员”转为专职的“裁判员”。政府和社会资本必须摆正各自角色，建立良性的生产关系，才能真正发挥出PPP模式的优势。为了规范PPP项目管理，萍乡市先后出台了《萍乡市海绵城市PPP项目工程监督管理制度》《萍乡市海绵城市PPP项目包资金监督管理制度》，从制度上规范了海绵城市建设PPP项目的监督管理模式，形成以履约监管、行政监管和公众监管为核心的“三位一体”的监管体系，实现管办分离，明确了政府在监督管理过程中的主要职责和权力清单，明晰了责任界限。监管职责以外的企业正常经营事项，政府方不得干涉。萍乡市向各海绵城市PPP项目公司分别派驻一名海绵办副主任，负责日常监管与协调工作，重点监督工程进度、质量、资金使用等核心内容，协助项目公司办理各项审批手续，解决施工过程中遇到的各种障碍与阻力。

为充分调动PPP项目公司及相关单位从项目全生命周期的角度优化方案，实现最优的投入产出比，萍乡市制定了一系列激励政策。如改变了设计费取费与工程投

资挂钩的传统方式，通过评估和论证采用包干价的方式确定设计费。有效规避了设计单位为提高设计费，过度设计、人为提高工程造价的潜在风险，激发了设计单位优化设计方案的积极性，有效减少了工程投资。

4．转变理念，讲求实效，买服务不买工程

传统的政府投资建设项目通常按实际工程计费，项目建成后的实际效果与运行维护情况与工程款项的拨付不直接挂钩。这种模式下，往往存在重建设、轻维护，重工程、轻实效的弊病。PPP模式改变了政府投资项目按工程计费的传统模式，强调绩效考核、按效付费。萍乡在试点建设之初，聘请第三方咨询机构制定了PPP项目打包方案，将海绵城市建设的总体目标分解落实到各汇水分区和PPP项目包，提出具体考核指标及指标测算依据。同时，制定了清晰的绩效考核与按效付费方案，通过“可用性绩效考核指标”和“运营维护期绩效考核指标”对海绵城市建设PPP项目全生命周期进行量化考核，依据实际运营绩效水平支付费用。运维服务的优劣决定运维绩效服务费的多寡。而建设期内项目建设质量直接影响社会资本在运营维护期的运行维护成本高低，进而有效激励了社会资本不再追求单个阶段成本最小化，而是通过资源的有效配置、风险的合理分配，争取实现全生命周期最低成本，提升项目运行的综合水平。

5.3.5 培育海绵产业，大力推动城市传统产业战略转型

按照国务院《关于推进海绵城市建设的指导意见》（国办发〔2015〕75号）的总体部署：到2020年，城市建成区20%以上的面积达到海绵城市建设目标要求；到2030年，城市建成区80%以上的面积达到目标要求。随着海绵城市建设工作在全国范围内的推广，海绵产业将迎来重大的战略发展机遇。萍乡将海绵产业确立为了城市产业转型的重要方向，充分利用海绵城市试点建设契机，培育海绵经济，扶持海绵企业，打造海绵城市建设与海绵产品的萍乡品牌。

1．统筹谋划，明确海绵产业主攻方向

为促进海绵产业发展，萍乡出台了《关于萍乡市培育海绵产业发展海绵经济的实施意见》，组织编制了《萍乡市海绵产业发展规划》，提出了打造集规划、设计、研发、产品、施工、投资、运维为一体的海绵产业集群的战略构想，明确了海绵产业发展的主攻方向，制定了具体的政策保障、组织保障和资金保障措施。

2．政策扶植，鼓励海绵领域创新创业

为支持海绵产业发展，萍乡市设立了萍乡海绵智慧城市建设基金；整合本地海绵城市建设相关规划、设计、施工、投资企业，组建了江西省海绵城市建设发展投资集团。市国税局出台《支持海绵城市建设的若干税收措施》，提出了16条支持海绵城市建设的税收优惠具体措施。同时，结合五陂海绵小镇建设，成立海绵城市双创基地，给予本地海绵城市领域初创企业和创新型企业提供租金减免、税收优惠、平台支持等扶持政策。

3．链式发展，形成海绵产业集群效应

随着海绵产业和海绵市场的不断壮大，推动本地海绵产业向规划、设计、研发、施工等全产业链延伸。萍乡组建了江西海绵城市建设发展投资集团，打造一个集规划、设计、研发、产品、投资、施工、监理、运营全产业链条于一体的大型海绵产业集团，利用萍乡海绵城市试点建设契机，加强宣传推广，快速形成集团品牌知名度与影响力，逐步拓展、积极参与江西省其他地市乃至全国其他省份的海绵城市建设项目。目前萍乡海绵产业在规划、设计、研发、产品、施工等领域均有显著增长，海绵产业集群效应初步形成。

5.3.6 推动城市转型，实现高速发展向高质量发展转变

萍乡在试点建设之初就深刻认识到海绵城市建设是推动城市供给侧改革和城市转型发展的重要契机，对于面临资源枯竭与去产能双重压力的萍乡而言具有深远的战略意义。

1．推动供给侧结构性改革，扩大优质生态产品供给

萍乡作为百年工矿城市，由于早期的无序发展，老城区建筑密度高，生态空间匮乏，城市面貌与环境品质不佳。海绵城市建设是扩大优质生态产品供给，推动城市供给侧改革重要途径。萍乡利用海绵城市试点建设契机，大力推动城市湖泊、湿地、公园绿地、公共空间的建设与改造工作。萍水湖、玉湖、翠湖、聚龙公园、萍实公园等一大批城市公园先后建成。城市的环境品质大幅提升，破旧的老工矿城市面貌彻底扭转，形成了蓝绿交织、清新明亮、水城共融城市新形象。城市变得更加宜居。萍乡百姓对于“绿水青山就是金山银山”也有了更为深切的认识和体会。

2．深入践行“海绵+”理念，提升城市品位与竞争力

萍乡深入践行“海绵+”理念，将海绵城市建设与城镇棚户区改造、老旧小区更新、背街小巷整治有机结合。在海绵城市建设过程中，萍乡对相关地块排水系统进行了全面升级改造，地块内景观绿化、游憩空间、内部道路焕然一新；中心城区近200条背街小巷进行了全面改造，凌乱的管线进行了入地，破损的路面改为了透水铺装，改善了百姓出行的“最后100米”。城市的环境品质大幅提升，破旧的老工矿城市面貌彻底扭转。海绵城市成了萍乡的城市名片之一，城市的营商环境与竞争力大大提升。

3．强化经济的高质量发展，推动城市发展转型升级

作为全国首批资源枯竭城市，萍乡传统的资源依赖性发展路径难以为继，城市转型发展迫在眉睫。海绵城市试点建设给萍乡带来了转型发展的重大战略机遇。萍乡坚定了依托海绵城市建设，推动城市转型的决心。萍乡市在全国率先启动海绵小镇建设，作为探寻绿色发展与创新发展之路的试验田。依托安源区五陂镇的自然生态资源，从规划、设计、投资、建设、运营全方位着手，打造一个全链条的海绵产业集群，为资源枯竭型工矿城市创新发展、绿色发展、持久发展提供不竭动力。

第6章 体会与思考

三年多来的海绵城市试点建设，萍乡市作为先行先试城市探索出了代表中国江南丘陵型城市的海绵城市建设模式，向国家交出了用责任、心智和汗水完成的萍乡答卷，而对于试点的意义还远不止于此。“知者行之始，行者知之成”，在某项实践完成后除了总结当下的经验外，还应将眼光延伸到由此再出发的未来，应在由此再出发的道路上把握走向未来的行动方向。这是对于一项伟大的实践、伟大的工程持续推进更为重要的意义，这更是海绵城市试点建设城市的使命。萍乡市基于这种使命感，在总结三年多来海绵城市试点建设经验与模式的基础上，进一步思考海绵城市对于国家的意义、对于城市发展与建设的意义、对于城市政府管治的意义，思考海绵城市建设应当拓展的更广阔的价值，为海绵城市试点建设后时代的国家行动提供建议。

6.1 海绵城市是中国城市建设进程中的新高度，是新时代中国城市建设的新理念和新方法，是贡献给世界的中国智慧、中国方案

海绵城市生动地描述了一种人水共生和谐的城市新形态，是着眼于雨水、洪涝治理并解决水环境、水安全、水资源、水生态、水文化等问题的系统认识论与方法论。海绵城市继承和发扬了中华民族在适应自然、改造自然的实践中所形成的具有中华文明特质的传统哲学精髓，“道法自然”“与水为友”“天人合一”等传统哲学思想都在海绵城市的思想体系中焕发着中华文明的光芒，这是一个具有五千年文明史的中华民族独有的深厚文化底蕴。海绵城市吸收了优秀的传统文化和传统哲学的

养分，同时通过对中国城市发展进程特别是改革开放以来快速城市化过程中暴露出来的城市问题，进行了系统的反思，吸纳当代国际城市的雨洪管理技术，形成了针对涉水问题的系统化解决方案。

不仅如此，建立在解决涉水问题基点上的海绵城市，实际上是在建立人与自然环境和谐共生的生态城市新格局和新形态。因此，海绵城市是实现生态环境与城市建设协调和谐发展的新时代中国城市建设道路，是实现中国城市转型发展、科学发展，建设生态、绿色、美丽中国的有效途径，是贡献给世界的中国智慧、中国方案。

6.2 海绵城市建设是城市各要素的系统融合集成，是生态绿色城市建设方式

海绵城市基于解决涉水问题，而关键的所在是构建人与自然和谐共生的城市安全新格局、城市生态新形态，从而是区别于以往的城市建设方式。以往城市建设是条块化、项目化的，因而是碎片化的。表现在：江河湖泊是水务部门的事，与城市的水景观没有关系，不能形成系统的雨洪管控体系；城市排水是城市市政部门的事，与城市滞蓄空间与设施的接连没有关系，不能成为系统的蓄排体系；城市开发与保存自然生态环境肌理没有关系，导致人工环境与自然生态环境的背离、相悖等等。这些问题的后果是导致城市系统被人为肢解和破碎，诱发了诸多“城市病”。城市应当是自然环境与人工环境有机融合的生命共同体，而海绵城市推崇自然生态环境保护、修复与工程技术运用的有机结合和科学统筹，架设了自然环境与人工环境有机融合的桥梁。城市人工环境应当在与自然环境有机融合的基础上形成高效、有序运行的系统，为城市运行与发展提供支持。这就要求市政基础设施、公共设施、园林绿地等构成城市支撑功能的各种要素，必须整合成有序运行的整体。在建设这个城市的支撑整体时，就应当打破各自为政、各自建设的旧有建设方式。海绵城市建设倡导的各专业融合、工程技术集成、建设全寿命周期运营的城市建设方式，无疑提供了城市建设的新方式。城市政府在城市公共领域，做好地下“里子”，地上“面子”，构建好城市公共支撑系统。社会投资在商业开发领域内完成好商业开发项目内的建设并与城市公共支撑系统实现无缝对接，这种城市建设方式应当是被广泛推崇的生态绿色城市建设方式。

6.3 海绵城市建设是可持续的发展方式，是经济可行的精明增长发展方式

海绵城市建设在生态环境保护、城市建设与发展、良好人居环境创造中达成协调平衡，因而是可持续的建设发展途径。

海绵城市建设更是精明增长的发展方式，而不是“烧钱”的工程。海绵城市试点建设萍乡实践对这个命题给出了足以信服的证据，在萍乡城市新区的海绵城市建设中，丘陵与山地、湖泊与塘堰、滩涂与湿地等自然滞蓄空间得到严格保护与科学利用，奠定了新城区海绵城市体系的本质基础，花了不多的钱，建成了最生态、最可靠的天然海绵体。不仅如此，为萍乡城市留下了丰富多彩的城市公共景观、游憩空间，让“锦峰秀水萍实里”的乡愁记忆永久地保留在这座城市里，城市个性就是一座城市最大的价值。而另一证据来自于萍乡为解决老城区的内涝问题而进行的海绵化改造。萍乡通过对小区改造、城市排水管网改造、城市道路改造、老旧公园的改造，将老城区破旧、落后的人居环境大幅提升了质量与品质。从经济横向比较，只是在透水材料与装备的价格上有所增加，总投资增加不到20%。真正花钱多的，恰是为解决由于过去城市建设的粗暴所犯错误的“买单”。万龙湾内涝区是萍乡老城区内涝最严重的地区，万龙湾地区是在20世纪90年代建设的城区，由于当时建设时，侵占了五丰河的行洪、滞蓄空间，降低了河道行洪能力，导致每逢大雨，河水漫堤，形成大面积内涝。要解决万龙湾内涝问题，核心就是要控制河水不能漫堤，因而采用“上截、中蓄、下排”的系统措施来处理，花了4亿元投资。从万龙湾内涝区的海绵城市改造工程的另一方向去思考，如果在20世纪90年代的建设中，能够用海绵城市的理念去指导当时的建设，这笔投资就应当可以节省下来，并给这个区域留下五丰河良好的滨水景观。从经济学的角度来推断，海绵城市建设就是一种精明增长发展方式。

6.4　海绵城市建设将促进城市政府、企业和全社会共同缔造生态、美丽、和谐城市家园，形成新型生产关系下的城市建设新格局，从而深切影响中国城市建设发展方式的变革

以海绵城市理念为支撑的城市基础建设的系统性决定了城市建设要从部门化、条块化的建设方式转向整体集成的建设方式，从政府建公共设施转向提供公共设施服务，从政府既当“裁判员”又做“运动员”转向“专业人做专业事”，从政府“大包大揽”转向“放、管、服”，从政府投资“单打独斗”转向与社会资本“合作共赢”、以“时间换空间”。在这种背景下，政府与社会资本合作，组建专业化平台，整体推进城市化建设、全寿命周期运营，将成为城市建设的主要方式。这种方式有效地破解了技术、资金、管理、效率、运营等传统城市建设方式的诸多难题，激活了经济发展新动能，创造了巨大的经济发展新空间，形成新型生产关系下的城市发展新格局，对于提升中国城市建设和管理水平具有重要意义。

海绵城市建设和由此所构建的城市公共设施体系，提供更舒适、更安全的城市公共设施，提升了城市公共服务的质量，从而是城市供给侧改革的重要实现路径，对于提高中国城市发展质量具有重要意义。

海绵城市建设所带来的正是满足人民群众对美好生活向往的愿景，这是海绵城市建设和城市发展的最终使命。海绵城市建设让人民群众感受到了通过试点建设带来的可喜变化，深切感受到党和政府的人本理念和人文关怀。人民群众对海绵城市建设的支持和关注，形成了全社会支持城市建设的良好社会氛围，形成了共同缔造美丽、和谐城市家园的新局面。

进入新时代的中国，在建设美丽中国、实现中华民族伟大复兴“中国梦”的进程中，需要与之适应的中国城市建设发展方式的变革。

后　记

萍乡，一座承载着光荣与梦想的城市。作为中国近代工业文明的主要发祥地和秋收起义的策源地、主要爆发地，进入21世纪以来，萍乡开始经历经济产业转型、城市发展升级的阵痛。

萍乡地处江南丘陵地区，属亚热带湿润季风气候，多年平均降水量1596.7mm。作为赣湘水系的分水岭，萍乡地势较周边高，境内无大江大河，天然储水条件差，是全国103个严重缺水城市之一。城市功能性缺水和季节性内涝的双重困扰，成为制约萍乡城市转型升级的短板，这座百年老工矿区亟待一次浴火重生。

2015年，国家推行海绵城市三年试点建设，萍乡市委、市政府敏锐察觉到了这一历史机遇。经多方努力，成功申报成为全国首批16个海绵城市建设试点城市之一。三年试点建设过程中，萍乡举全市之力，推进海绵城市试点建设，践行生态文明与绿色发展理念，重构人水和谐生态系统，推动城市转型发展和供给侧改革，凝聚经济增长新动能。

本书是萍乡市海绵城市试点建设工作的总结，首先结合海绵理念，从萍乡之初心入手，介绍了萍乡海绵城市建设试点的代表性、典型性、急迫性和探索性。进而依据城市基础特征、发展问题等现状，明确整体建设目标思路，划分汇水排水分区，构建系统实施方案。在试点建设过程中，萍乡锐意改革、勇于创新，遵循“全域管控、系统构建、分区治理”的系统化建设路线，形成了包括制度机制、顶层设计、绿色发展、系统建设、新型生产关系构建、以人为本政绩观、产业转型与城市转型等方面的试点建设经验，解决了机制、技术、资金、管理、运维等方面的诸多难题，初步实现了“保障水安全、涵养水资源、恢复水生态、改善水环境、复兴水文化”，构建河畅萍绿，人水和谐、独县江南特色的海绵城市的战略目标。

作为先行先试城市，萍乡探索出了代表中国江南丘陵型城市的海绵城市建设模式，向国家交出了海绵城市试点建设的萍乡答卷。希望借此书的出版为其他城市提供些许有益的经验，为海绵城市试点建设后时代的国家行动提供建议。

本书第1章“萍乡之初心”由陈韬、马洪涛、辛玮光、刘民、石国强、刘鸿渐、梁晓莹、石枫华、李杰撰写；第2章“科学系统谋划萍乡海绵城市建设体系”由马洪涛、刘民、牛建宏、葛又畅、韩朦紫、王啟文、丁桂花、杨进辉、张玉、刘骁、易利、刘剑锋、黄涛、钟益根、段耀文、贾嘉鑫撰写；第3章“萍乡海绵城市建设实施保障机制”由辛玮光、刘民、张中华、陈涛、刘胜、张运清、陈维、石国强、刘鸿渐、梁晓莹撰写；第4章“萍乡海绵城市试点建设成效”由马洪涛、辛玮光、刘民、石国强、刘鸿渐、梁晓莹、张中华、陈涛、李杰撰写；第5章“萍乡海绵城市试点建设经验”由刘民、辛玮光、马洪涛、张中华、陈涛、刘胜、张运清、陈维、李杰撰写；第6章“体会与思考”由刘民、辛玮光、李杰撰写。

限于时间仓促，虽经多次审校，书中错误与不当之处在所难免，敬请广大读者不吝指正，在此谨表谢忱。